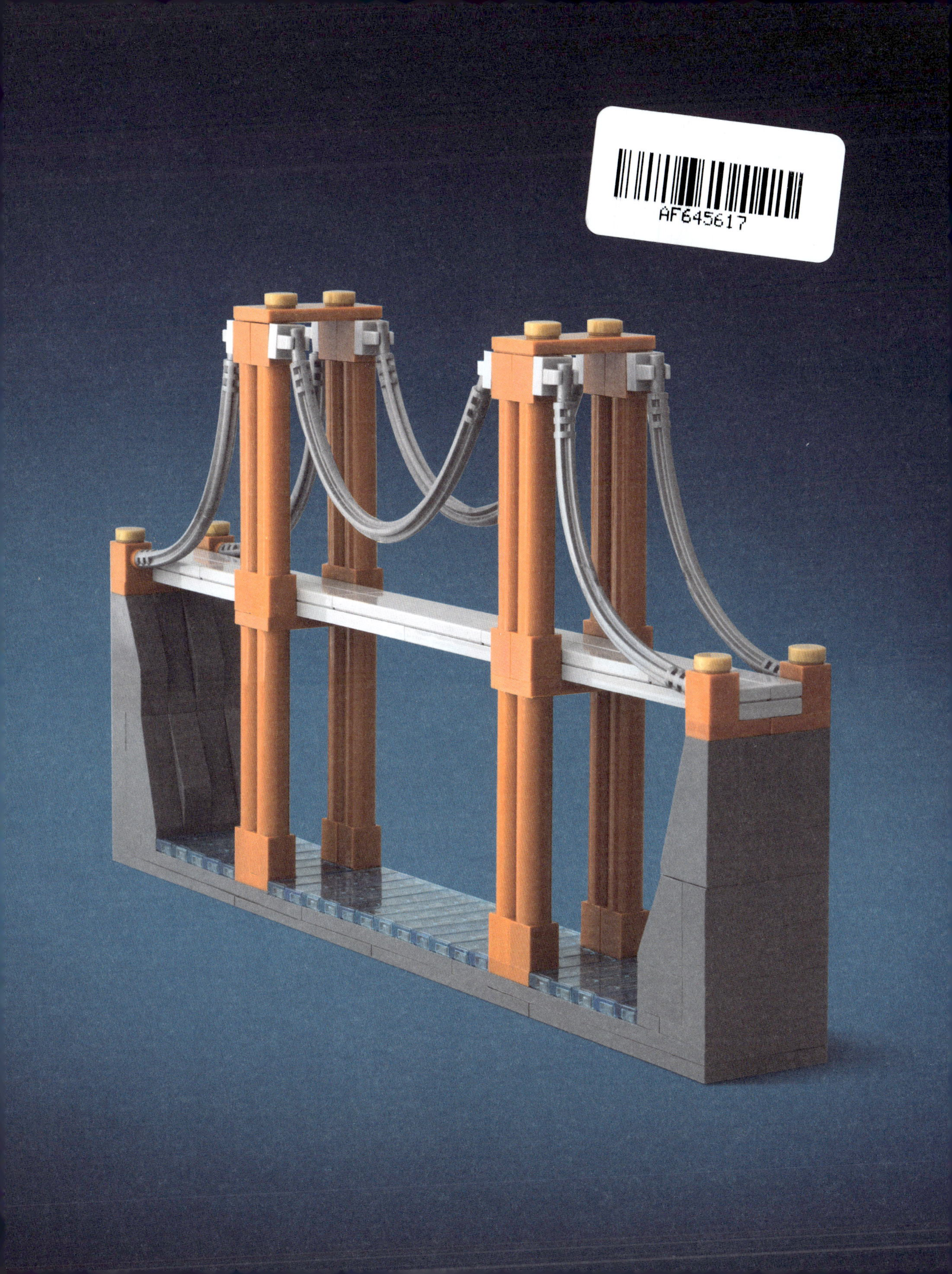

LEGO®-INGENIEURSKUNST

JEFF FRIESEN

AUS DEM ENGLISCHEN VON
RALF J. KLUMB

dpunkt.verlag

Jeff Friesen

Lektorat: Gabriel Neumann
Lektoratsassistenz: Anja Ehrlich
Übersetzung: Ralf J. Klumb, The Wordworms, Berlin
Copy-Editing: Claudia Lötschert, *www.richtiger-text.de*
Satz: inpunkt[w]o, Wilnsdorf, *www.inpunktwo.de*
Herstellung: Frank Heidt, Stefanie Weidner
Umschlaggestaltung: Eva Hepper, Silke Braun, nach Vorlage von No Starch Press Inc.
Druck und Bindung: Firmengruppe APPL, aprinta Druck, Wemding

Bibliografische Information der Deutschen Nationalbibliothek
Die Deutsche Nationalbibliothek verzeichnet diese Publikation in der Deutschen Nationalbibliografie; detaillierte bibliografische Daten sind im Internet über *http://dnb.d-nb.de* abrufbar.

ISBN:
Print 978-3-86490-970-2
PDF 978-3-98890-054-8
ePub 978-3-98890-055-5
mobi 978-3-98890-056-2

1. Auflage 2023

Hinweis:
Dieses Buch wurde mit mineralölfreien Farben auf FSC®-zertifiziertem Papier aus nachhaltiger Waldwirtschaft gedruckt. Der Umwelt zuliebe verzichten wir zusätzlich auf die Einschweißfolie. Hergestellt in Deutschland.

MIX
Papier | Fördert gute Waldnutzung
FSC® C004592
www.fsc.org

Schreiben Sie uns:
Falls Sie Anregungen, Wünsche und Kommentare haben, lassen Sie es uns wissen: *hallo@dpunkt.de*.

5 4 3 2 1 0

Für meine Großeltern,
die ein kleines
Leben so viel größer
erscheinen ließen.

INHALTSVERZEICHNIS

VORWORT

Wenn man einmal von den Versuchen mit Dreck und Stöcken absieht, dann ist es wohl LEGO, mit dem unzählige Kinder (und vielleicht ebenso viele Erwachsene) ihre erste Berührung mit der Welt der Ingenieurskunst erleben. Viele der Lektionen in Universitätsvorlesungen waren bereits intuitiv von Studenten durch Zusammenbau, Testen, Fallenlassen, Zerbrechen, Werfen und Wiederzusammenbau dieser einfachen Plastiksteine erlernt worden. LEGO fördert außerdem technische Fähigkeiten, die nicht in College-Kursen vermittelt werden können, wie Neugier, Kreativität, Geduld und Beharrlichkeit. Es ergibt Sinn, dass ein so begnadeter LEGO-Künstler wie Jeff Friesen eine Serie von Modellen ausgewählt hat, die viele der berühmtesten technischen Errungenschaften der Welt feiern.

Begleitend zu jeder meisterhaft designten Replik liefert Jeff eine Miniatur-Unterrichtseinheit zu den zugrunde liegenden technischen Prinzipien. Forschung zur Lehre demonstriert fortlaufend eine starke Verknüpfung zwischen Lernen und körperlicher Bewegung. Ich bin sicher, dass ich nicht der einzige Mensch bin, der während eines Spaziergangs oder bei manueller Arbeit ein Problem gelöst hat beziehungsweise dem dabei eine Erleuchtung kam. Bewegung und Berührung können die Art und Weise neu formen, in der unser Gehirn Informationen verarbeitet und speichert; deshalb ist der Bau eines Modells beim Studieren der zugrunde liegenden Wissenschaft mehr als lohnenswert; es ist eine vollkommen überragende Art, um etwas Neues zu lernen.

Ich kann mich noch an meine ersten durch LEGO gewonnenen Erkenntnisse erinnern, einschließlich der Festigkeit von Verbindungen versetzter Steine, der Beziehung zwischen der Breite eines Turmfundaments und seiner Stabilität und des Stolzes, der aufkommt, wenn man eine Idee durch Planung und Design schließlich als Konstruktion realisiert. Jahrzehnte später entfachen diese frühen Inspirationen noch immer meinen Enthusiasmus für die Technik. Unsere verrückte Welt hat ein scheinbar unendliches Angebot an herausfordernden und wichtigen Problemen, die es zu lösen gilt, und wir brauchen eine entsprechende Zahl leidenschaftlicher Ingenieure und technisch gesinnter Menschen. Die folgenden Seiten werden garantiert das Interesse und die Freude an den Orten, Strukturen und Maschinen aufkommen lassen, die wir auf technische Weise realisieren.

Grady Hillhouse
Creator, Practical Engineering

Dieses Buch enthält Anleitungen für über 30 exklusive Modelle, die nicht bei LEGO erhältlich sind.

Die benötigten Teile, für einzelne Modelle jeweils abgepackt als Bausatz, bietet der Webshop von The Brickworms an: *www.thebrickworms.com*

EINLEITUNG

Jedes LEGO-Projekt ist ein technisches Projekt. Der Weg von der gedanklichen Vorstellung einer LEGO-Kreation bis zur Fertigstellung eines Modells spiegelt den technischen Designprozess wider, in dessen Verlauf Ingenieure ein Problem erkennen, eine Lösung finden und diese durch unzählige Tests und Modifikationen optimieren.

LEGO-Konstrukteure sind ebenfalls bemüht, ihre Entwürfe zu verbessern, und genau wie Ingenieure müssen sie sich innerhalb eines Satzes von Anforderungen und Einschränkungen bewegen, um ihre Ideen umzusetzen. Der einfache Vorgang des Verbindens einer Handvoll Steine fordert von dir, über Geometrie, strukturelle Integrität und räumliche Beziehungen nachzudenken. Du musst deine verfügbaren Ressourcen berücksichtigen und möglicherweise in einem bestimmten Budgetrahmen arbeiten, wenn es ans Besorgen neuer Teile geht. Wenn du mit LEGO baust, wirst du zum Ingenieur.

Ingenieure schufen die erbaute Welt. Jedes Stück Technik – von dem Stuhl, auf dem du sitzt, über die Steine, mit denen du formst, bis hin zur Tinte (oder den Pixeln), die du liest – ist ein Ergebnis des technischen Designprozesses. Getrieben von Neugier, studieren Ingenieure, wie und warum Dinge funktionieren, und sie nutzen diese Kenntnisse zum Entwickeln neuer Maschinen, Systeme und Strukturen.

Neugier ist im Ingenieurwesen und im Leben eine wertvolle Eigenschaft. In den vor dir liegenden Seiten erfährst du Dinge zu technischen Wundern in deiner Umwelt, von Hängebrücken bis zu Güterzügen, von Unterseebooten hin zu Hubschraubern und von Wolkenkratzern bis zur Internationalen Raumstation. Du entdeckst außerdem Bauanleitungen für den Bau von LEGO-Modellen genau dieser Errungenschaften. Nutze diese Modelle als Sprungbrett für deine eigenen Entwürfe und baue deine ganz eigene Welt im Tischformat.

DER DESIGNPROZESS DES INGENIEURS

WO LIEGT DIE HERAUSFORDERUNG?
Bestimme das Problem. Vielleicht möchtest du einen Fluss überqueren, ohne dabei nass zu werden, oder ein hohes Gebäude errichten, das nicht in sich zusammenbricht.

ENTWERFE EINE LÖSUNG
Forsche zum Thema, betreibe Brainstorming und setze kreatives Denken ein, um eine Lösung zu entwickeln, die mit verfügbaren Ressourcen machbar ist.

BAUE EINEN PROTOTYP
Mache deinen Entwurf zur Realität, indem du das erste funktionierende Modell schaffst.

BEWERTE DIE LEISTUNG
Funktioniert der Prototyp wie erwartet? Welche Verbesserungen lassen sich vornehmen?

NEHME VERBESSERUNGEN VOR
Verfeinere deinen Entwurf und verbessere den Prototyp, damit er so effektiv wie möglich ist. Präsentiere der Welt deinen verbesserten Entwurf.

TECHNIK MIT LEGO

LEGO und Technik waren schon miteinander verknüpft, bevor der erste LEGO-Stein aus einer Form sprang. Jedes LEGO-Element ist das Ergebnis aus akribischem Design und Ingenieurleistungen, wobei jedes neue Element viele Schritte durchläuft, bevor die endgültigen Steine produziert werden. Unterdessen verfeinern Ingenieure ständig den Fertigungsablauf, experimentieren mit unterschiedlichen Materialien und Techniken, um die Herstellung von LEGO-Steinen effizienter und für eine bessere Umwelt nachhaltiger zu gestalten.

SO WERDEN LEGO-STEINE PRODUZIERT

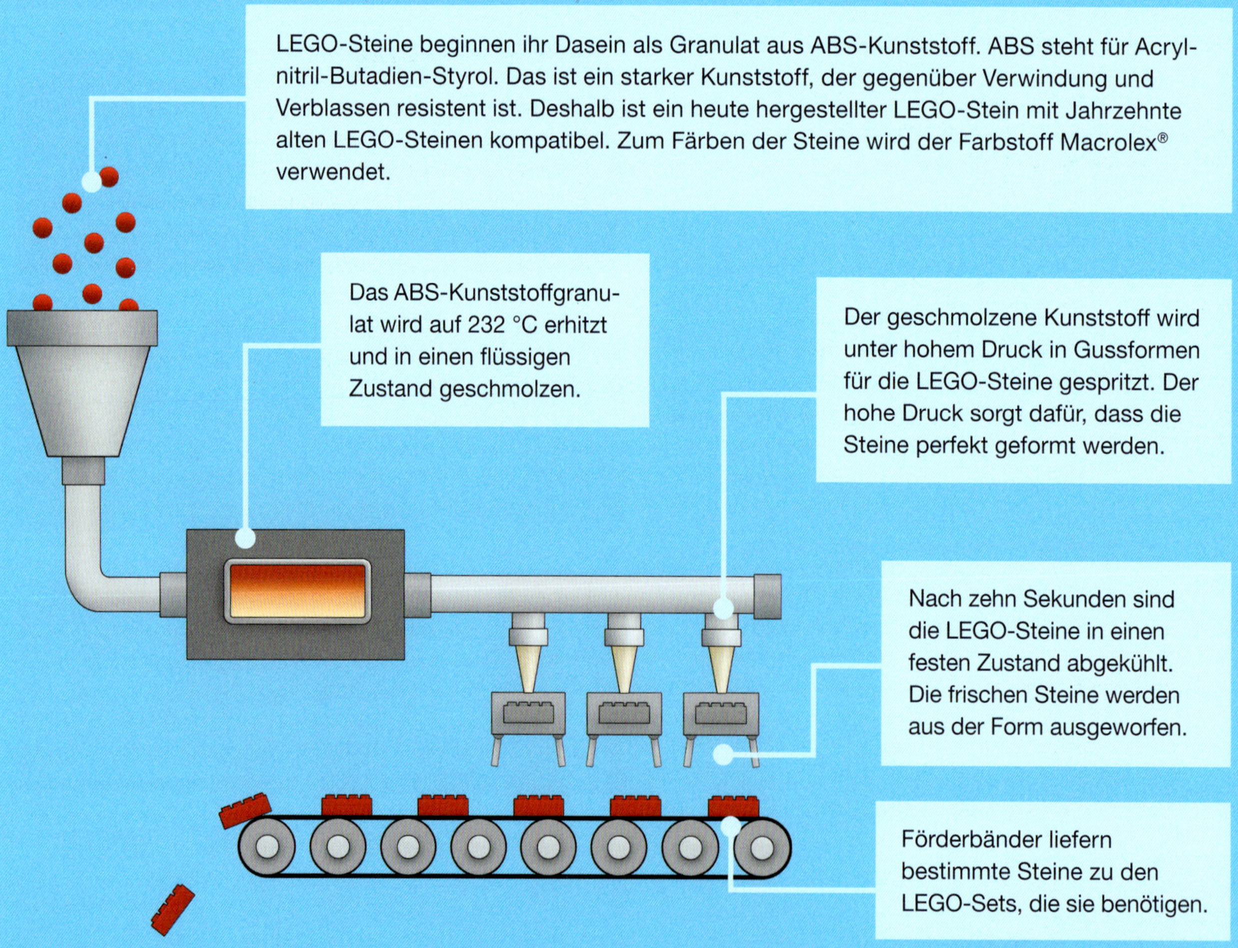

BAUANLEITUNG

LEGO-Sammlungen sind so individuell wie Fingerabdrücke. Du hast möglicherweise nicht genau jeden Stein, der für den Bau der Modelle in diesem Buch benötigt wird. Wenn du aber denkst wie ein Ingenieur, dann hilft dir das, dieses Hindernis zu überwinden.

Ingenieure würden liebend gern nach Lust und Laune coole neue Dinge bauen, aber sie müssen sich mit Budgets, der Logistik und Einschränkungen bei den Ressourcen beschäftigen, bevor der Bau überhaupt beginnt. Kreative Problemlösung ist bei jedem Schritt des technischen Ablaufs ein ständiger Begleiter. Hier sind ein paar Ideen, um zu den benötigten Steinen zu gelangen.

STEINE AUS STEINEN MACHEN

Du kannst aus vorhandenen Steinen neue Steine zusammensetzen, wenn du dabei die erforderlichen Abmessungen berücksichtigst.

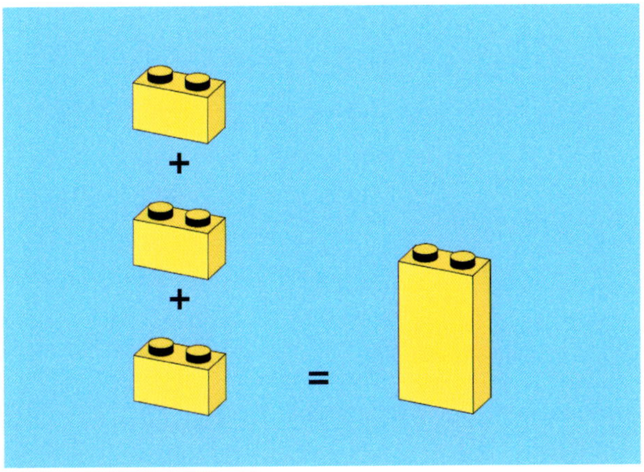

FARBEN ERSETZEN

Farbe ist eine ästhetische Wahl, aber für die strukturellen Qualitäten eines LEGO-Steins irrelevant. Ändere einfach die Farben, wie es dir gefällt.

STEINE ERSETZEN

Wie bei der Farbe haben manche Steine auch ästhetische Merkmale, die für ihre strukturelle Qualität keine Rolle spielen. Alle diese 1x2-Steine erfüllen von der Struktur her genau dieselbe Funktion.

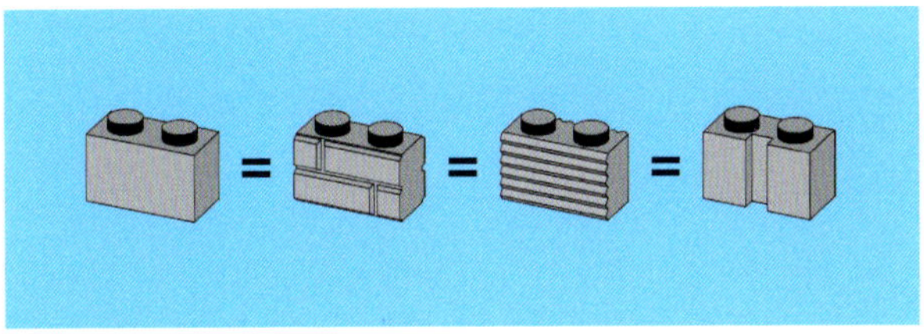

NEUE STEINE KAUFEN

Es ist leicht, bestimmte Steine über BrickLink zu kaufen: *https://www.bricklink.com*. BrickLink ist eine Zusammenstellung von Onlineshops, die LEGO-Teile einzeln verkaufen. Um das von dir gewünschte Teil zu finden, gib einfach die Artikelnummer in die Suchmaschine von BrickLink ein. Die Artikelnummer eines 1x2-Steins ist zum Beispiel 3004. Die Artikelnummer findest du in der Teileliste für jedes Modell unter jedem Stein abgedruckt. BrickLink lässt dich in Shops in deinem Land suchen, um die niedrigsten Versandkosten zu erzielen.

Wenn du dir die Mühe des Suchens nach den benötigten Steinen sparen möchtest, findest du diese als Bausatz abgepackt im Webshop von The Brickworms: *www.thebrickworms.com*

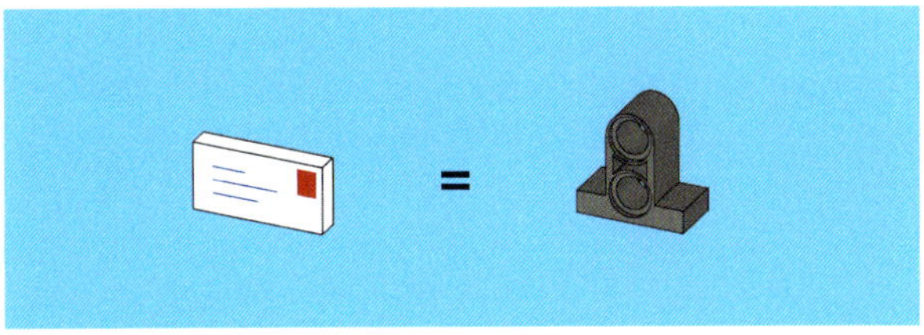

MICROSCALE

Von Natur aus sind die Modelle in diesem Buch klein. *Microscale*-Modelle wie diese haben zwei entscheidende Vorteile: Sie benötigen weniger Ressourcen für den Bau, und es passt eine größere Vielfalt an Modellen auf die Seiten dieses Buchs.

BRÜCKEN UND TUNNEL

Wo der Wille besteht, ein Hindernis zu überwinden, werden Ingenieure einen Weg finden. Zum Beweis schau dir Brücken und Tunnel an.

Brücken werden als technische Meisterleistungen gefeiert, die ebenso viel Ehrfurcht hervorrufen können wie eine Naturlandschaft oder ein Kunstwerk. Es gibt sie in vielen Varianten, von einfachen Balkenbrücken bis hin zu weiten Hängebrücken, jede mit ihren eigenen Stärken und Schwächen.

Obwohl sie im Boden verborgen sind, sind Tunnel ebenso beeindruckende Infrastrukturleistungen, die einst unmögliche Reisen zu etwas Alltäglichem verwandeln. Sie erfordern spezielle Anlagen, und bis zur Fertigstellung vergehen oft Jahre.

BALKENBRÜCKE

Diese Straßenbrücke verwendet eine Balkenbrückenkonstruktion.

Ein horizontaler Balken, der an beiden Enden gestützt wird, ist eine Balkenbrücke. In ihrer einfachsten Form erfordert eine Balkenbrücke weder technisches noch menschliches Zutun irgendeiner Art: Ein Baumstamm, der einen Bach überquert, ist eine auf natürliche Weise auftretende Balkenbrücke! Dennoch: Moderne Balkenbrücken erfordern schlau konstruierte Beton- und Stahldecks, um schwere Verkehrslasten zu tragen. Sie sind heute die am weitesten verbreitete Art von Brücken und werden in der Regel für Straßenbrücken und andere alltägliche Anwendungen eingesetzt.

WARUM EINE BALKENBRÜCKE?

Balkenbrücken lassen sich einfach entwerfen und im Vergleich zu anderen Brückenarten billiger konstruieren. Sie lassen sich zudem schneller bauen, was weniger Verkehrsstörungen verursacht. Aneinandergefügt, können Balkenbrücken große Entfernungen zu geringen Kosten überspannen. Der Lake Pontchartrain Causeway in Louisiana ist zum Beispiel eine 39 Kilometer lange Reihe von Balkenbrücken und damit die weltweit längste Brücke, die Wasser überspannt.

WO LIEGEN DIE GRENZEN EINER BALKENBRÜCKE?

Die horizontale Fläche einer Balkenbrücke nennt sich *Deck*, und ihre vertikalen Stützen, die die Last der Brücke zum Boden lenken, heißen *Pfeiler*. Je weiter die Pfeiler voneinander entfernt sind, desto schwächer wird das Deck, und umso eher wird es durchhängen. Infolgedessen beträgt die Spannweite von Balkenbrücken zwischen Pfeilern selten mehr als 75 Meter. Zum Vergleich: Eine Hängebrücke kann eine Spannweite von über 2.000 Metern zwischen den Türmen tragen.

WIE DU EIN DURCHHÄNGENDES DECK KORRIGIERST

Wenn die Pfeiler einer Balkenbrücke zu weit voneinander entfernt sind, hängt das Deck durch. Kompressionskräfte drücken auf die Oberseite des Brückendecks, während Spannkräfte seine Unterseite dehnen. Diese rivalisierenden Kräfte können das Deck auseinanderreißen!

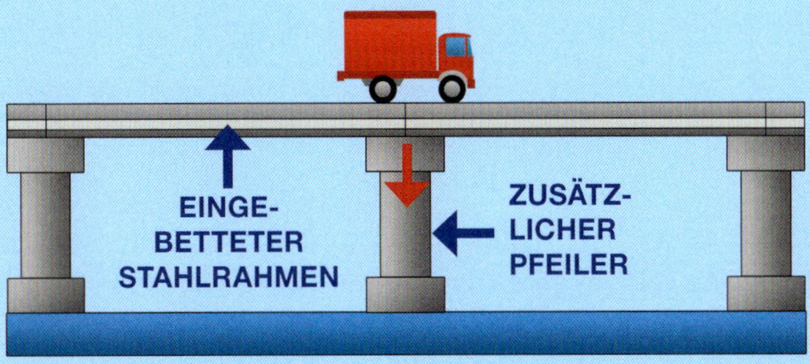

Wenn die Pfeiler näher beieinander stehen, beugt dieses einem Durchhängen vor. Zusätzlich kann man das Deck mit einer Kombination aus Stahl und Beton verstärken. Stahl ist gegenüber Spannung resistent, während Beton gegenüber Kompression resistent ist. Zusammen sind sie ein ideales Gespann für ein Brückendeck.

Die Kombination von Stahl mit Beton verstärkt das Deck einer Balkenbrücke.

BAUE EINE LEGO-BALKENBRÜCKE

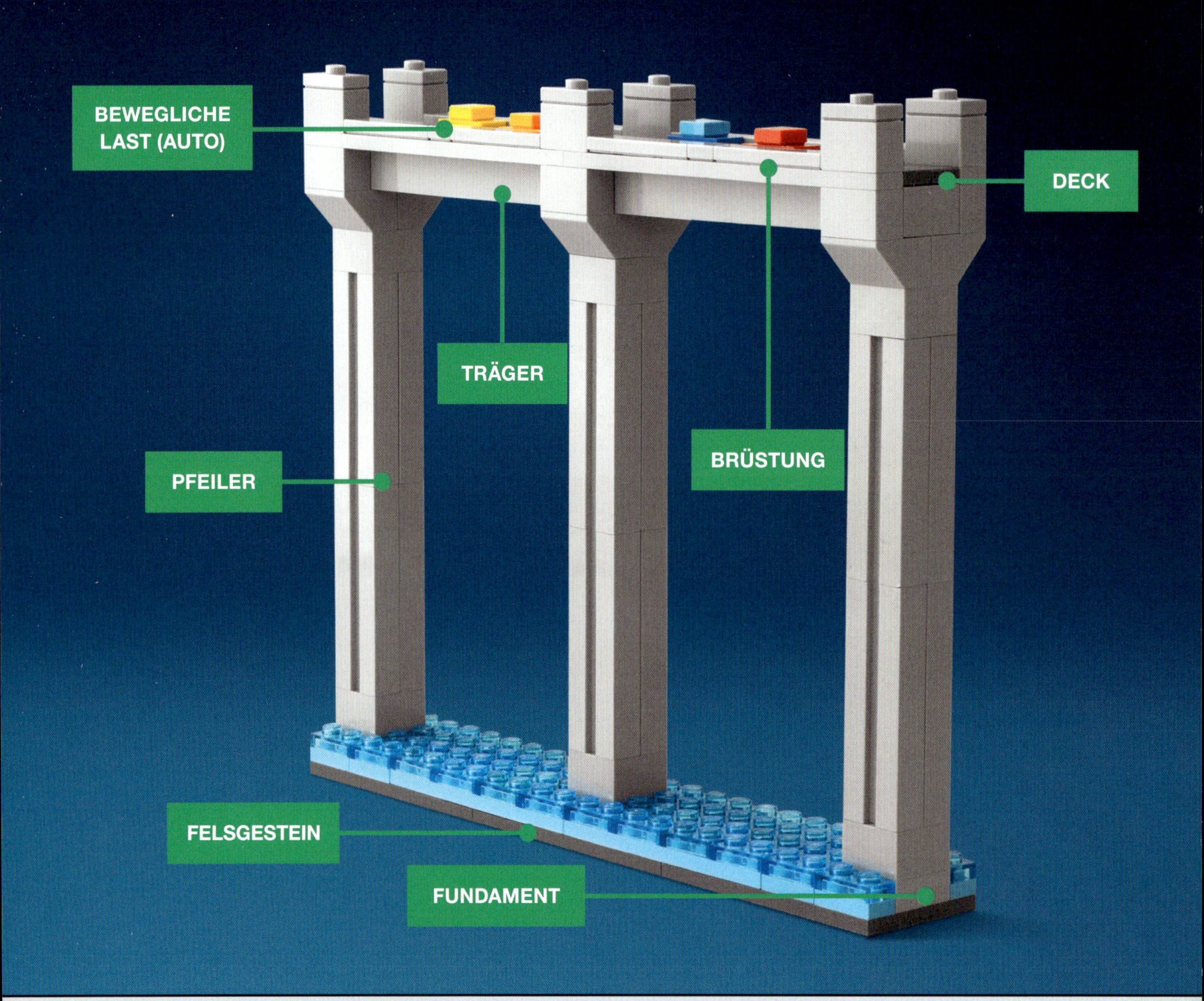

12x 3004

5x 3022

4x 3023

4x 3023

42x 3023

6x 15573

1x 15573

1x 15573

1x 15573

1x 15573

4x 3070b

1x 3070b

1x 3070b

1x 3070b

1x 3070b

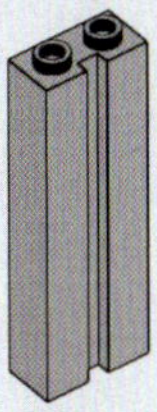

12x
88393

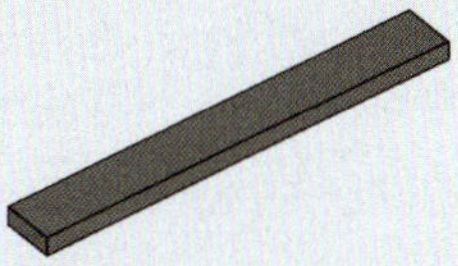

4x
4162

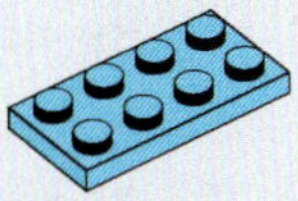

2x
3020

6x
3003

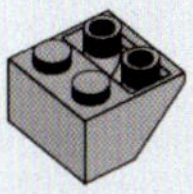

6x
3660

2x
2431

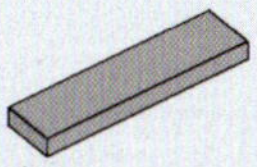

8x
2431

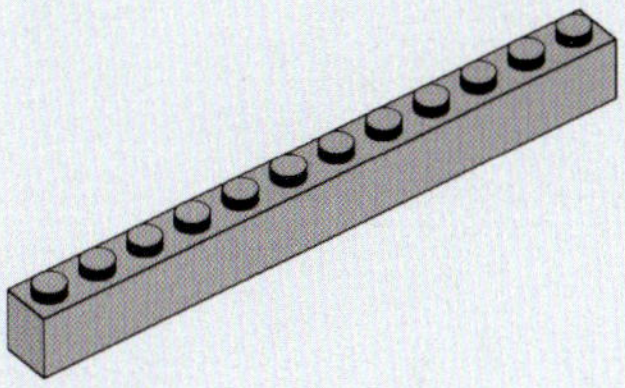

4x
6112

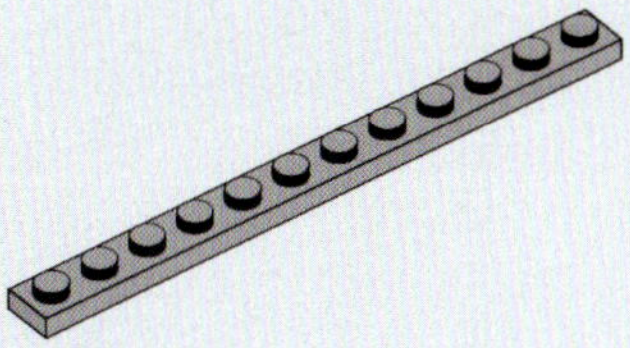

4x
60479

3x
3035

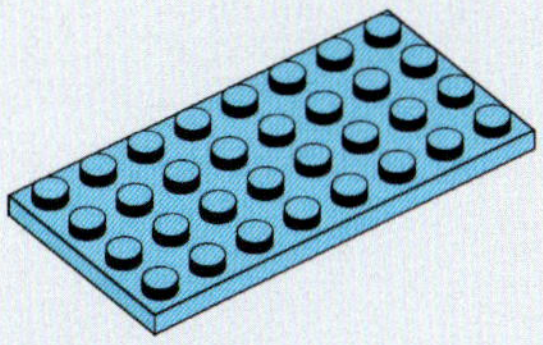

2x
3035

1

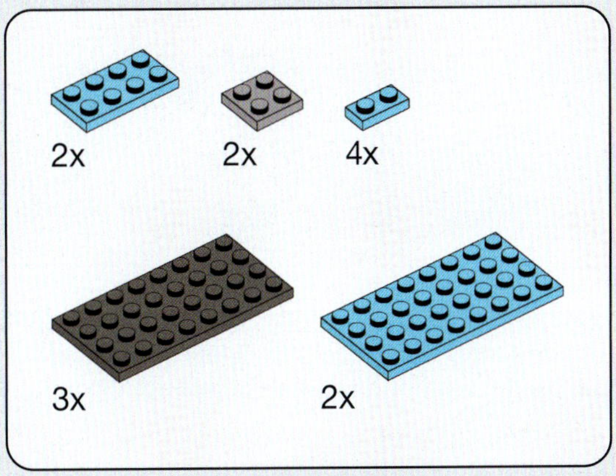

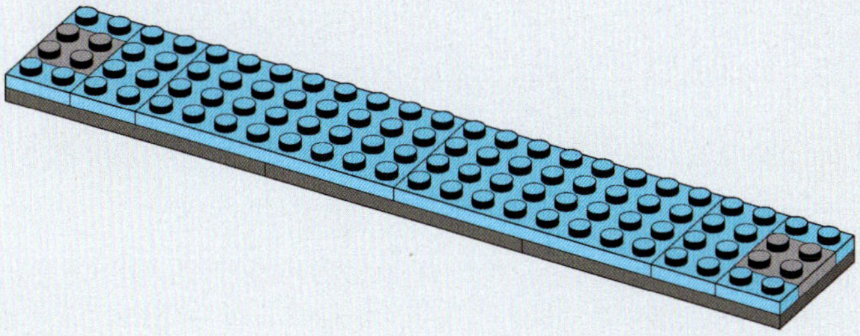

2

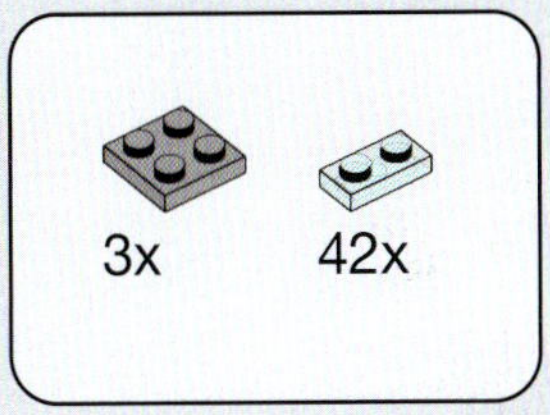

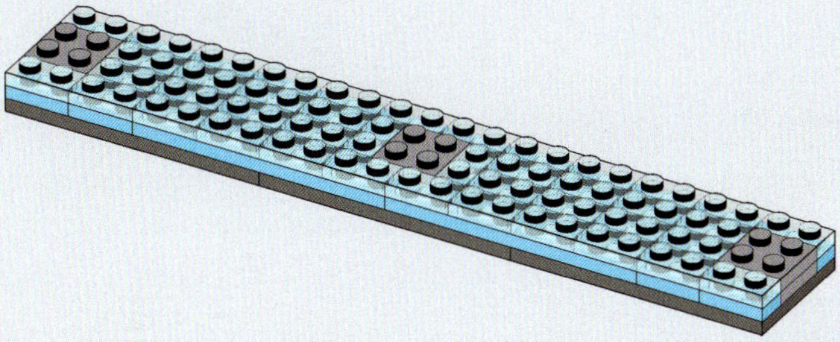

3

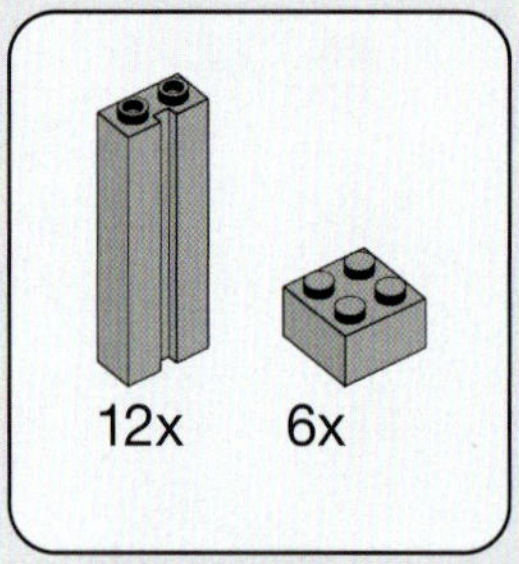

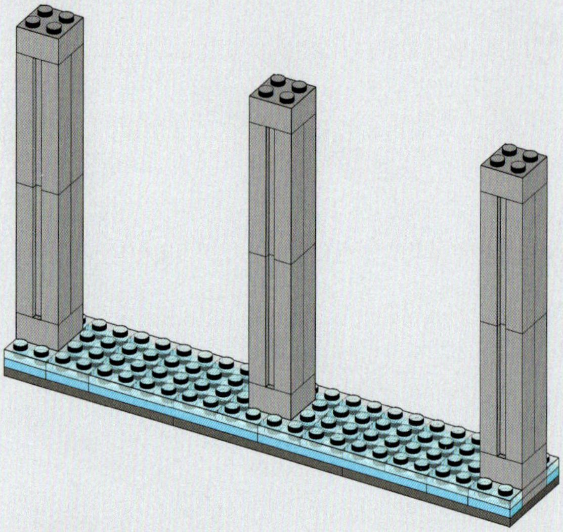

4

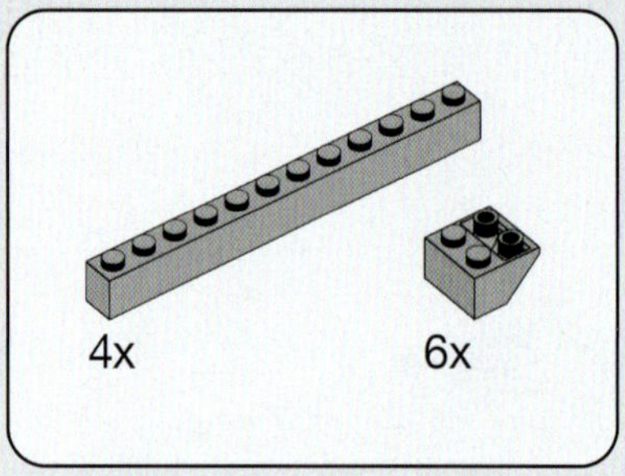

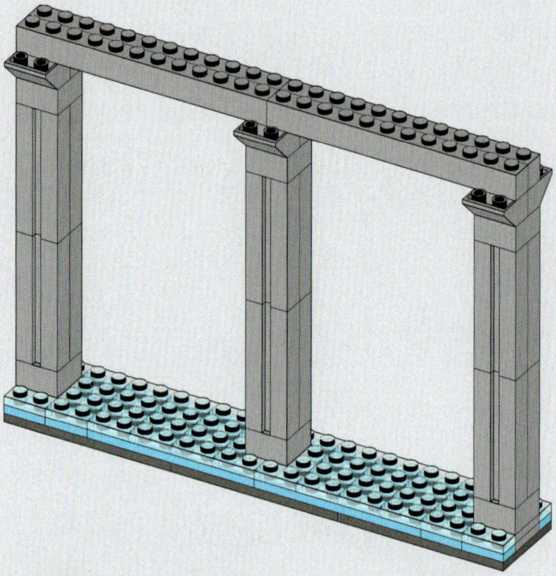

5

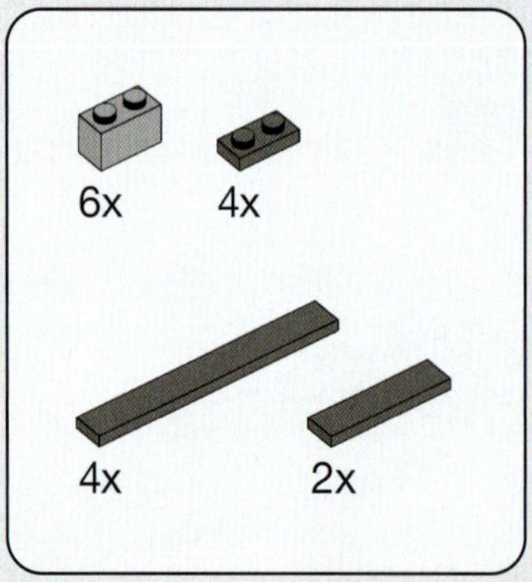

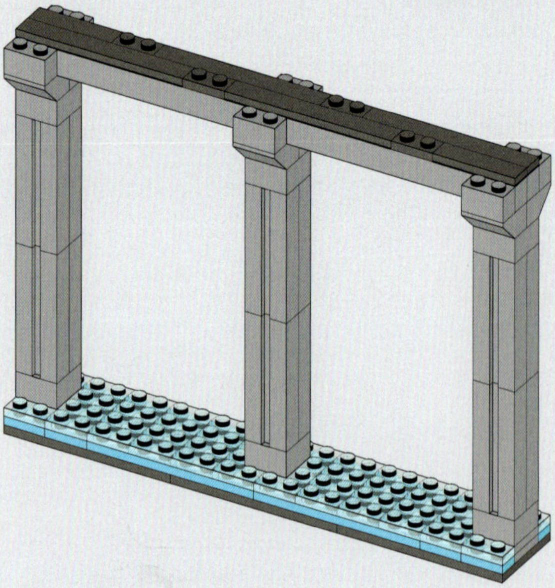

6

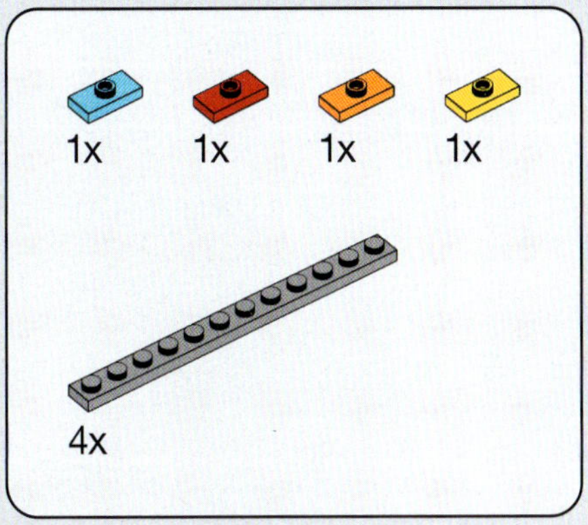

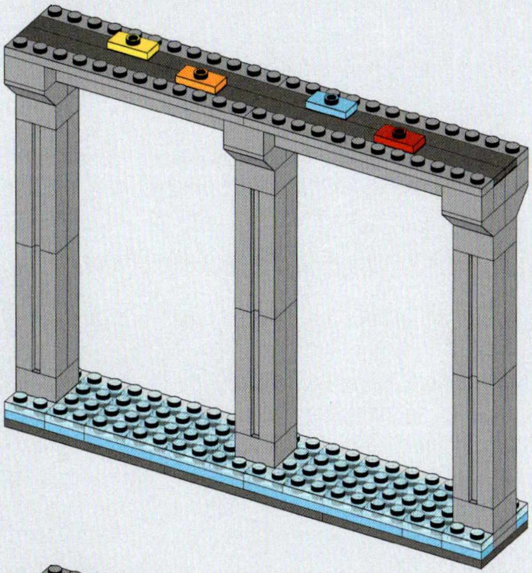

7

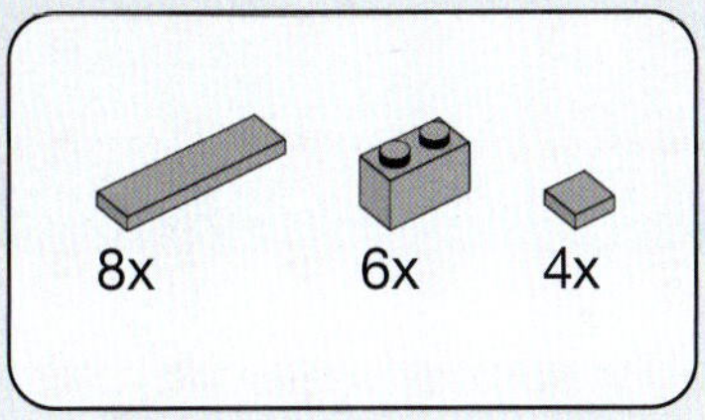

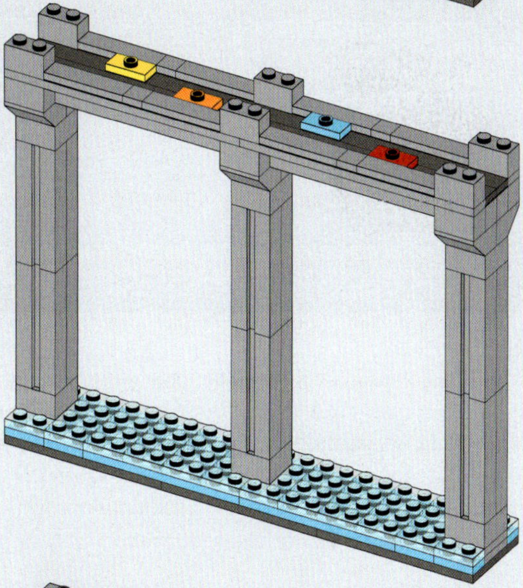

8

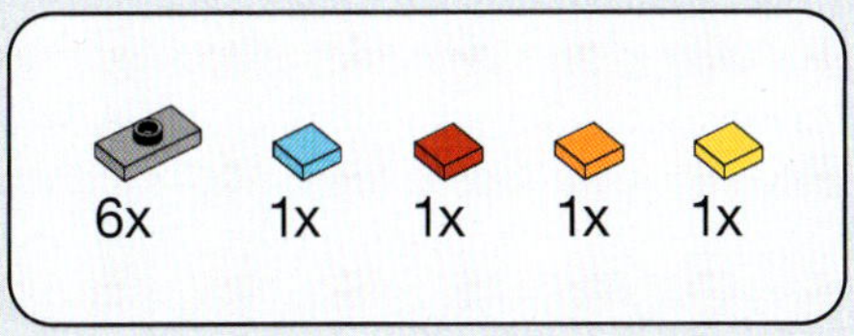

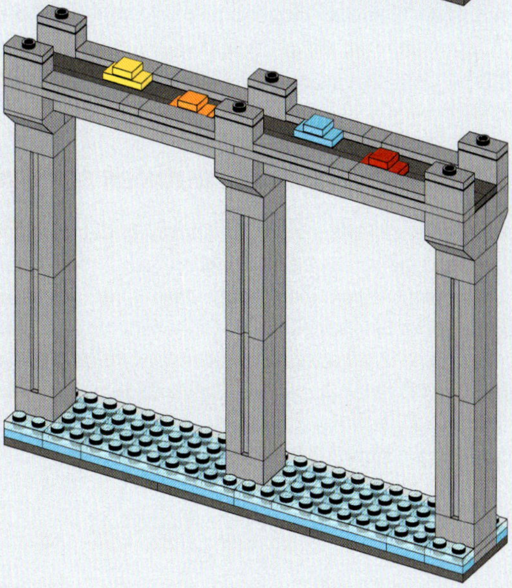

BOGENBRÜCKE

Römische Ingenieure erfanden die mehrfache Bogenbrücke, indem sie mehrere Bogen aneinanderreihten.

Die Menschen in der Antike sehnten sich danach, immer größere Hindernisse zu überwinden, aber die Spannweite durchhängender hölzerner Balkenbrücken reichte nicht aus. Experimente mit Steinen als Baumaterial führten zur starken und verwindungssteifen Bogenbrücke, der ersten wichtigen technischen Innovation im Brückenbau.

Wie stark sind aber Bogenbrücken? Die Arkadiko-Brücke in Griechenland, die um 1.300 v. Chr. gebaut wurde, ist die weltweit älteste Bogenbrücke, die zudem heute noch in Betrieb ist.

WARUM SIND BOGENBRÜCKEN SO STARK?

Eine Balkenbücke neigt zum Durchhängen, weil das Gewicht auf ihrem Deck direkt mit der Schwerkraft nach unten wandert. Im Gegensatz dazu leitet die gebogene Form einer Bogenbrücke das Gewicht zu den Seiten zu massiven Widerlagern an beiden Seiten der Spannweite ab. Die Widerlager, die aus Stein, Beton oder einem unbeweglichen Teil der Landschaft bestehen können, übertragen dann das Gewicht auf den festen Boden.

WARUM EINE BOGENBRÜCKE?

Bogenbrücken können größere Lücken überspannen und schwerere Lasten tragen als Balkenbrücken. Eine große Bandbreite von Materialien ist für den Bau einer Bogenbrückenkonstruktion geeignet, darunter Holz, Stein, Ziegelsteine, Beton und Stahl. Steinbogenbrücken wurden mit der Zeit immer belastbarer, da sich ihre gemeißelten Steine unter Druck miteinander verkanten.

WO LIEGEN DIE GRENZEN EINER BOGENBRÜCKE?

Bogenbrücken erfordern eine sorgfältige technische Ausführung, und ihr Bau dauert lange. Diese Kombination macht Bogenbrücken teuer. Wenn sich keine natürlichen Strukturen nutzen lassen, dann erfordern die unverzichtbaren schweren Widerlager riesige Mengen an Material, was die Kosten zusätzlich steigen lässt.

DER BOGEN IN AKTION

Die New-River-Gorge-Brücke ist eine 924 Meter lange Stahlbogenbrücke.

BAUE EINE LEGO-BOGENBRÜCKE

Verwende diese Bogenbrücke allein oder baue wie ein römischer Ingenieur und verknüpfe mehrere Bogen zum Verlängern der Brückenlänge.

Verwende hier ein beliebiges 1x1-Teil, um deiner Bogenbrücke mit dekorativen Zierspitzen deine persönliche Note zu verleihen.

Der Abstand zwischen Pfeilern oder Widerlagern einer Brücke nennt sich Spannweite.

Schwere Widerlager stützen Belastungen des Decks, die seitwärts vom Bogen abgeleitet werden.

2x 3002 | **3x** 3020 | **2x** 3003 | **24x** 3004 | **4x** 87087 | **4x** 3023 | **4x** 15573 | **8x** 3069b | **4x** 15470

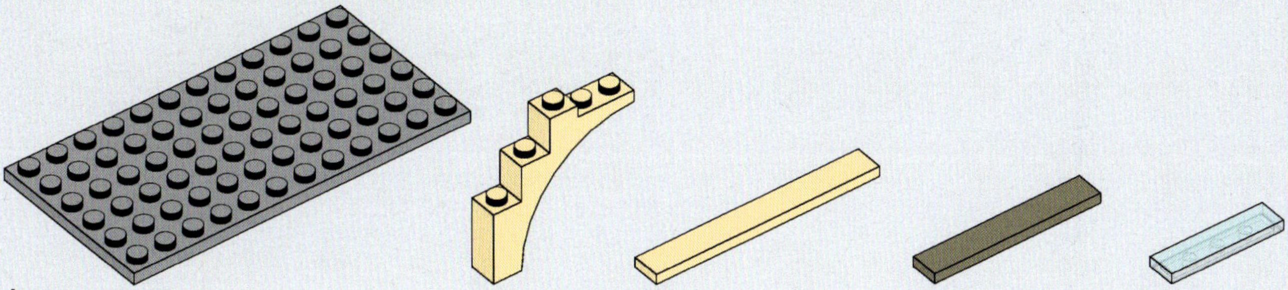

1x 3028 | **4x** 2339 | **4x** 4162 | **4x** 6636 | **10x** 2431

1

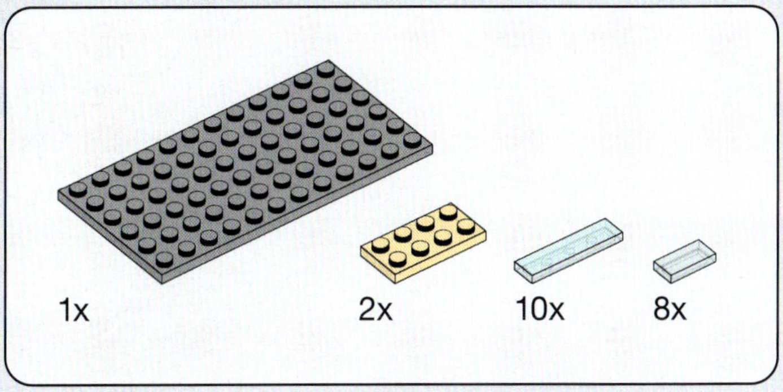

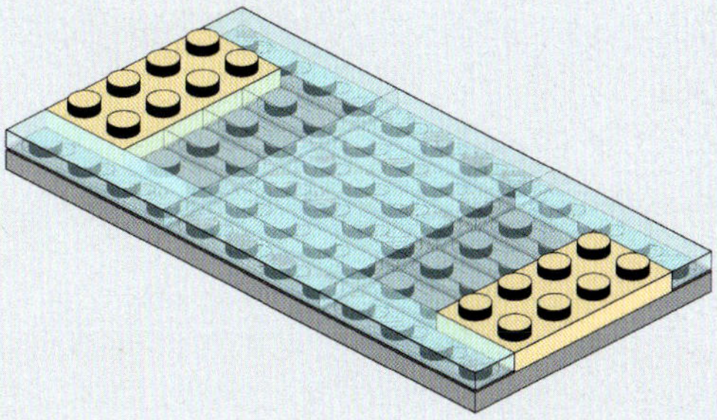

2

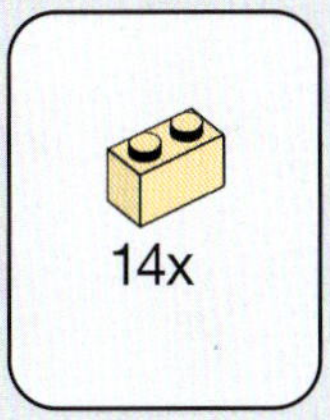

3

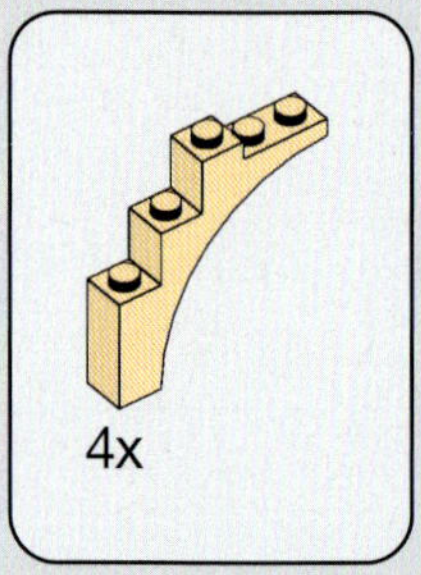

4

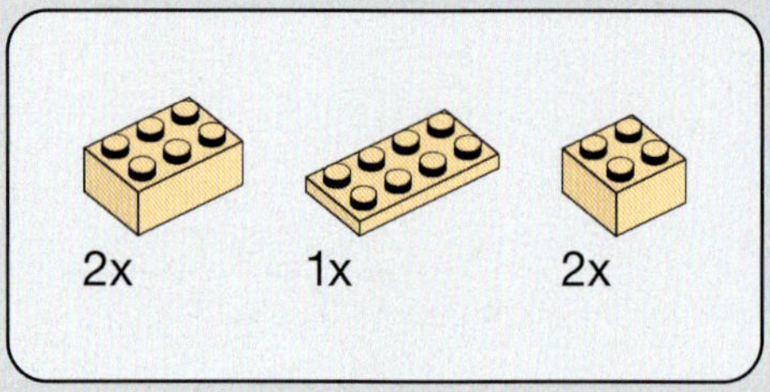

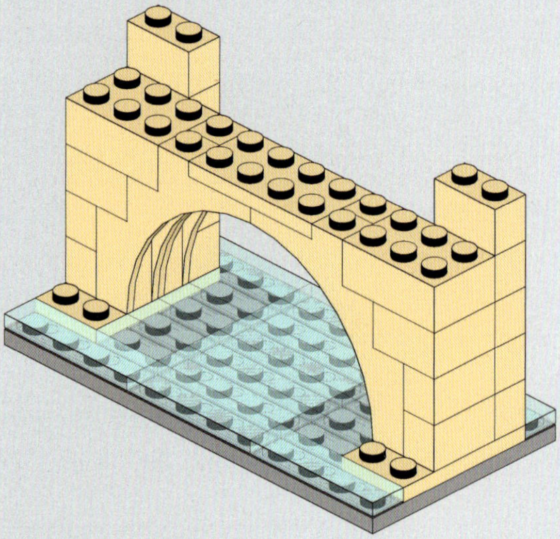

5

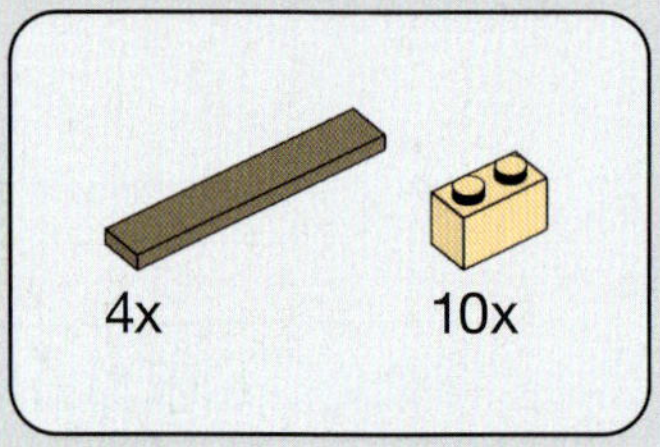

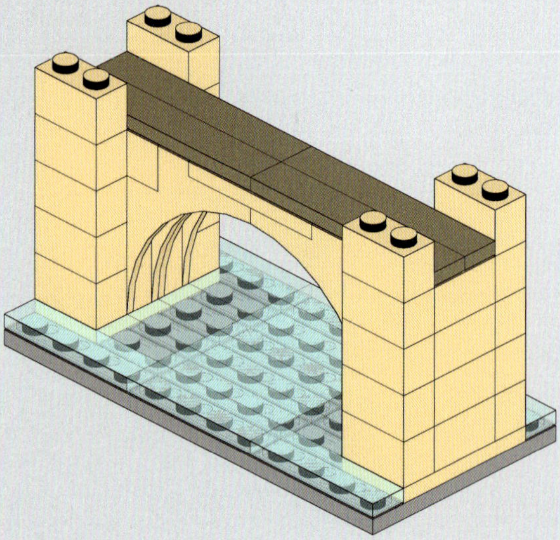

6

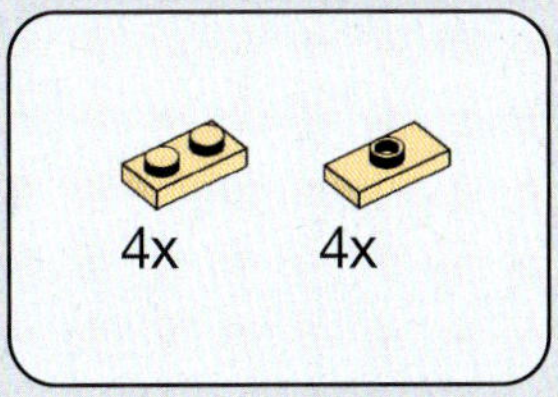

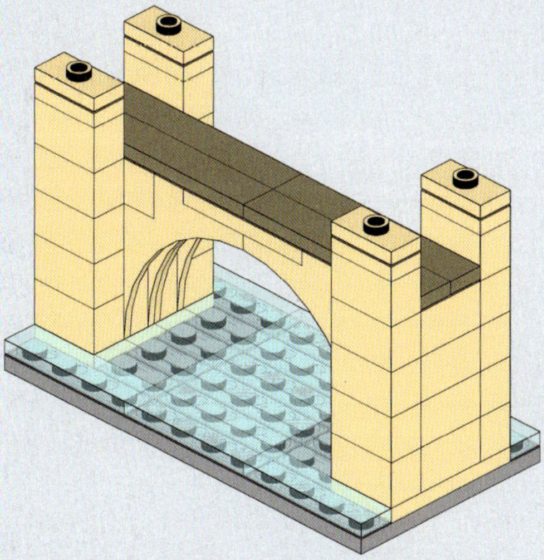

7

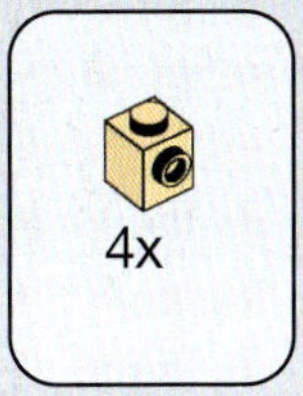

8

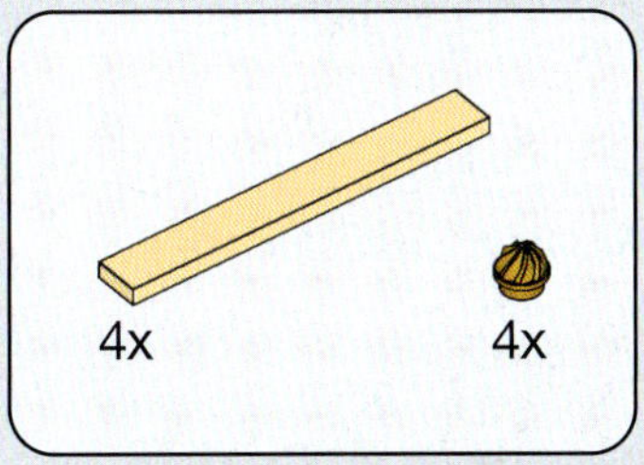

FACHWERK-BRÜCKE

Eine Fachwerkbrücke bezieht ihre Stärke aus der Geometrie des Dreiecks.

Ingenieuren bereitet es Vergnügen, das Potenzial der Geometrie zu entfalten. Bogenbrücken setzen auf den Kreis, um Stabilität zu erreichen, während sich bei robusten Fachwerkbrücken alles um Dreiecke dreht. Frühe Versuche mit dreieckigen Holzrahmen beim Hausbau gingen im 18. Jahrhundert zum Brückenbau über, aber es war die Verbreitung des Stahls und brückenhungriger Dampfzüge in der Industriellen Revolution, die das goldene Zeitalter der Fachwerkbrücke einleitete.

WARUM SIND DREIECKSRAHMEN SO STARK?

Dreiecksrahmen lassen sich kaum verbiegen, selbst nicht unter immensem Druck. Sie gleichen das Drücken und Dehnen von Kompressions- und Spannkräften aus. Ein auf die Spitze eines Dreiecks wirkendes Gewicht erzeugt eine Kompressionskraft, die gleichmäßig auf die beiden Seiten verteilt wird. Dieses wiederum erzeugt an der Grundseite (auch Basis genannt) des Dreiecks Spannung. Kompression und Spannung heben sich gegenseitig auf, halten das Dreieck in Position. Die miteinander verbundenen Dreiecke eines Fachwerkrahmens verteilen das Gewicht an jedem Punkt eines Brückendecks über die gesamte Länge des Rahmens. Jedes Element der Brücke, das durch Spannung gedehnt wird, wird von einem unter Kompression stehenden Element ausgeglichen, und umgekehrt.

WARUM EINE FACHWERKBRÜCKE?

Das Verhältnis einer Fachwerkbrücke zwischen Stärke und Gewicht ist herausragend. Fachwerkbrücken verwenden Materialien, die viel leichter sind als Stein, wie Stahl oder Holz, und dennoch können sie schwere Güterzüge tragen. Die Komponenten einer Fachwerkbrücke können in der Fabrik vorgefertigt und dann an Ort und Stelle montiert werden, was zu einer kurzen Bauzeit führt.

WO LIEGEN DIE GRENZEN EINER FACHWERKBRÜCKE?

Die Entwicklung von Fachwerkbrücken ist komplex, und ihre vielen Komponenten vervielfachen die Instandhaltungskosten. Fachwerk unter dem Brückendeck erfordert ausreichend lichte Höhe über der darunterliegenden Landschaft.

KRAFT DES DREIECKS

Ein rechteckiger Rahmen hängt unter Belastung durch und wird früher oder später zu einer Seite wegkippen. Ein Rechteck kann leicht umkippen und wird zu einem Parallelogramm.

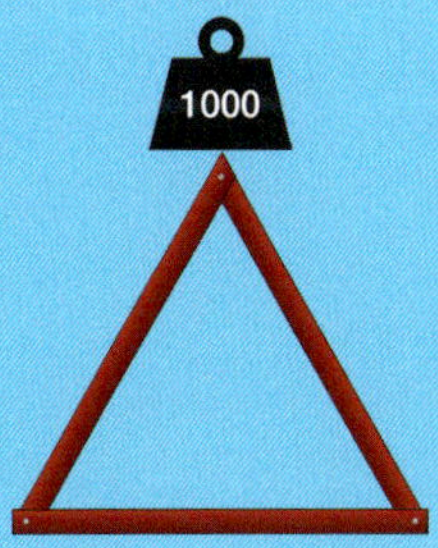

Eine Last versucht, die beiden oberen Seiten des Dreiecks auseinanderzudrücken, aber sie werden von der Grundseite in Position gehalten. Der Kompression der Seiten steht die Spannung an der Grundseite entgegen.

Ein vollständig aus rechten Winkeln bestehender Brückenrahmen widersteht keinen schweren Lasten. Das Deck hängt durch und zieht den gesamten Rahmen hinunter.

Ergänzt man zwei diagonale Balken zum ursprünglich quadratischen Rahmen, erhält man vier verwindungsresistente Dreiecke. Der Rahmen bleibt unter Last steif.

Fachwerkrahmen lassen sich über oder unter einem Brückendeck anordnen.

BAUE EINE LEGO-FACHWERKBRÜCKE

Du kannst den dieselelektrischen Personenzug dieses Modells gegen jeden beliebigen Zug aus dem Abschnitt »Züge und mehr« dieses Buchs austauschen.

Züge sind viel schwerer als Autos und erfordern entsprechend stärkere Brücken. Die Lokomotive allein wiegt in der Regel mehr als 210 Tonnen.

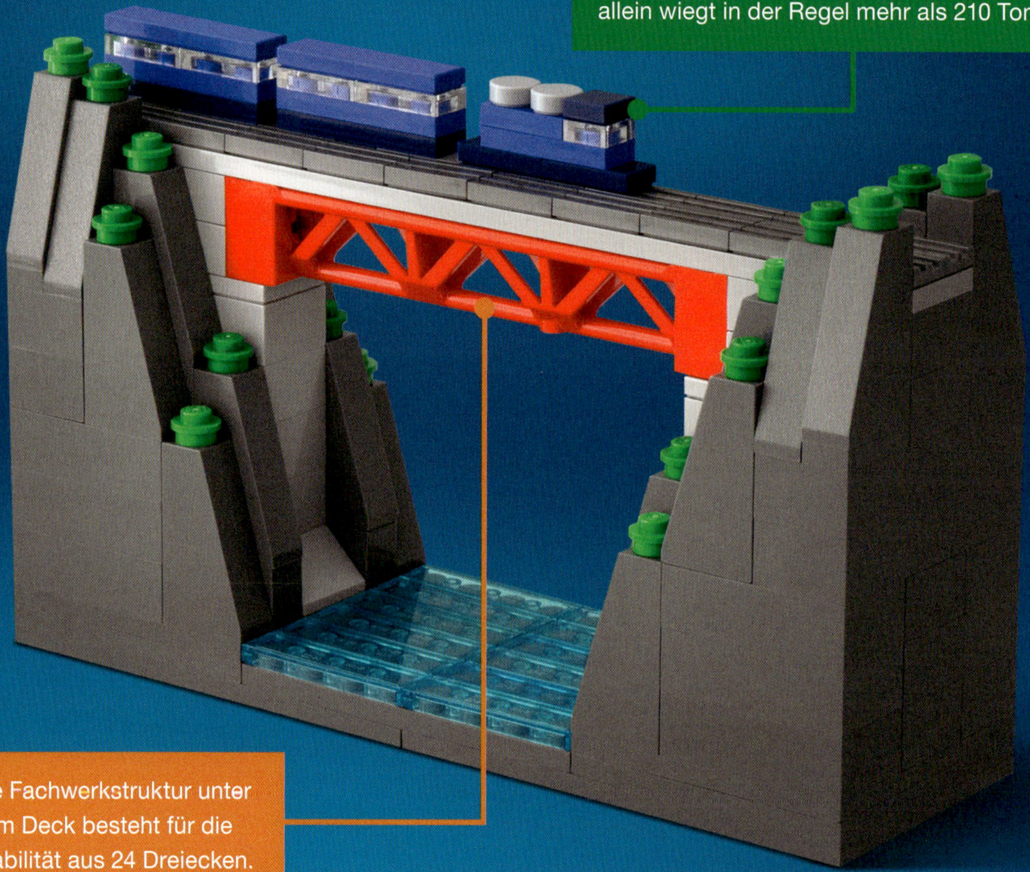

Die Fachwerkstruktur unter dem Deck besteht für die Stabilität aus 24 Dreiecken.

2x	1x	2x	2x	1x	2x	2x	14x
22885	3021	3039	3068b	32000	15573	15573	2412b

4x	1x	4x	1x	1x	1x	1x	2x	12x	12x
3023	3023	3023	3023	3024	3070b	3070b	98138	4073	4073

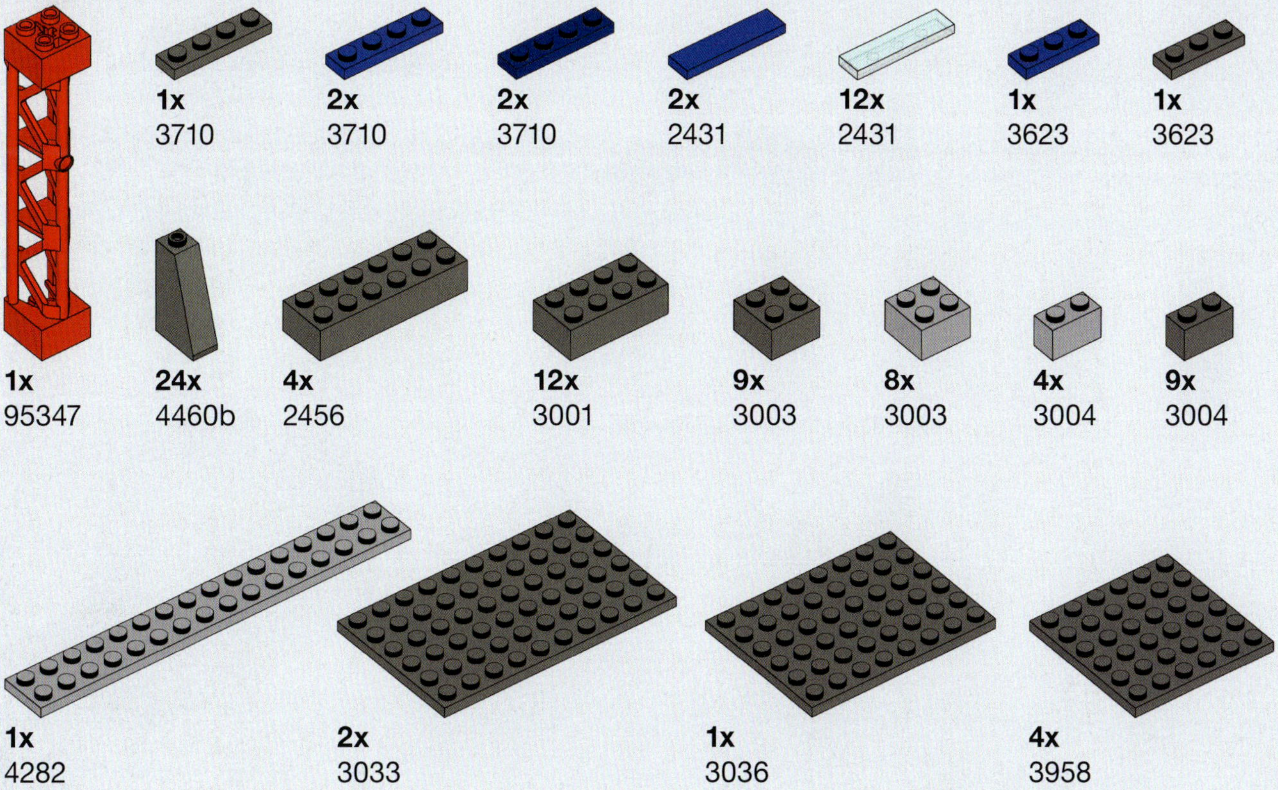
1x 3710
2x 3710
2x 3710
2x 2431
12x 2431
1x 3623
1x 3623
1x 95347
24x 4460b
4x 2456
12x 3001
9x 3003
8x 3003
4x 3004
9x 3004
1x 4282
2x 3033
1x 3036
4x 3958

1

1x
2x

2

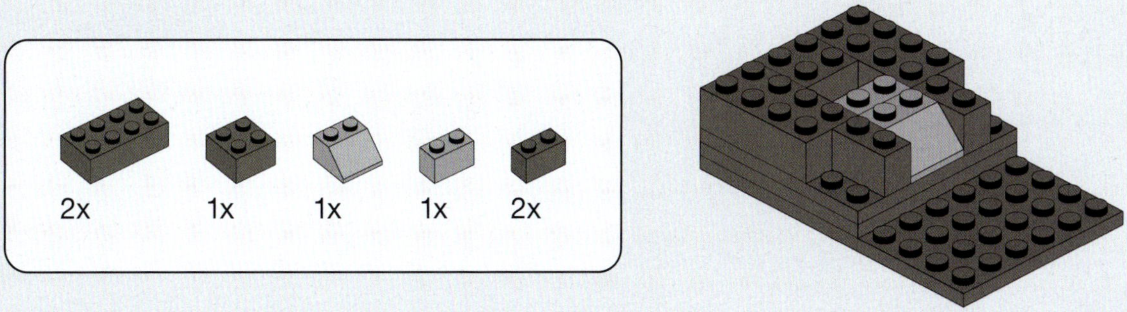
2x
1x
1x
1x
2x

3

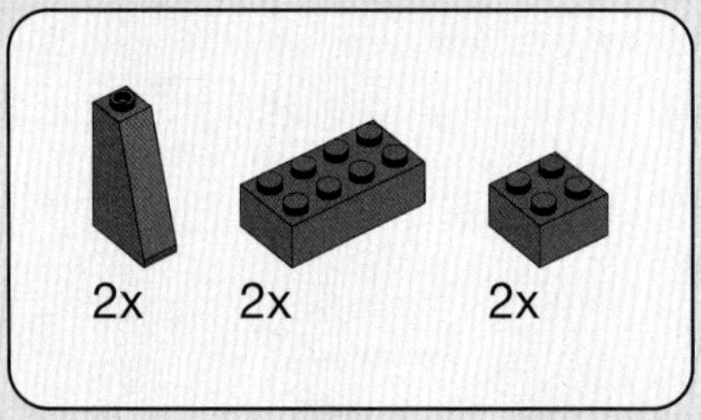

4

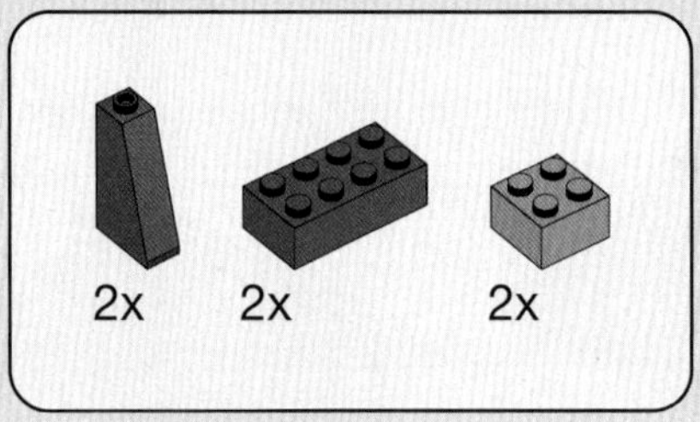

5

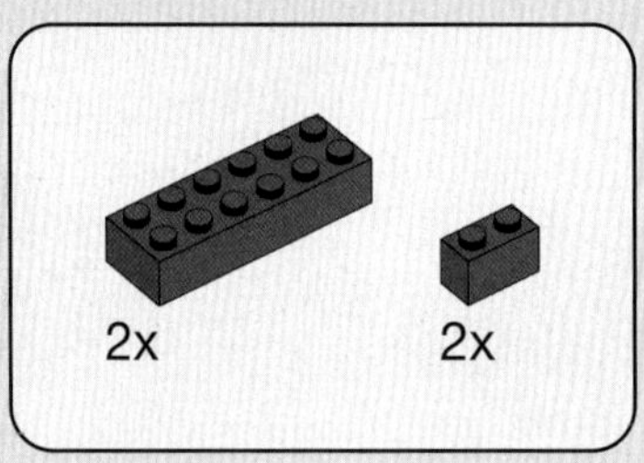

6

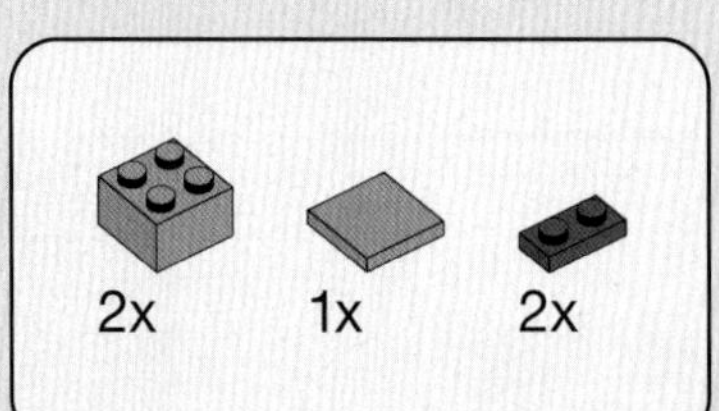

×2

7

Ordne die zwei Baugruppen aus Schritt 6 einander gegenüber an.

8

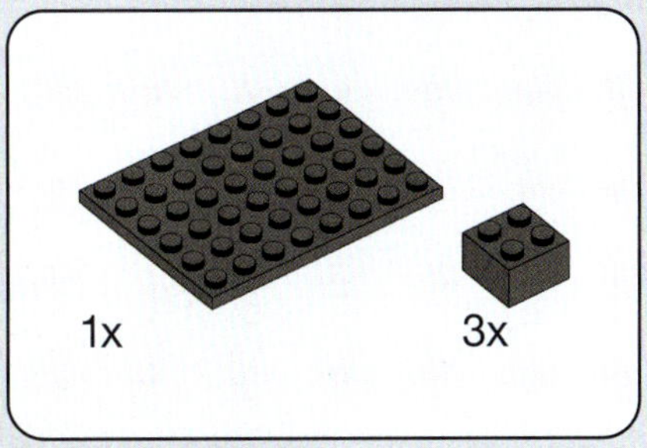

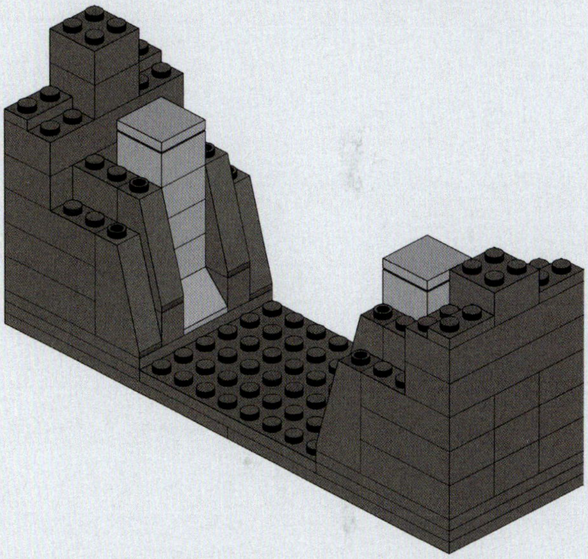

9

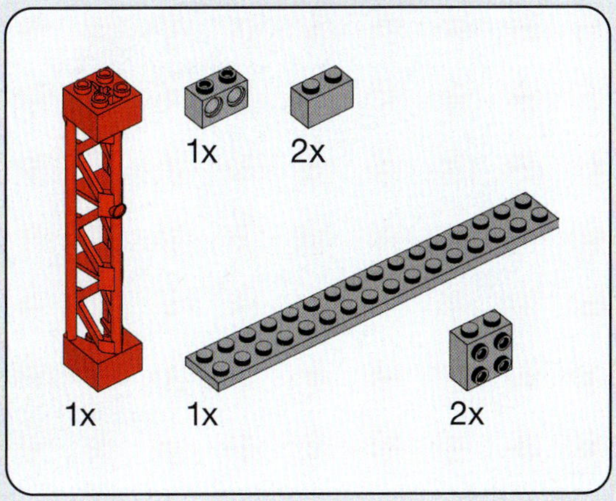

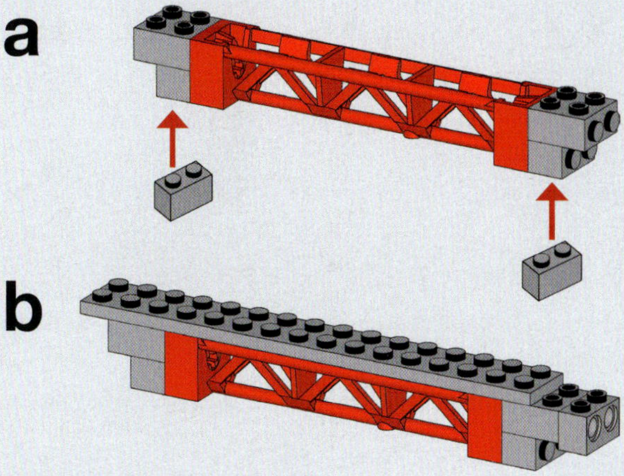

10

Ordne die Baugruppe aus Schritt 9 wie abgebildet an.

11

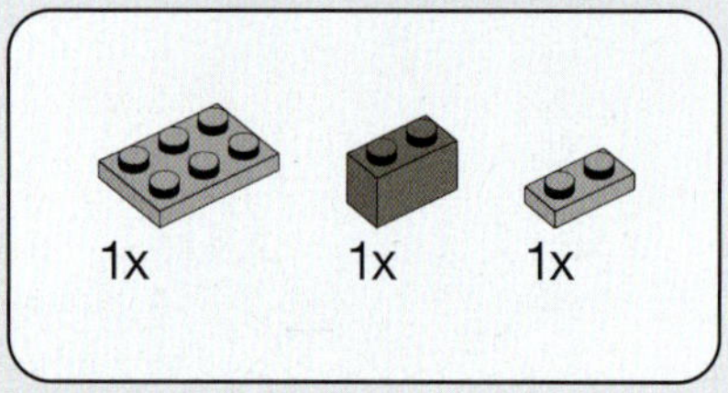

12

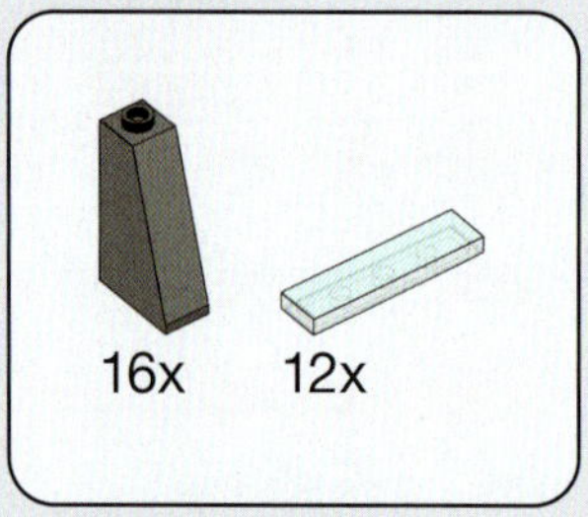

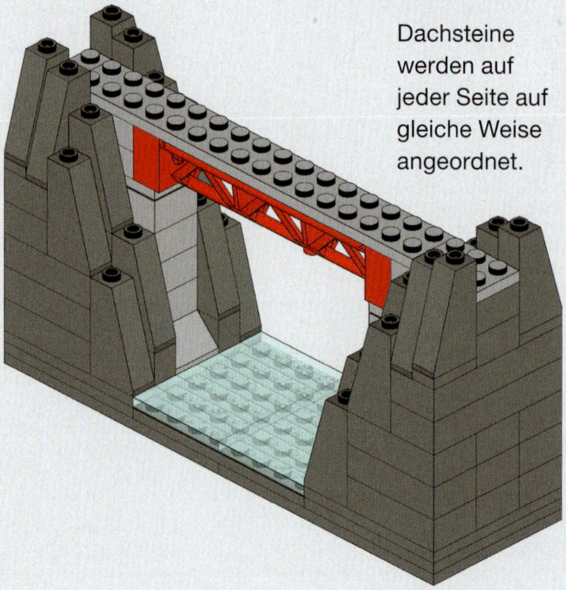

Dachsteine werden auf jeder Seite auf gleiche Weise angeordnet.

13

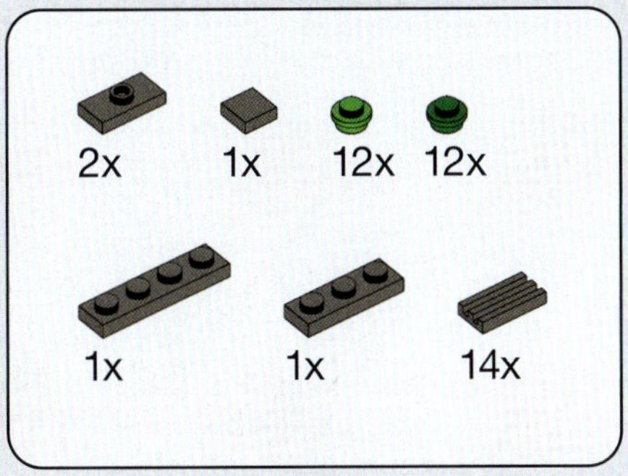

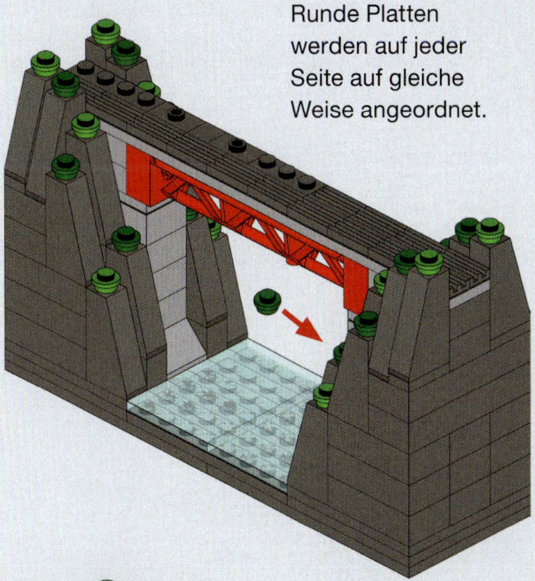

Runde Platten werden auf jeder Seite auf gleiche Weise angeordnet.

14

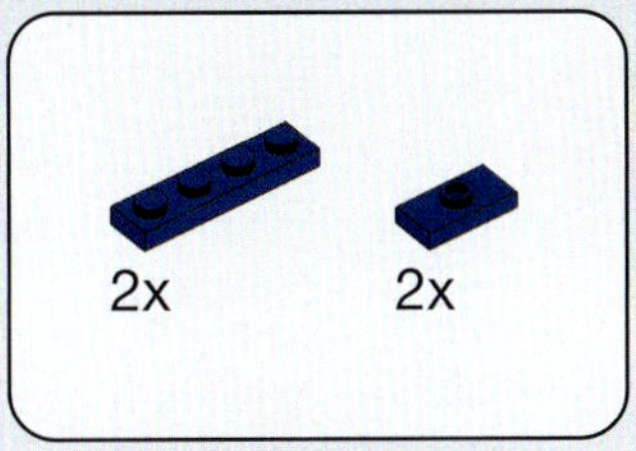

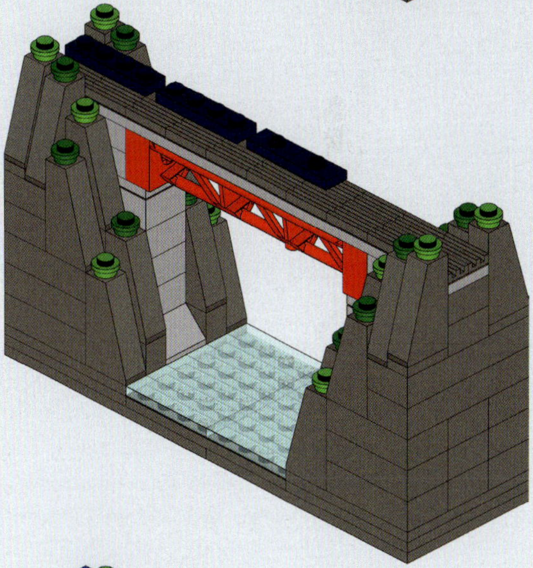

15

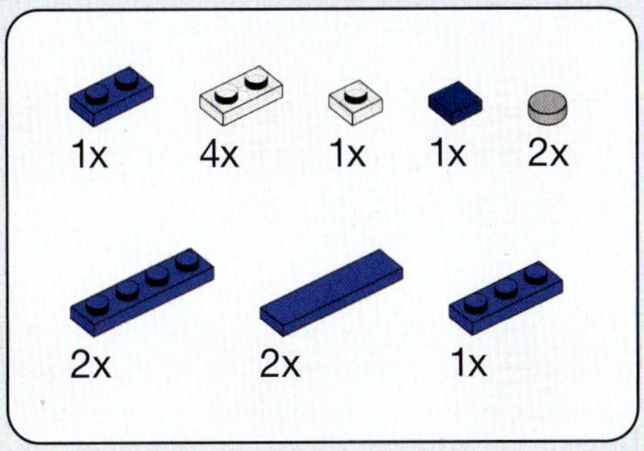

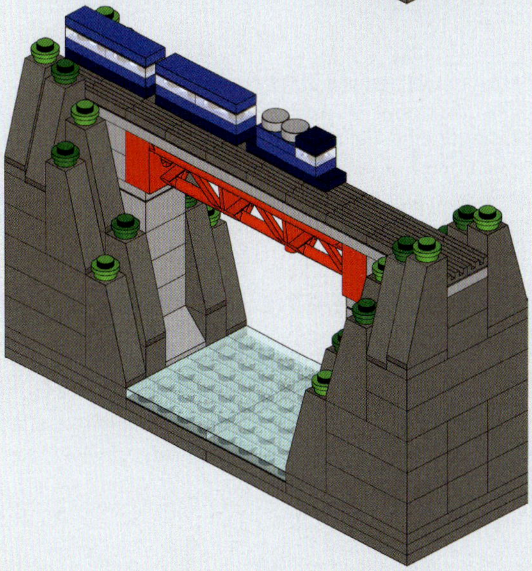

AUSLEGERBRÜCKE

Die Brücke in der Bucht von Tokio trägt aufgrund des Aussehens ihrer Ausleger-Fachwerke den Spitznamen »Dinosaurierbrücke«.

Balken-, Bogen- und Fachwerkbrücken lassen sich alle verlängern, indem zusätzliche Stützpfeiler eingesetzt werden, aber was passiert, wenn eine tiefe Schlucht oder ein breiter Meereszufluss zusätzliche Pfeiler unmöglich machen? Oder wenn das Hinzufügen zusätzlicher Pfeiler in einem Fluss den Schiffsverkehr blockieren würde? Die Lösung des Ingenieurs liegt im Einsatz von Auslegern.

WAS SIND AUSLEGER?

Ausleger sind Strukturen, die waagerecht in den Raum ragen und nur an einem Ende gestützt werden. Ein von einer Hausseite vorstehender Balkon ist ein Ausleger, ebenso ein auskragendes Stadiondach.

WIE ENTSTEHT EINE AUSLEGERBRÜCKE?

Eine Auslegerbrücke besteht aus zwei Auslegerarmen, die sich über eine Lücke aufeinander zu strecken. Die nicht abgestützten Enden werden von einem steifen Fachwerkrahmen zusammengehalten, um ein Durchhängen zu verhindern. Manchmal begegnen sich die Brückenarme in der Mitte. Und manchmal bleibt eine Lücke, die von einer separaten, durch die Ausleger gestützten Brücke gefüllt wird.

WARUM EINE AUSLEGERBRÜCKE?

Auslegerbrücken werden zum Überqueren großer Spannweiten verwendet, wo keine mehrfachen Pfeiler verwendet werden können. Hängebrücken und Schrägseilbrücken erfüllen auch dieses Kriterium, aber Auslegerbrücken können erheblich schwerere Lasten tragen, darunter Güterzüge.

WO LIEGEN DIE GRENZEN EINER AUSLEGERBRÜCKE?

Auslegerbrücken sind riesige, komplexe technische Projekte, deren Bau und Instandhaltung teuer ist. Der verwindungssteife Rahmen, der zum Versteifen der Auslegerarme erforderlich ist, macht diese Brücken anfällig für Schäden durch Erdbeben.

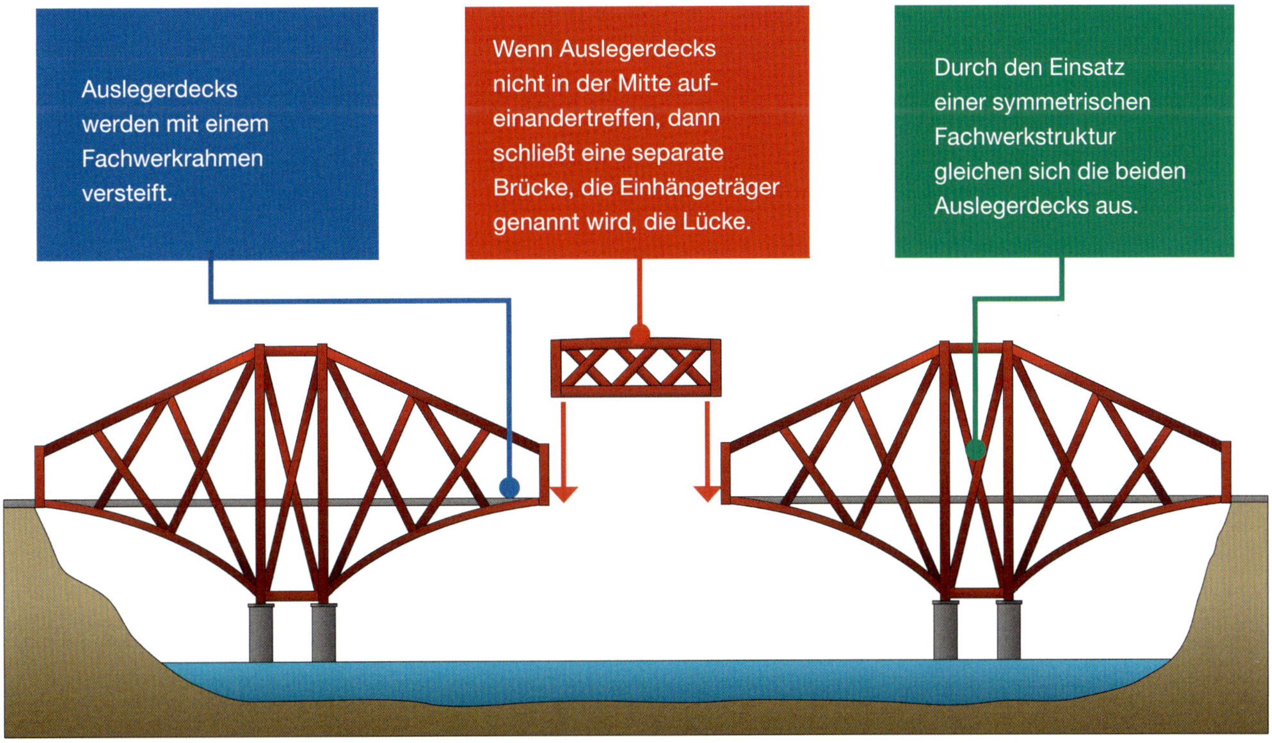

Die Forth Bridge in Schottland gehört zum UNESCO-Weltkulturerbe.

BAUE EINE LEGO-AUSLEGERBRÜCKE

Symmetrische Fachwerkstrukturen gleichen die Auslegerdecks aus und versteifen sie. Die robusten Fachwerkrahmen ermöglichen der Brücke, schwere Lasten wie Güterzüge zu tragen.

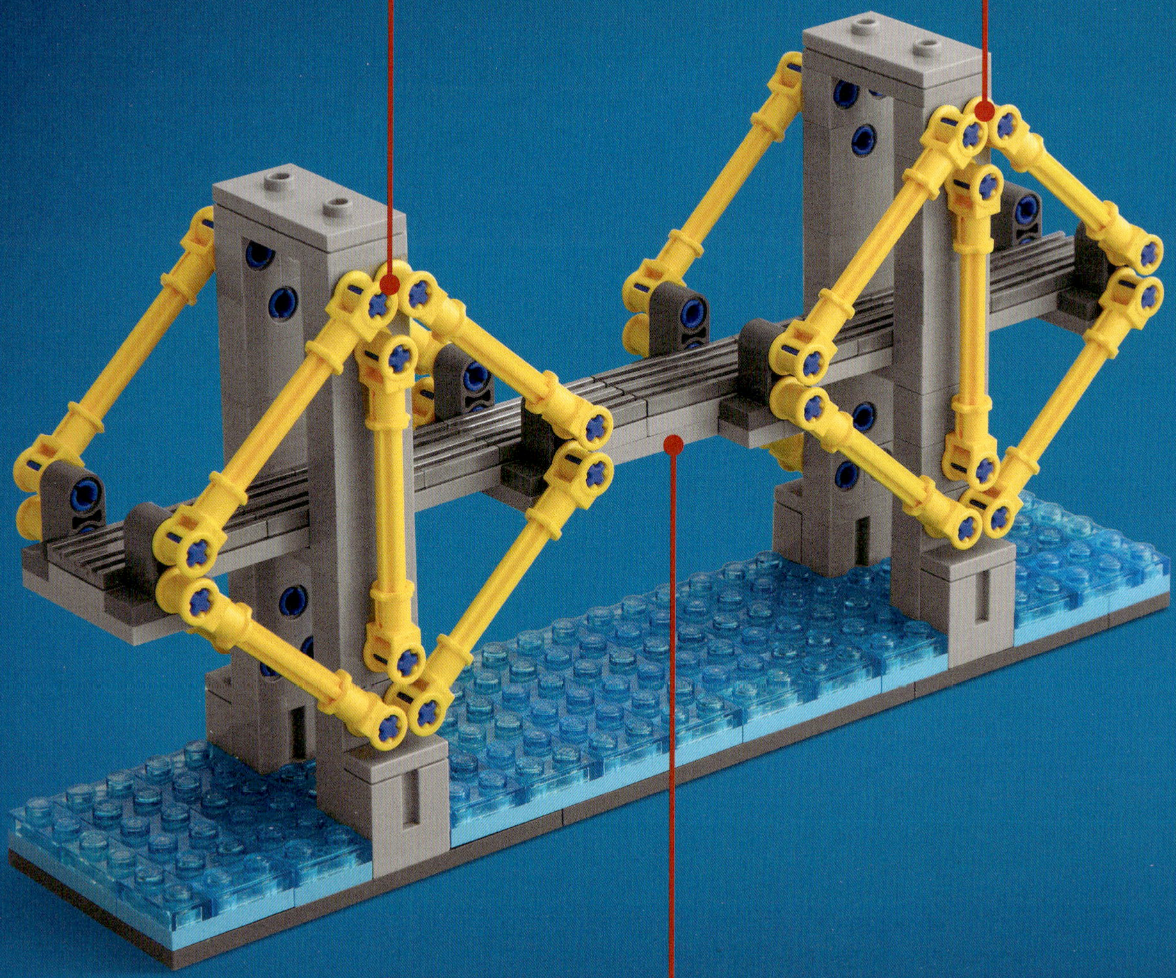

Eine einfache Balkenbrücke fungiert als Einhängeträger (auch Schwebeträger genannt) und füllt die Lücke zwischen den Auslegern, aber es kann auch eine Fachwerkbrücke verwendet werden.

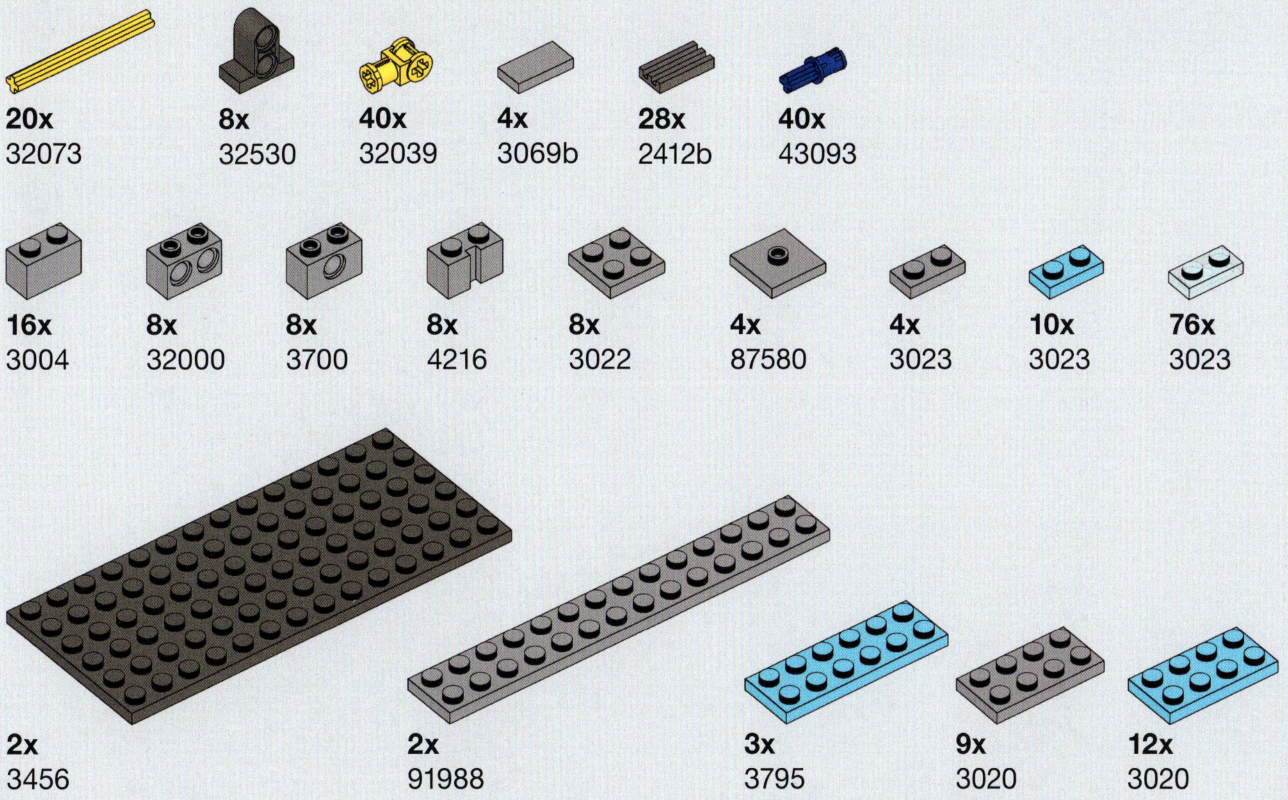
20x 32073
8x 32530
40x 32039
4x 3069b
28x 2412b
40x 43093
16x 3004
8x 32000
8x 3700
8x 4216
8x 3022
4x 87580
4x 3023
10x 3023
76x 3023
2x 3456
2x 91988
3x 3795
9x 3020
12x 3020

1

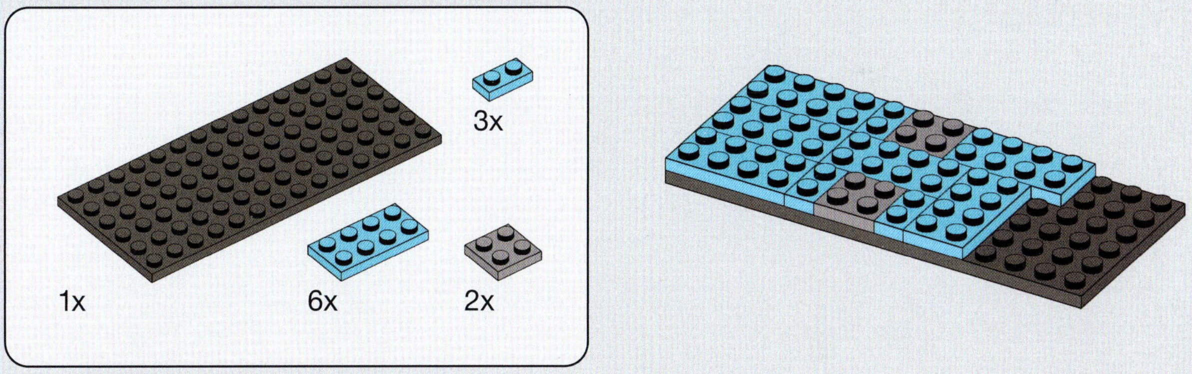
3x
1x
6x
2x

2

2x
23x

3

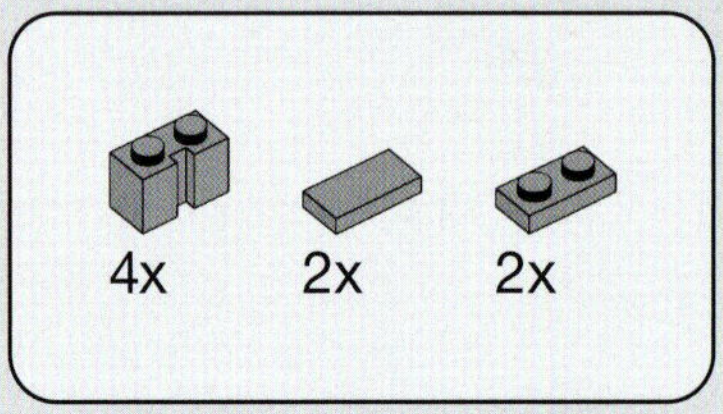

4

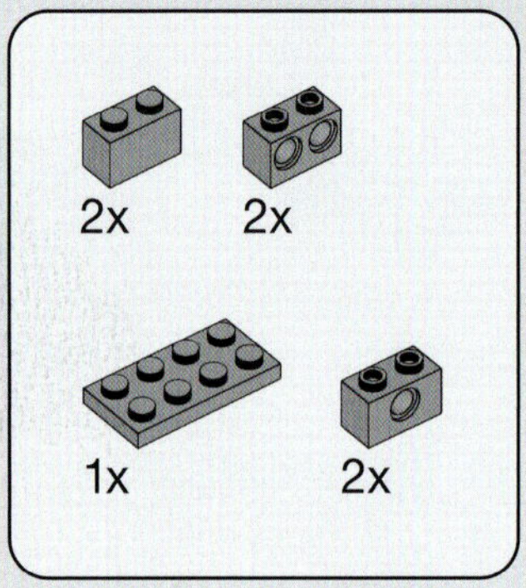

5

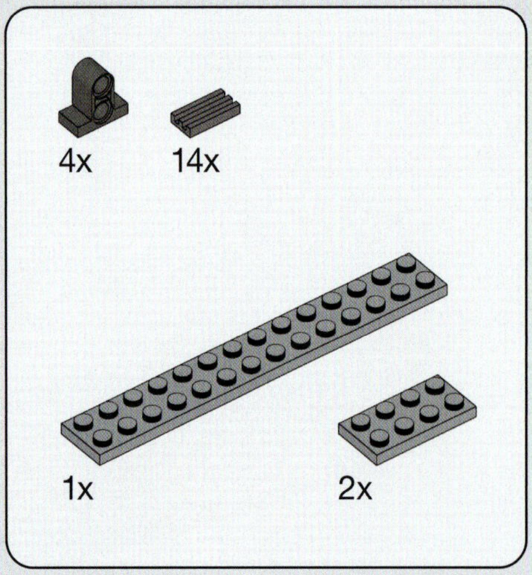

a

b

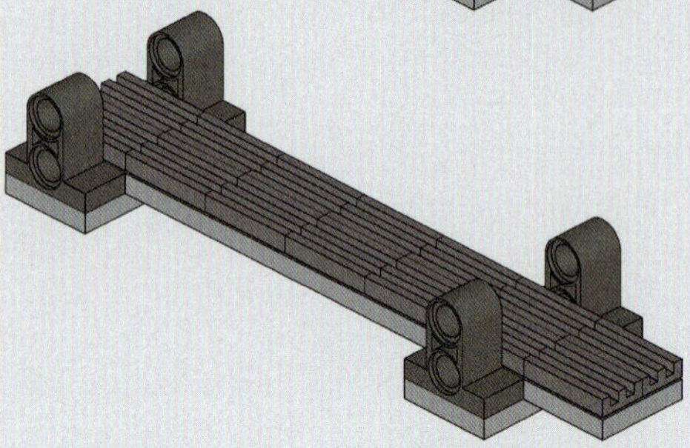

6

Montiere die Baugruppe aus Schritt 5 wie abgebildet.

7

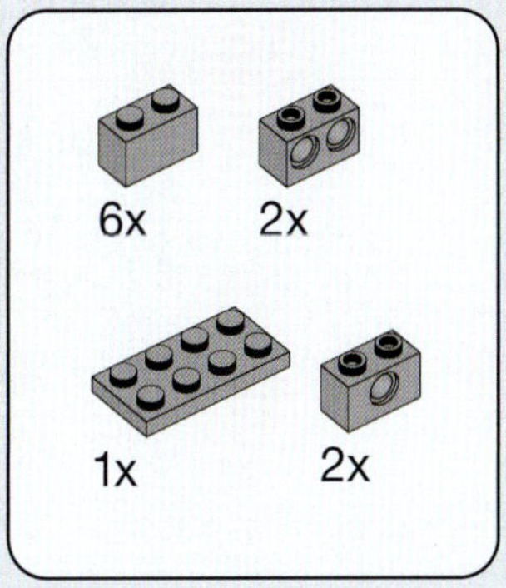

8

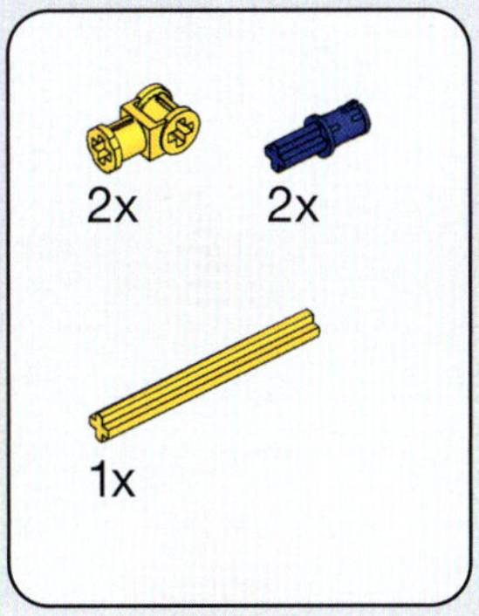

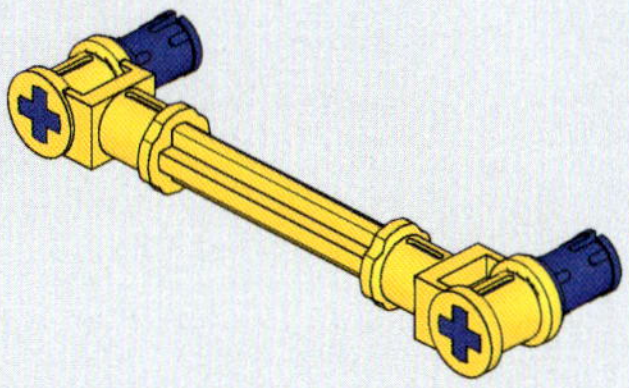

×10

9

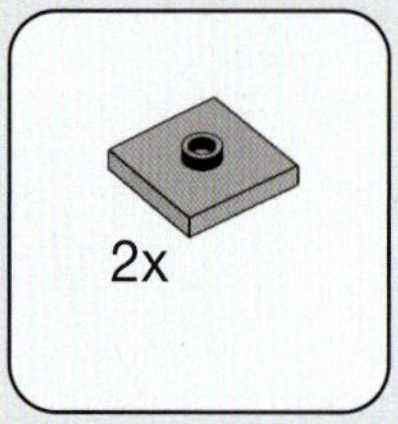

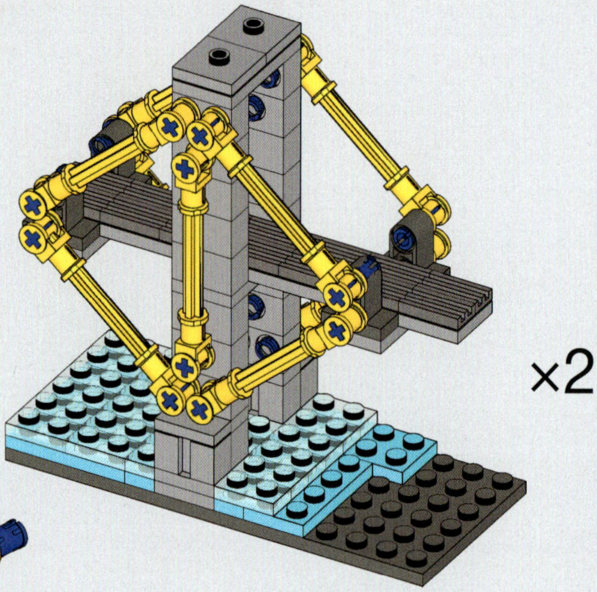

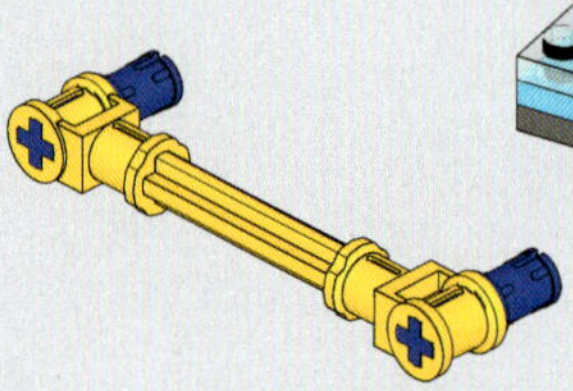

Montiere die 10 Baugruppen aus Schritt 8 wie abgebildet. Das Modell ist auf der linken und rechten Seite identisch.

10

Ordne die zwei Baugruppen aus Schritt 9 gegenüber voneinander an.

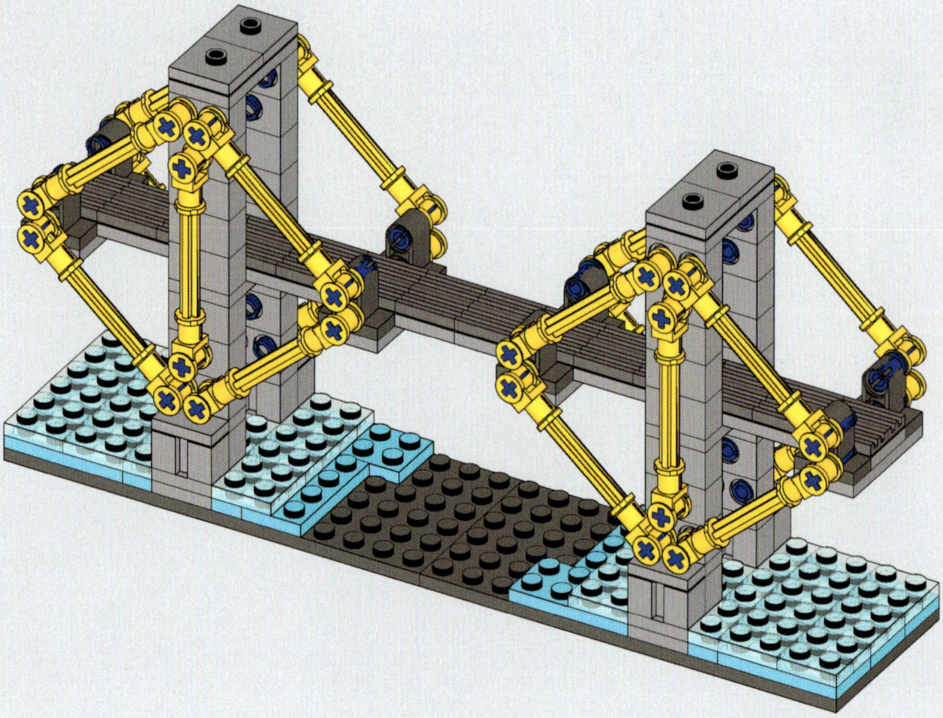

11

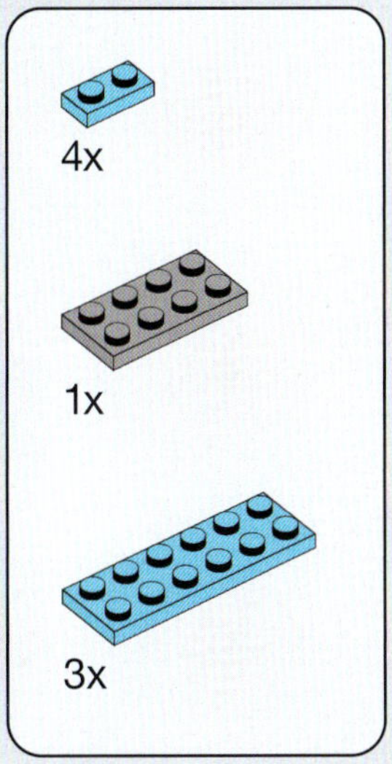

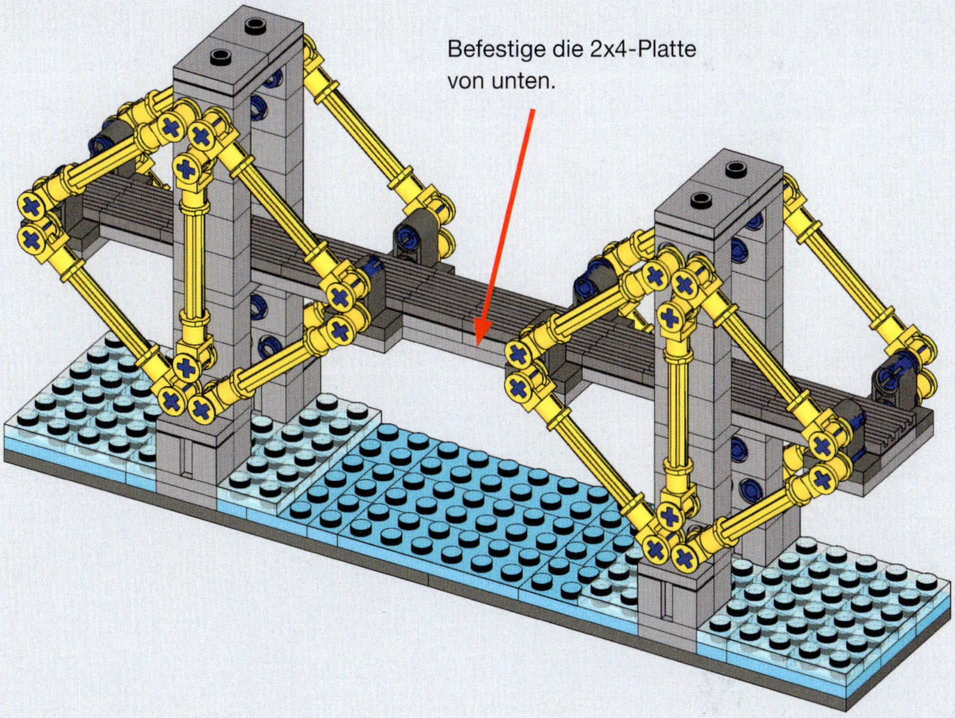

12

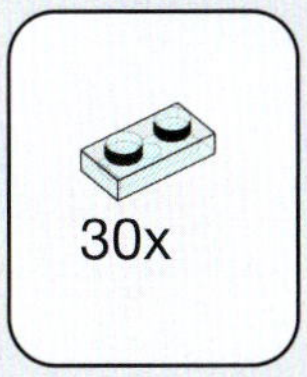

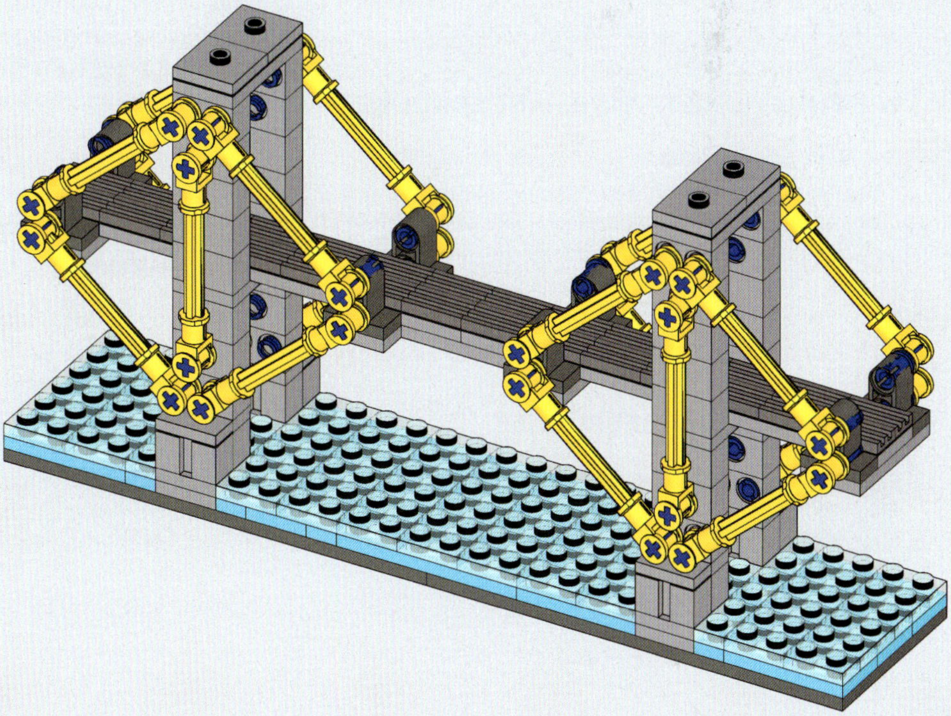

HÄNGEBRÜCKE

Die Hängebrücke im englischen Clifton wurde 1864 erbaut.

Hängebrücken sind globale Wahrzeichen, Botschafter der Schönheit, die über ihren pragmatischen Zweck hinausgehen, und dennoch kaschiert ihr elegantes Design eine technisch gut gelöste Umleitung von Kräften.

WIE FUNKTIONIERT EINE HÄNGEBRÜCKE?

Das Deck einer Hängebrücke wird von senkrechten Kabeln gehalten, *Hänger* genannt. Die Hänger sind mit dickeren *Tragkabeln* verbunden, die über den Pylonen der Brücke hängen und an beiden Enden im Boden verankert sind. Die Tragkabel leiten das Gewicht des Decks hinauf zu den Pylonen, die dann die Last hinunter in den festen Grund lenken.

WARUM EINE HÄNGEBRÜCKE?

Hängebrücken besitzen die größte Spannweite jeglicher Art von Brücken. Die Akashi-Kaikyo-Brücke in Japan spannt sich zum Beispiel 1.991 Meter zwischen den Pylonen und hat eine Gesamtlänge von 3.911 Metern! Hängebrücken können auch sehr hoch sein, was entscheidend ist, wenn große Schiffe unter ihnen hindurchfahren sollen. Hängebrücken erfordern weniger Material als viele andere große Brückenarten, wie zum Beispiel Auslegerbrücken, und senken damit die Kosten zum Überspannen einer großen Lücke. Ihre flexible Struktur widersteht Schäden durch Erdbeben.

WO LIEGEN DIE GRENZEN EINER HÄNGEBRÜCKE?

Im Vergleich zu einer Auslegerbrücke ist die Hängebrücke aufgrund ihrer relativ leichten strukturellen Komponenten für schweren Zugverkehr ungeeignet. Die Flexibilität, die Hängebrücken hilft, Erdbeben zu widerstehen, ist ein Nachteil bei starken Winden, die das Deck der Brücke verwinden können. Um dieser verwindenden Kraft, die sich *Torsion* nennt, entgegenzuwirken, werden Hängebrücken oft mit einer Fachwerkstruktur verstärkt.

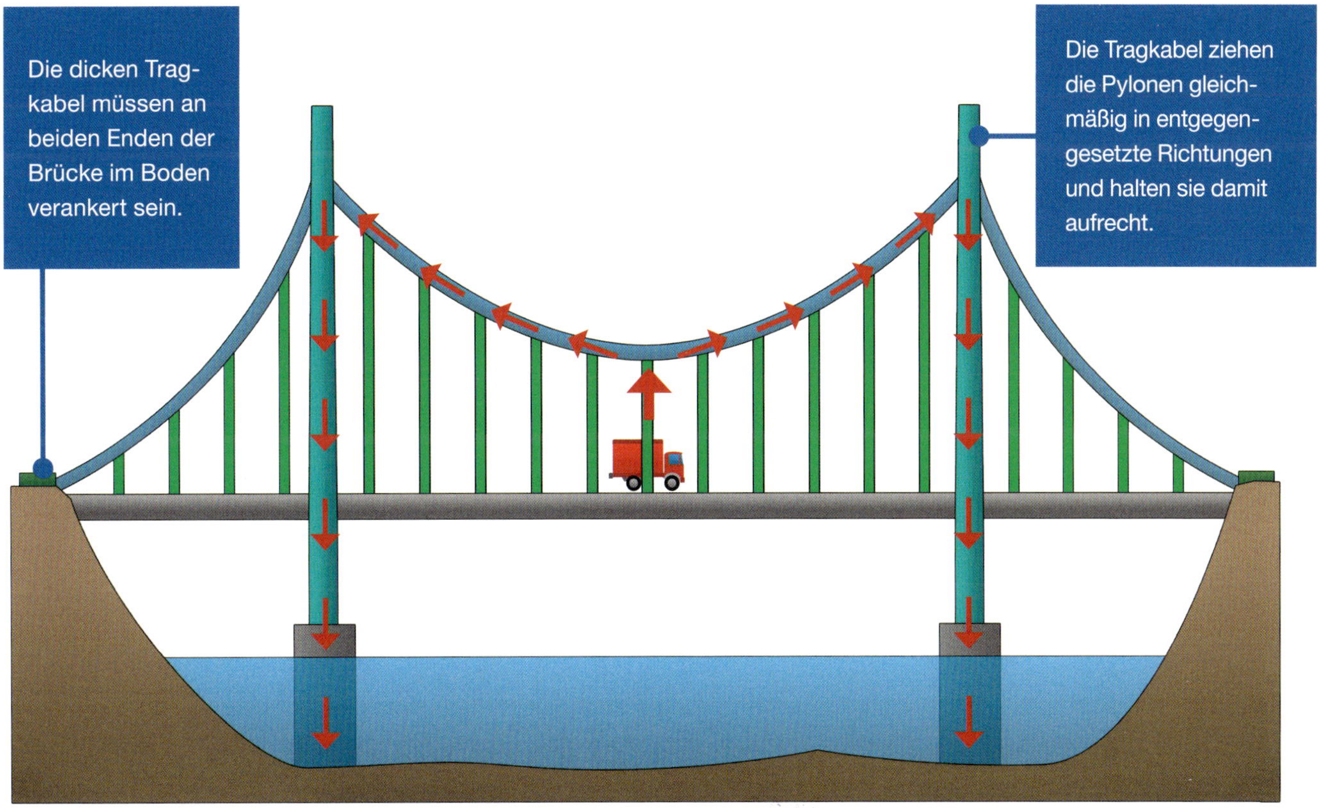

Das Deck der Bay-Brücke in Kalifornien ist mit einem Fachwerkrahmen verstärkt, um einem Verwinden unter Winddruck entgegenzuwirken.

BAUE EINE LEGO-HÄNGEBRÜCKE

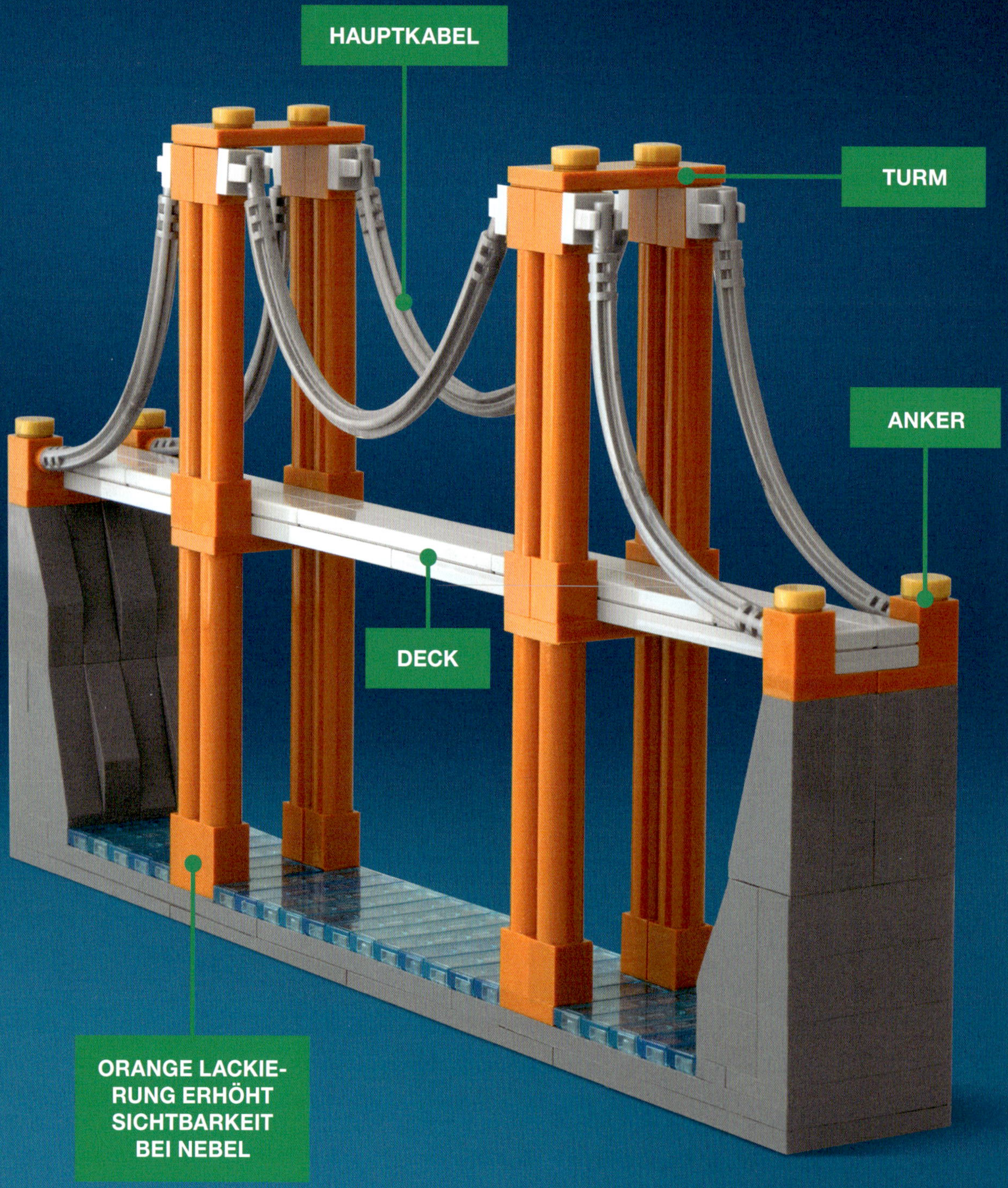

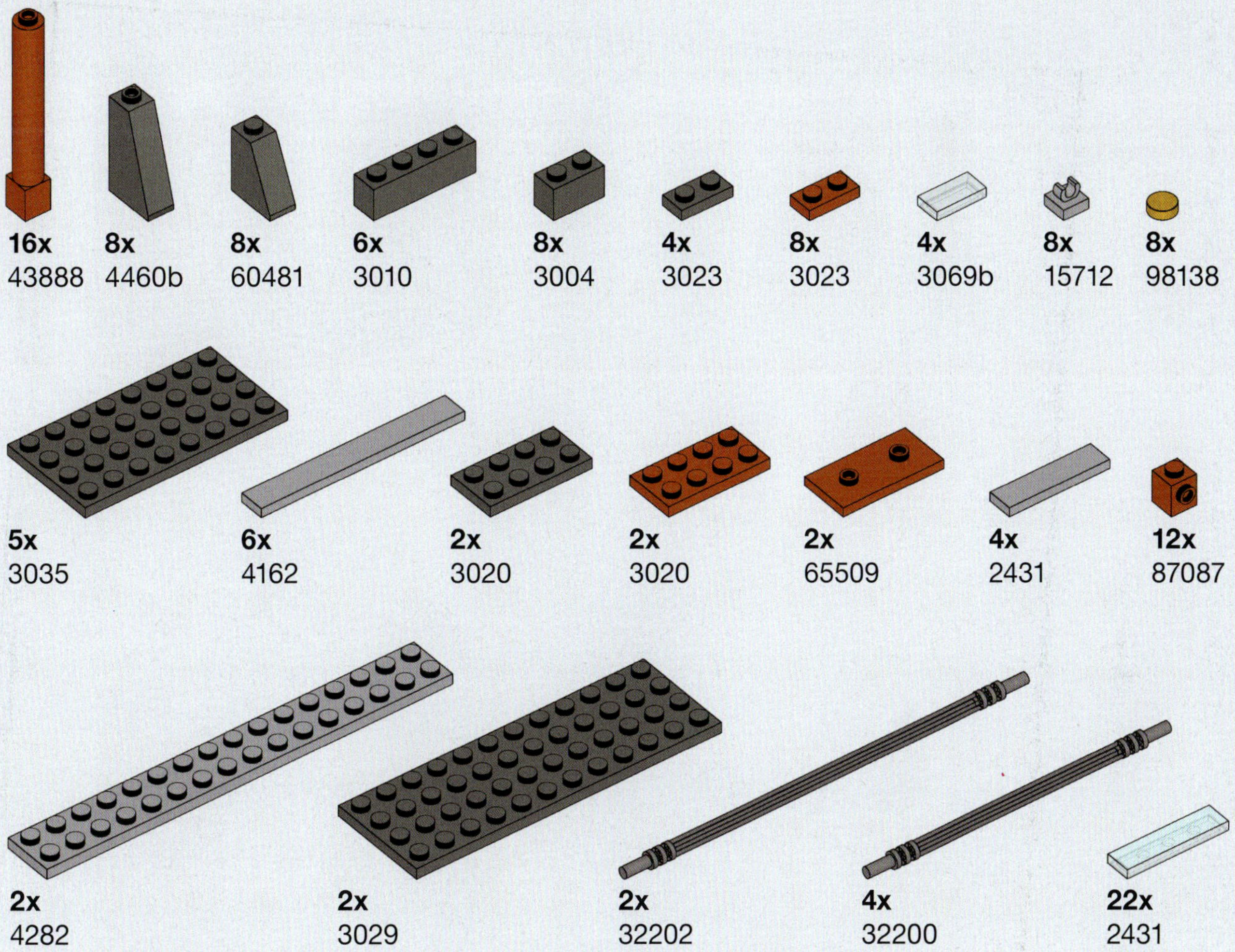
16x 43888
8x 4460b
8x 60481
6x 3010
8x 3004
4x 3023
8x 3023
4x 3069b
8x 15712
8x 98138
5x 3035
6x 4162
2x 3020
2x 3020
2x 65509
4x 2431
12x 87087
2x 4282
2x 3029
2x 32202
4x 32200
22x 2431

1

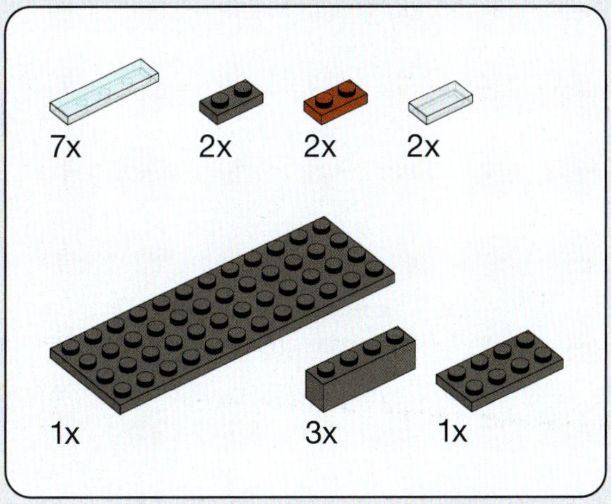
7x
2x
2x
2x
1x
3x
1x

2

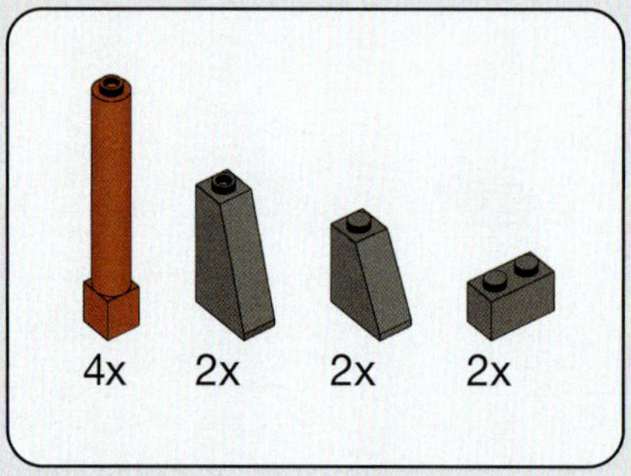

3

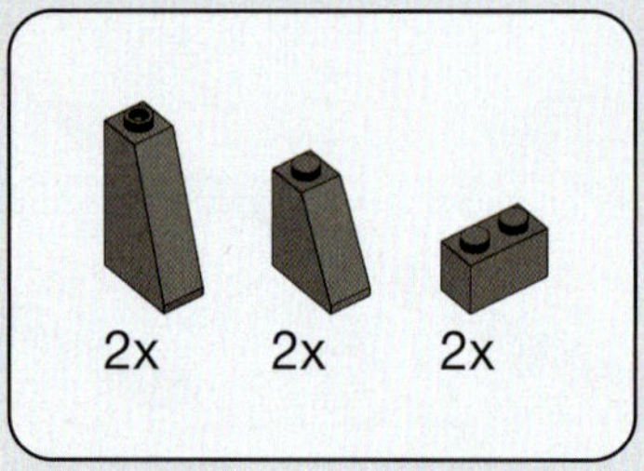

4

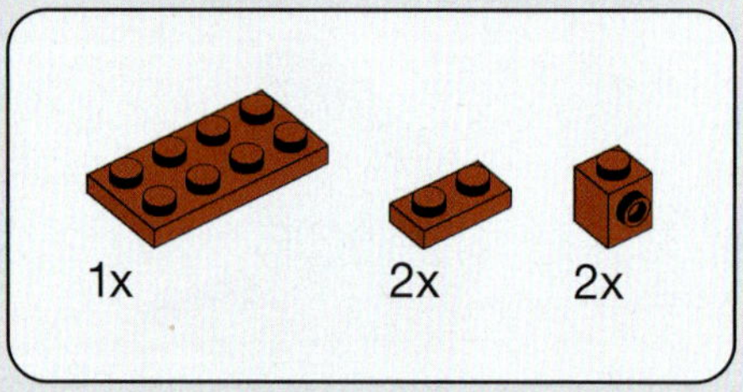

5

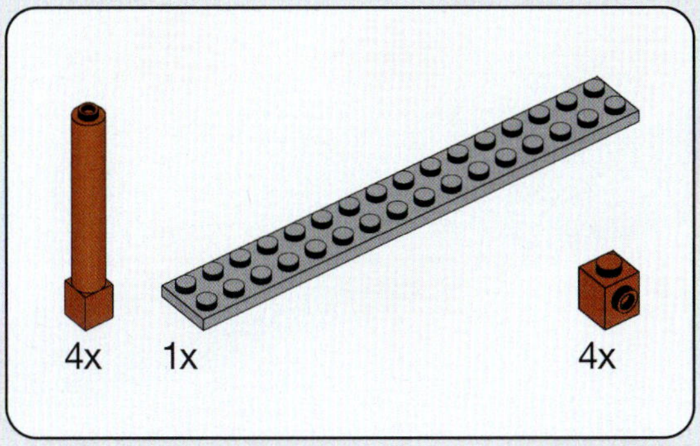

6

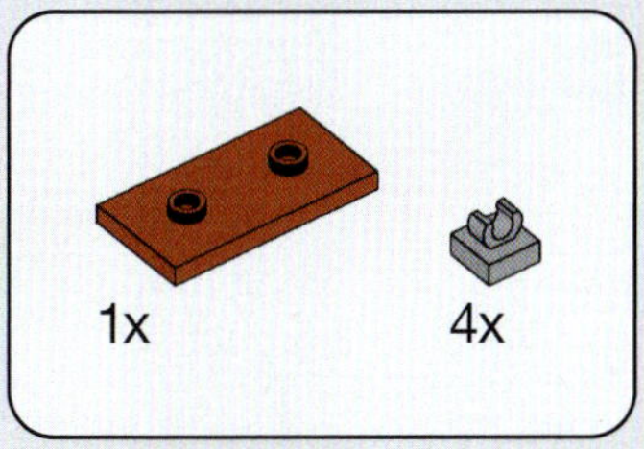

7

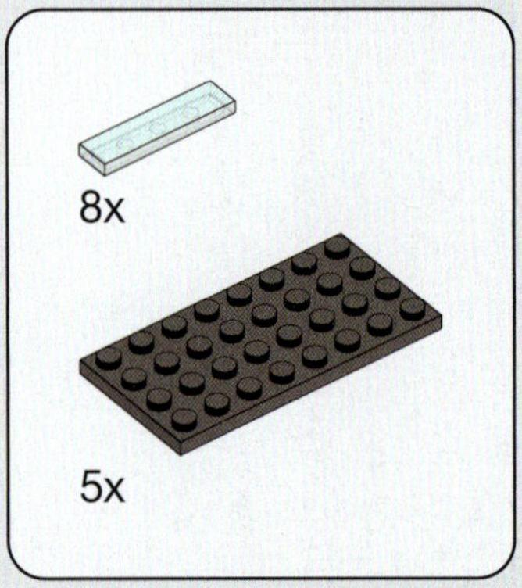

8

Ordne die zwei Baugruppen aus Schritt 6 an der Basis von Schritt 7 an, wie dargestellt.

9

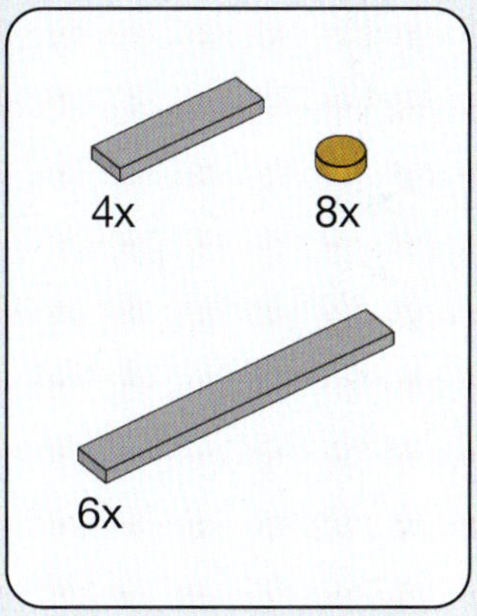

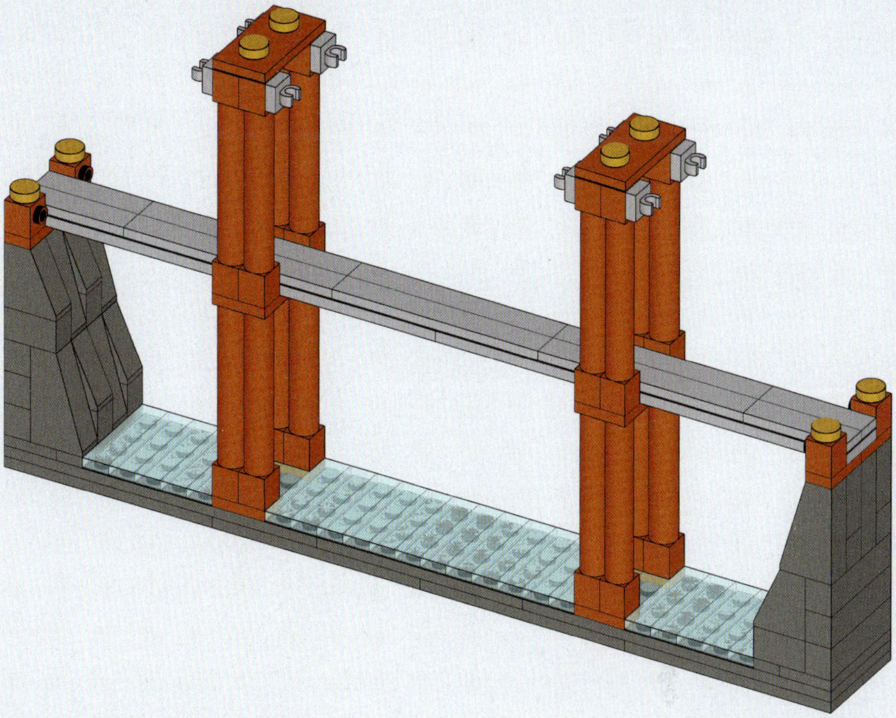

10

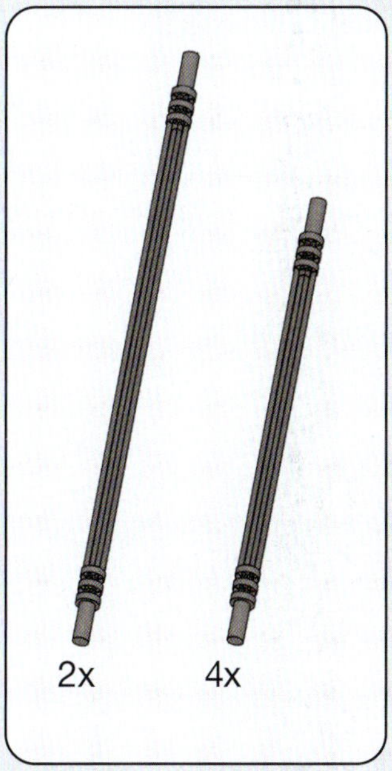

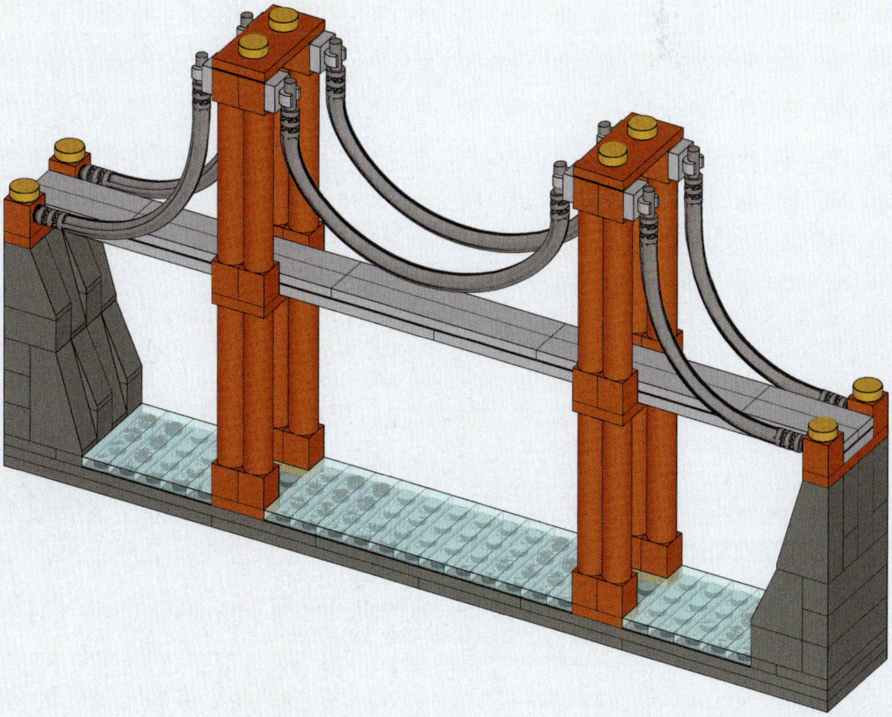

SCHRÄGSEIL-BRÜCKE

Die Erasmus-Brücke ist Teil von Rotterdams offiziellem Logo.

Schrägseilbrücken erscheinen wie schnittige Streichinstrumente, die ihre Umgebung überragen. Sie sind ein 300 Jahre altes Design, das in letzter Zeit enorm an Beliebtheit gewonnen hat, was daran liegt, dass die Brückendecks dank der Fortschritte in der Betontechnik leichter geworden sind.

WIE UNTERSCHEIDEN SICH SCHRÄGSEILBRÜCKEN VON HÄNGEBRÜCKEN?

Schrägseilbrücken haben keine separaten Hänger und Tragkabel; alle Kabel verlaufen direkt vom Deck zum Turm. Auch müssen die Tragkabel einer Hängebrücke im Boden verankert sein, denn sonst würden die Brückentürme nachgeben und einstürzen, während die Türme einer Schrägseilbrücke freitragend sind.

WIE FUNKTIONIERT EINE SCHRÄGSEILBRÜCKE?

Die Lasten auf einer Schrägseilbrücke werden über diagonale Kabel direkt an den Turm geleitet, der dann das Gewicht weiter in den Boden lenkt. Das Brückendeck bleibt eben, da es gleichmäßig auf beiden Seiten des Turms ausbalanciert wird.

WARUM EINE SCHRÄGSEILBRÜCKE?

Für Spannweiten von bis zu rund 900 Metern erfordern Schrägseilbrücken weniger Material, weniger Zeit und weniger Geld als Hängebrücken. Schrägseilbrücken haben zudem robuste Decks, die dem Winddruck besser widerstehen als Hängebrücken.

WO LIEGEN DIE GRENZEN EINER SCHRÄGSEILBRÜCKE?

Spannweiten von mehr als 900 Metern zwischen den Türmen erfordern eine Hängebrücke. Die Kabel einer Schrägseilbrücke können korrodieren und müssen häufiger inspiziert werden.

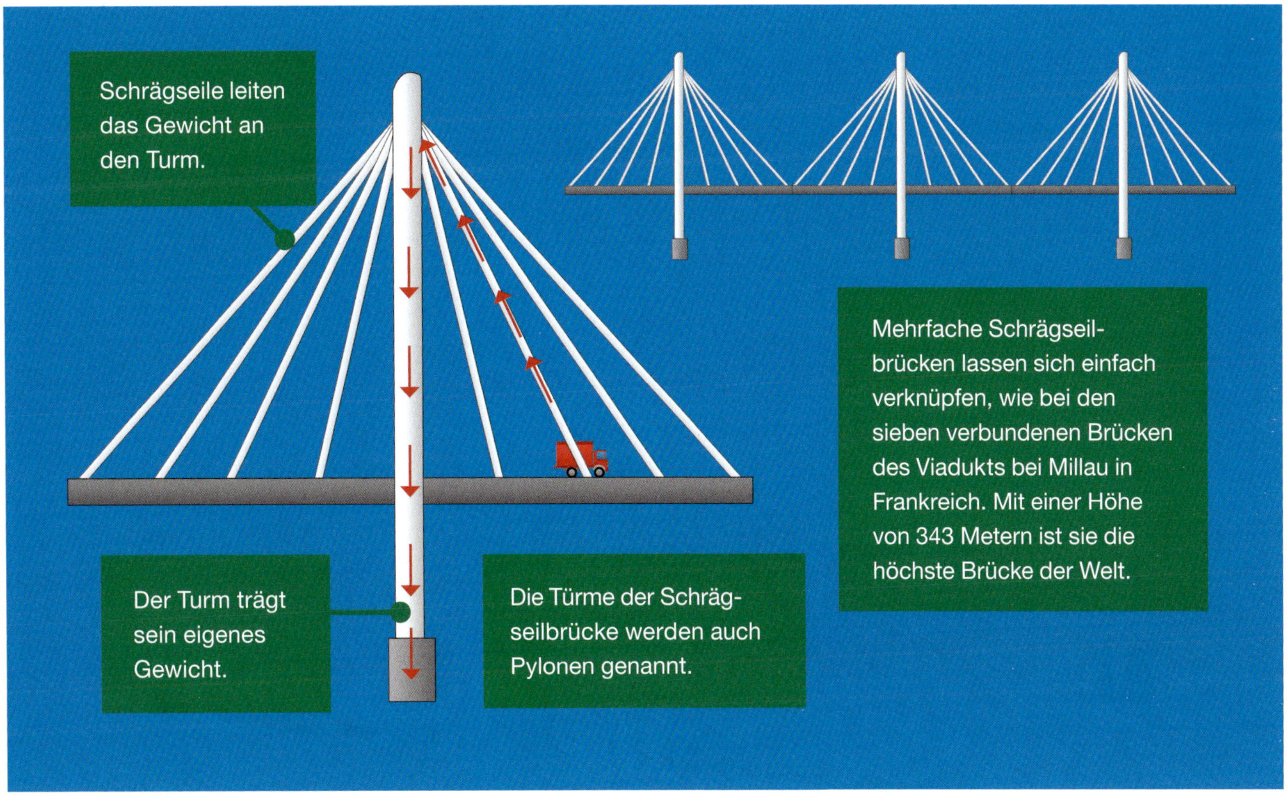

Der Viadukt von Millau ist rund zwölf Meter höher als der Eiffelturm.

BAUE EINE LEGO-SCHRÄG-SEILBRÜCKE

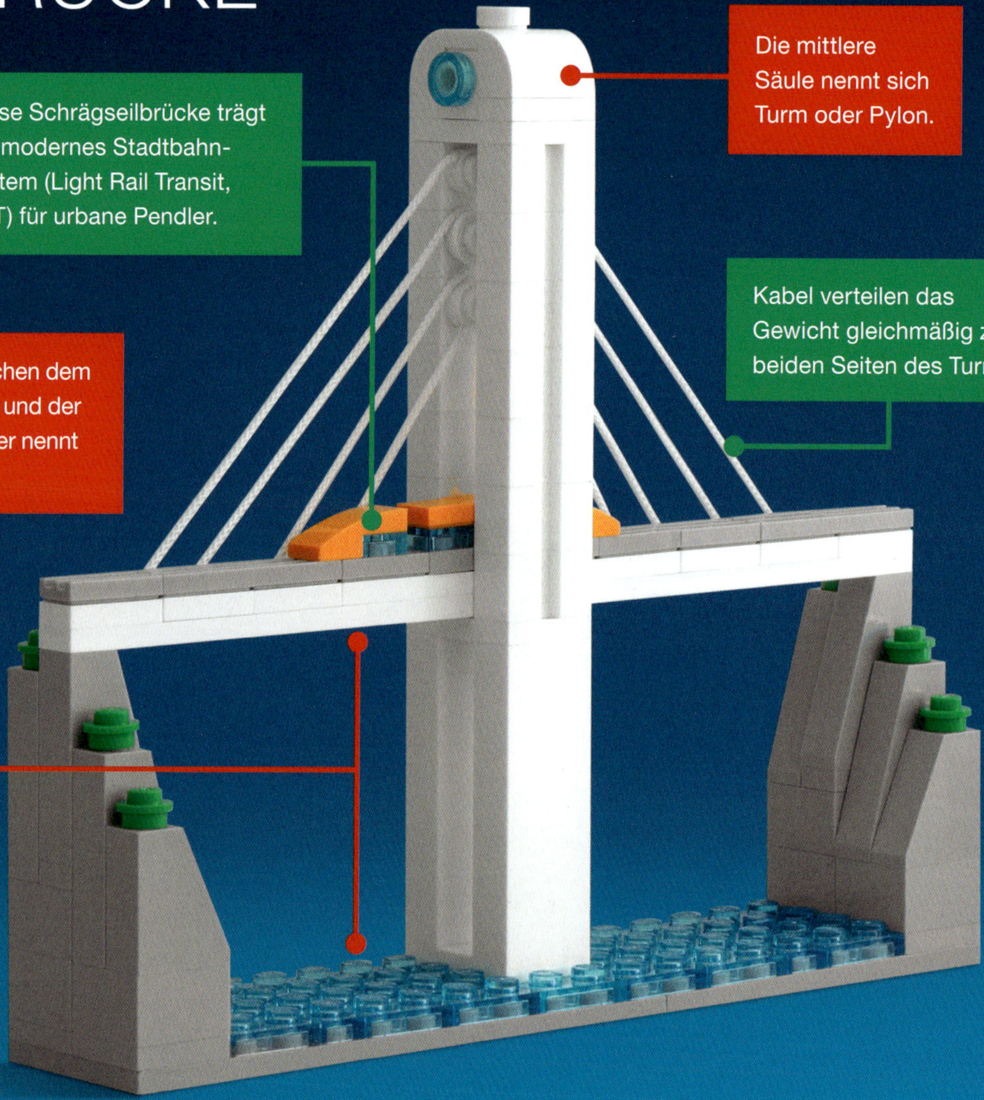

2x	2x	6x	4x	1x	2x
3024	98138	4073	4073	98138	20482

2x	2x	4x	3x	30x	1x	1x	2x	7x	1x
87087	11477	3023	3023	3023	3069b	15573	15573	2412b	3069b

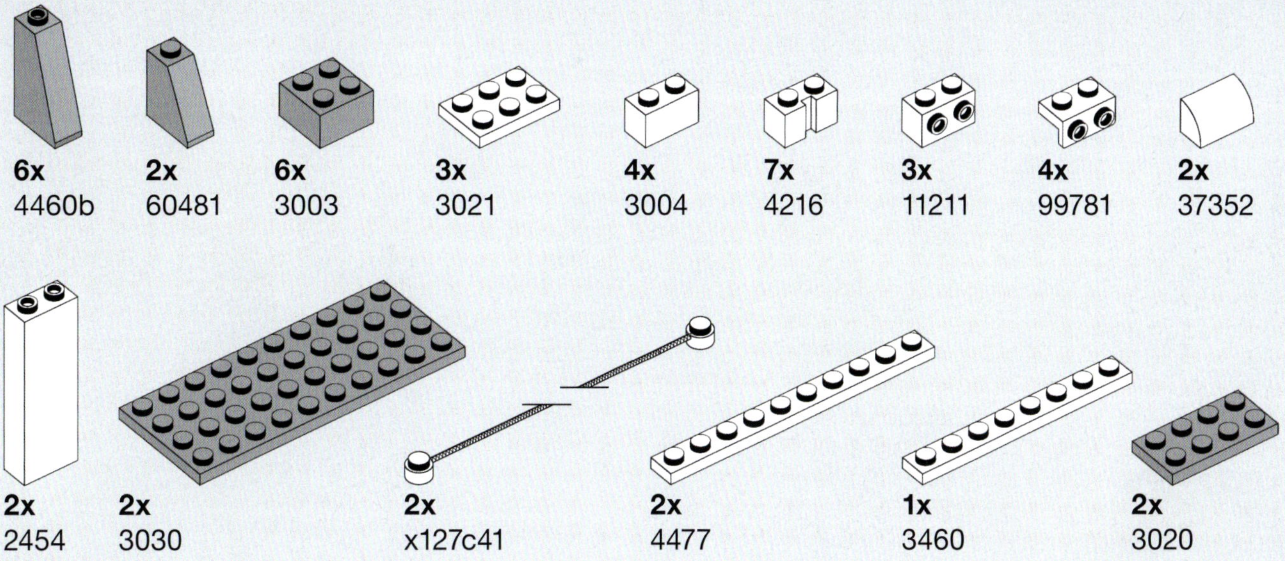
6x
4460b
2x
60481
6x
3003
3x
3021
4x
3004
7x
4216
3x
11211
4x
99781
2x
37352
2x
2454
2x
3030
2x
x127c41
2x
4477
1x
3460
2x
3020

1

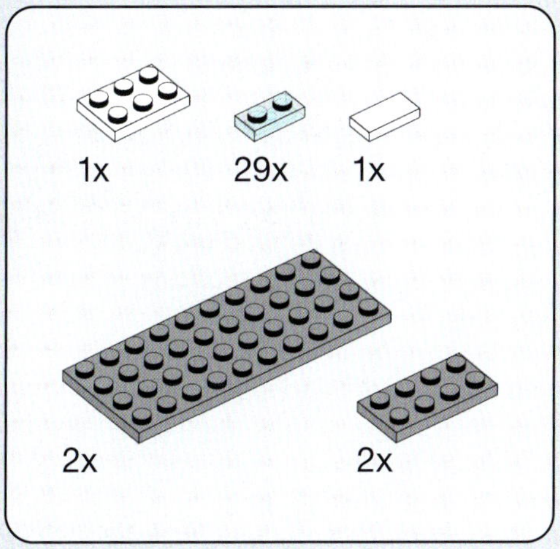
1x
29x
1x
2x
2x

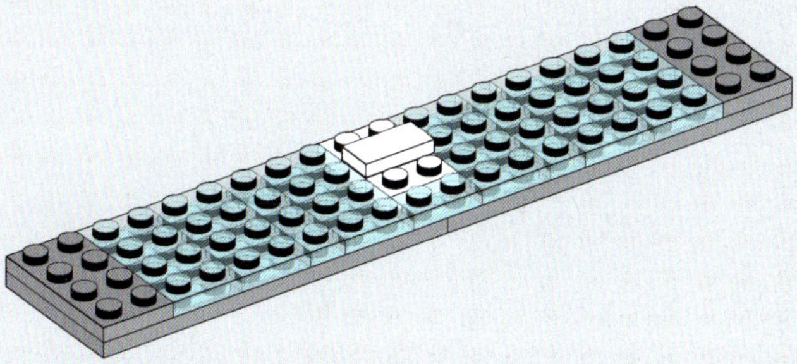

2

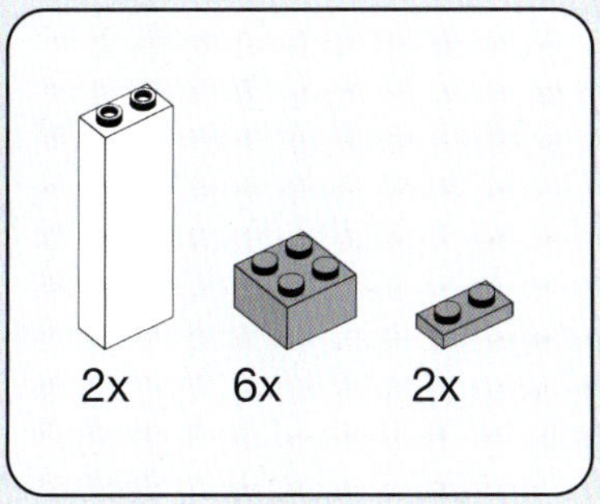
2x
6x
2x

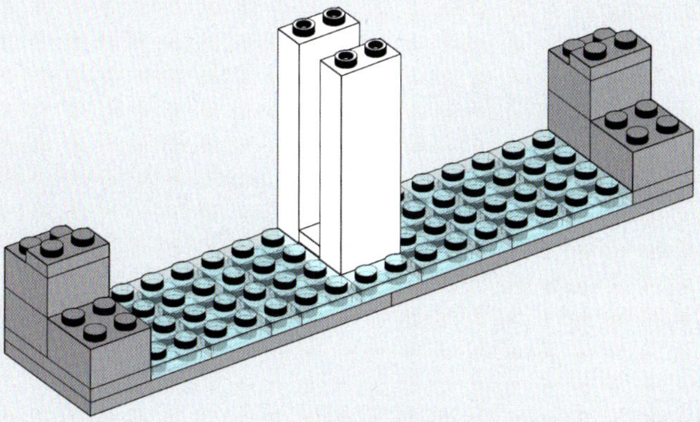

3

4

5

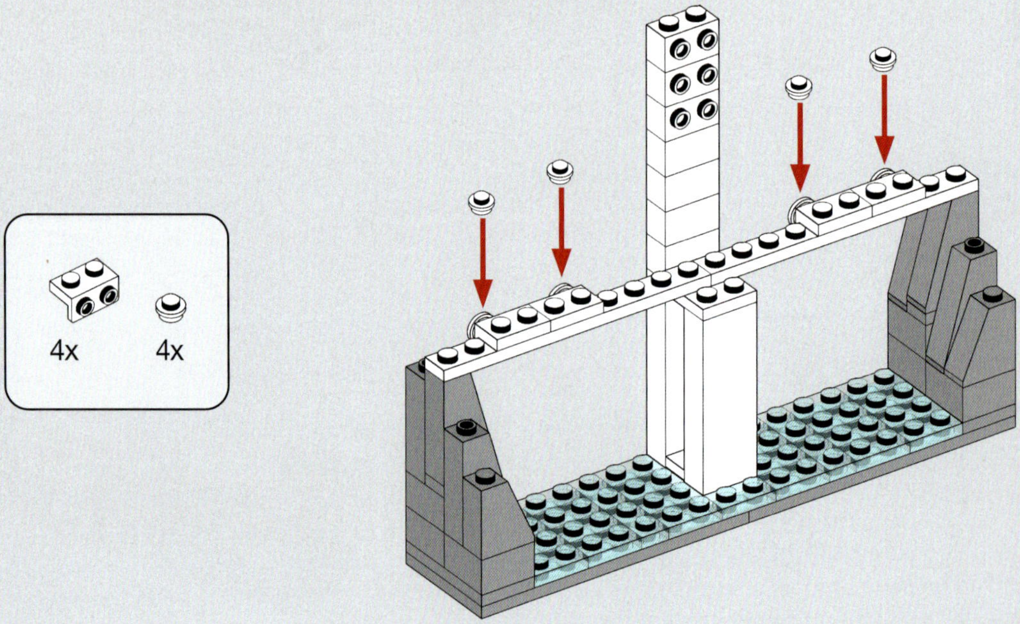

6

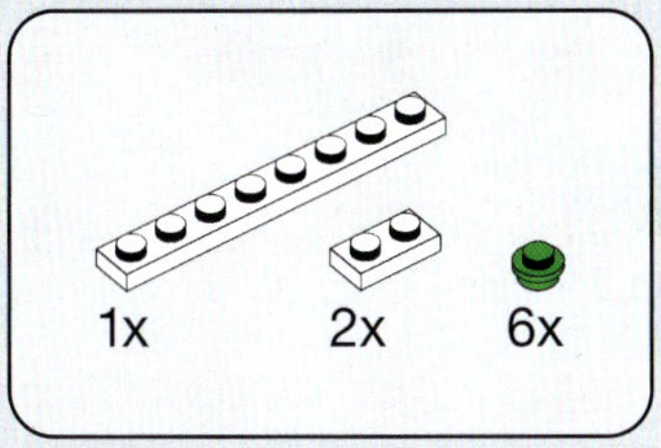

Eine grüne runde 1x1-Platte am hinteren Hang ist in dieser Darstellung verdeckt.

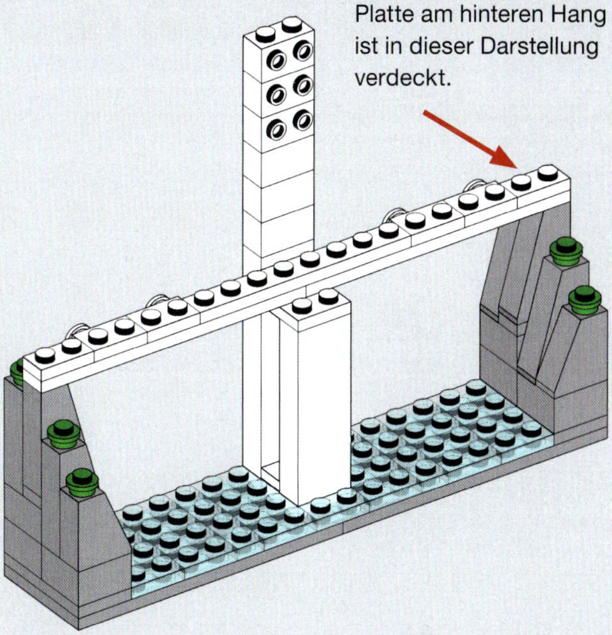

7

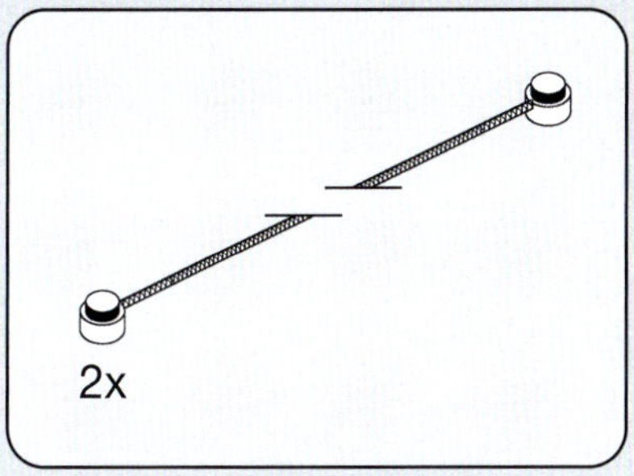

Wirf einen Blick auf Schritt 8 und beachte die Befestigung der runden modifizierten Fliesen (Nr. 20482). Du kannst sie in diesem Schritt befestigen, wenn es dir das Aufwickeln der Schnüre erleichtert.

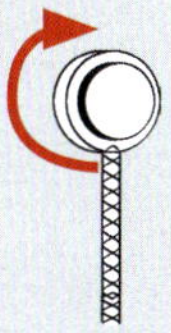

Passe die Spannung der Schnur an, indem du die Befestigung der Schnur auf der Noppe drehst.

Wickle die Schnüre um die Unterseite der runden 1x1-Platten.

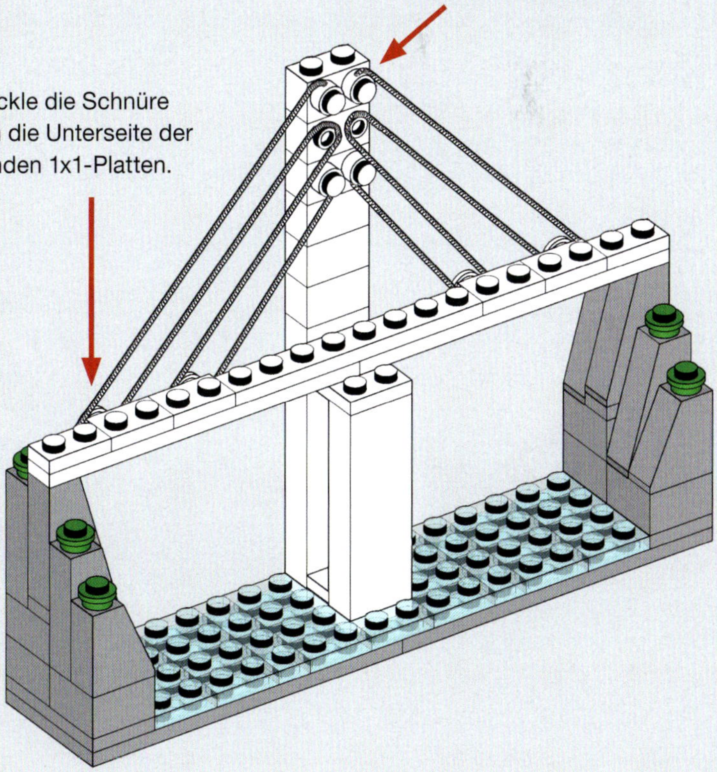

8

Die modifizierten runden 1x1-Fliesen halten die Schnüre fest. Du kannst diese Elemente in Schritt 7 vor dem Aufwickeln der Schnüre befestigen.

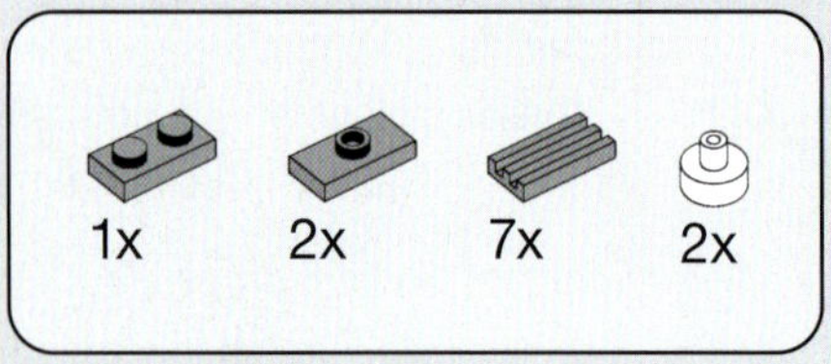

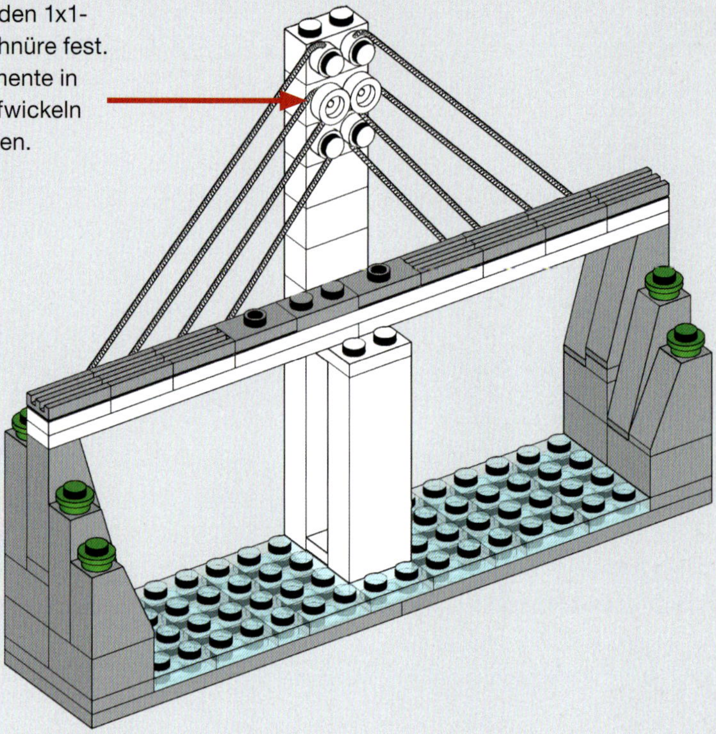

9

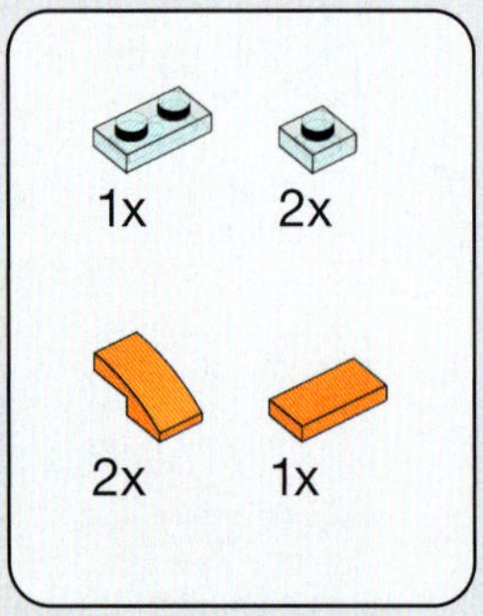

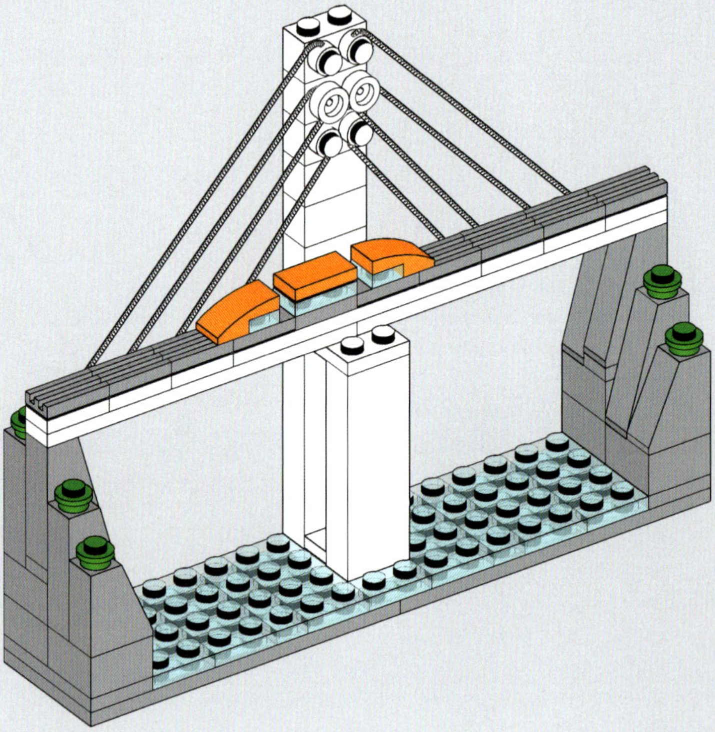

10

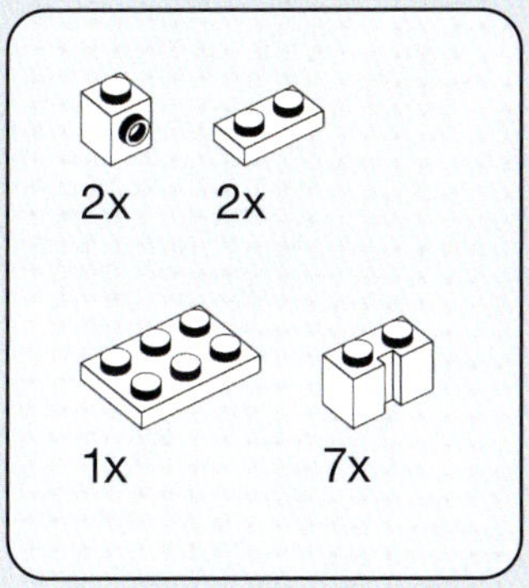

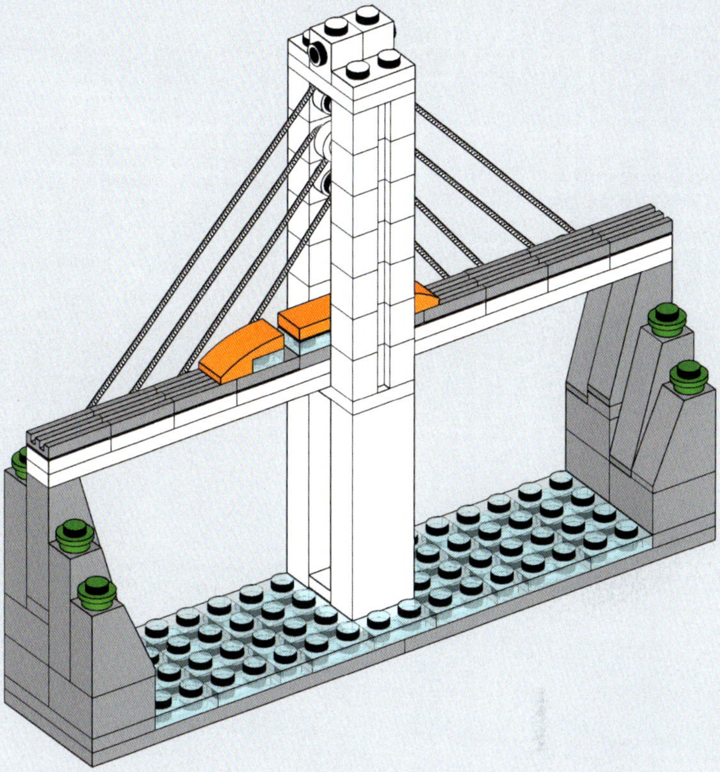

11

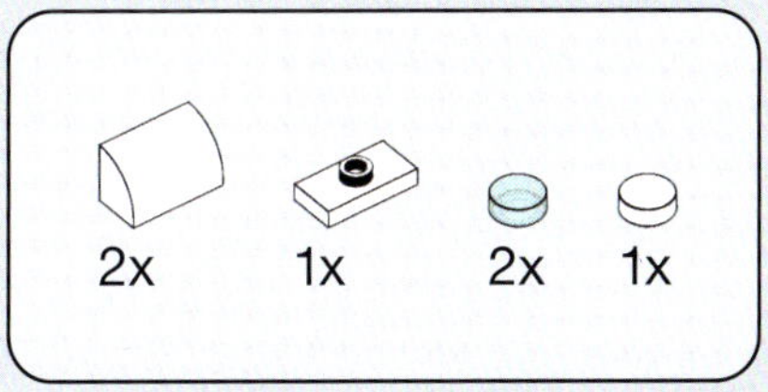

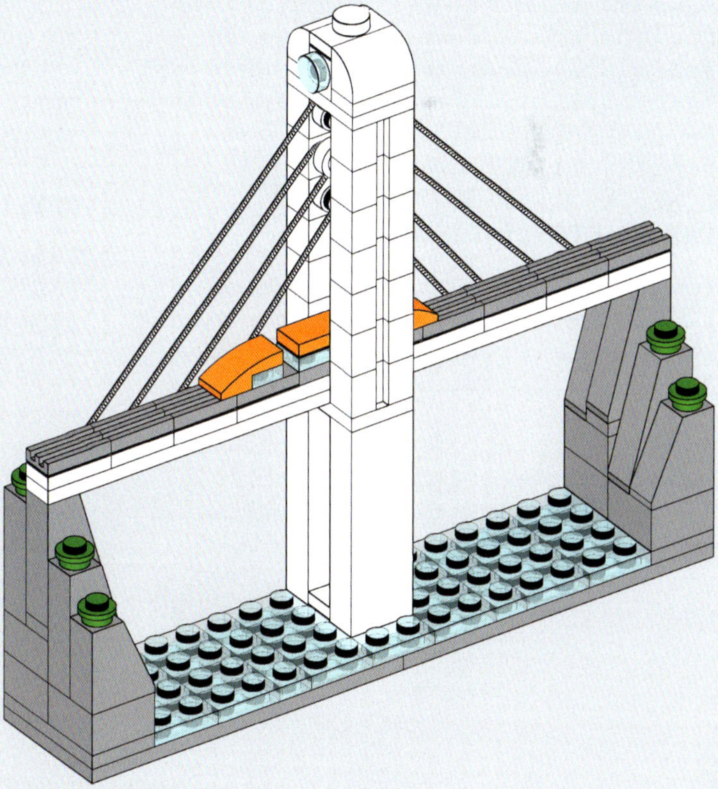

TUNNEL UND TUNNELBOHRMASCHINE

Die runde Form eines Tunnels widersteht gleichmäßig dem Druck auf allen Seiten.

Tunnel sind erstaunliche Errungenschaften der Untergrundinfrastruktur. Der Eurotunnel beispielsweise, ein rund 50 Kilometer langer Eisenbahntunnel, der Großbritannien und Frankreich unter dem Ärmelkanal verbindet, wird als eines der sieben technischen Weltwunder der Moderne bezeichnet.

WIE ENTSTEHEN TUNNEL?

Der Tunnelbau machte sich traditionell Handarbeit, Industriebohrer und Sprengstoff zunutze, aber in den vergangenen Jahren haben Ingenieure riesige, Felsen fressende *Tunnelbohrmaschinen* entwickelt, die den Ablauf stark automatisiert und effizient gestalten. Bevor überhaupt Erde bewegt wird, müssen die Ingenieure zunächst herausfinden, durch welches Material der Tunnel führen wird: harter Fels wie Granit, weiches Gestein wie Kalkstein oder weiche Erde wie Lehm.

Jedes Material erfordert Anpassungen der Tunneltechnik: In Lehm lässt es sich leicht hineingraben, aber seine lose Struktur ist anfällig für den Einsturz, während Granit hart zu schneiden ist, aber der entstehende Tunnel ist selbsttragend.

WAS HINDERT EINEN TUNNEL AM EINSTURZ?

Die größte Herausforderung des Tunnelbauingenieurs ist das Verhindern des Tunneleinsturzes während des Baus. In weicher Erde kann ein *Tunnelschild*, ein Stahlrohr, das vor der Bergbauausrüstung durch die Erde gedrückt wird, verwendet werden. Der Tunnelschild stützt die Erde ab, bis die Arbeiter eine permanente verstärkte Betonhülle installieren können. Die runde Form eines Tunnels trägt dazu bei, einen Einsturz zu verhindern, da Kreise dem Druck an allen Seiten gleichmäßig widerstehen.

WAS SIND TUNNELBOHRMASCHINEN?

Tunnelbohrmaschinen, die auch als *TBMs* oder *Maulwürfe* bekannt sind, sind allumfassende Tunnelbau-Wunder. Sie bohren durch Material, beginnend bei weichem, verdichtetem Sand, bis hin zu hartem Fels, und lassen verstärkte Tunnelwände hinter sich zurück. Das aufgebrochene Material wird per Förderband zur Rückseite der TBM transportiert, von wo aus es an die Oberfläche gekarrt wird. Hydraulikzylinder drücken die TBM mit einem Tempo von etwa 10 Metern am Tag vorwärts.

TBMs werden speziell für den jeweiligen zu bauenden Tunnel maßgefertigt. Sie haben eingebaute Tunnelschilde, um einen Einsturz zu verhindern, und sie lassen sich mit Toiletten, einer Küche und einem Büro für das Personal ausstatten. Die Nachteile der TBMs sind, dass sie sehr teuer in der Herstellung sind und sich schwer transportieren lassen, aber je länger der Tunnel, desto ökonomischer ist eine TBM.

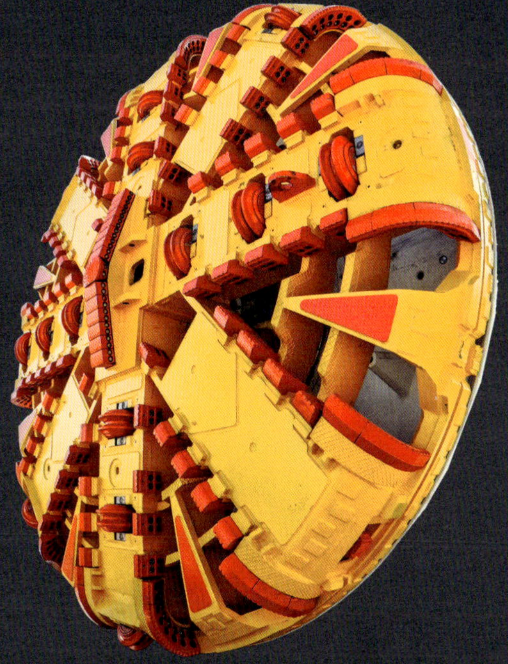

Die Schneidscheibe einer Tunnelbohrmaschine kann über 100 Tonnen wiegen.

BETRIEB EINER TUNNELBOHRMASCHINE

1. Der Fels wird von der Schneidscheibe zermahlen.
2. Hydraulikzylinder drücken die TBM vorwärts.
3. Zermahlenes Gestein wird zur Rückseite der TBM befördert.
4. Zermahlenes Gestein wird aus dem Tunnel entfernt.

BAUE EINE LEGO-TUNNELBOHRMASCHINE

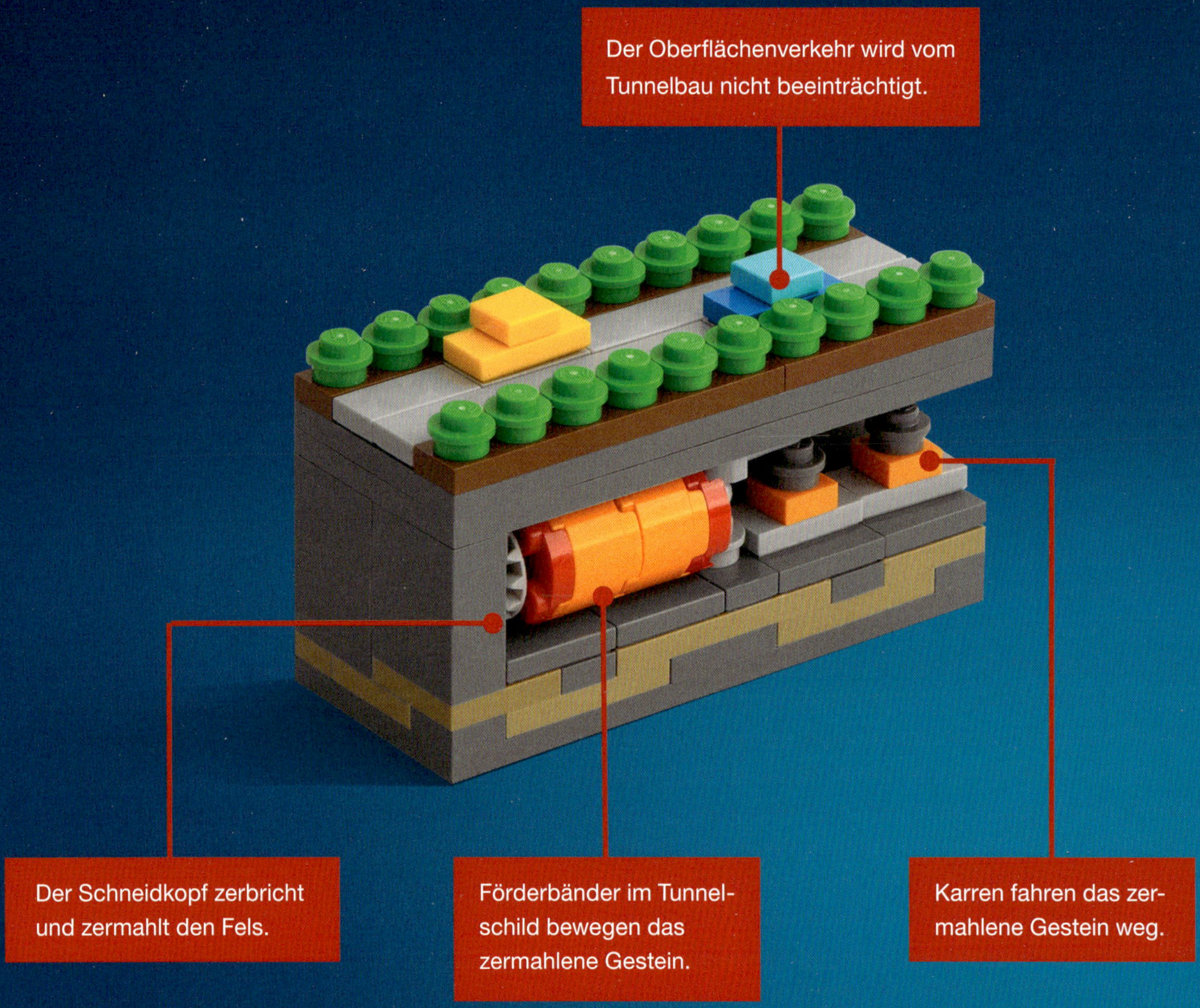

3x 3030

2x 4477

2x 2456

2x 3001

2x 6636

1x 87994

1x	**2x**	**1x**	**1x**	**2x**	**2x**	**2x**	**1x**	**2x**	**20x**
48729b	3069b	6589	4697b	3024	3024	3024	85861	4073	4073

2x	**2x**	**2x**	**2x**	**1x**	**1x**	**5x**	**2x**	**1x**	**1x**
3068b	3004	3941	4032b	15573	15573	15573	15573	3070b	3070b

2x	**1x**	**4x**	**2x**	**2x**	**2x**	**2x**	**2x**
3020	3020	3021	3021	3022	3023	3023	3024

1

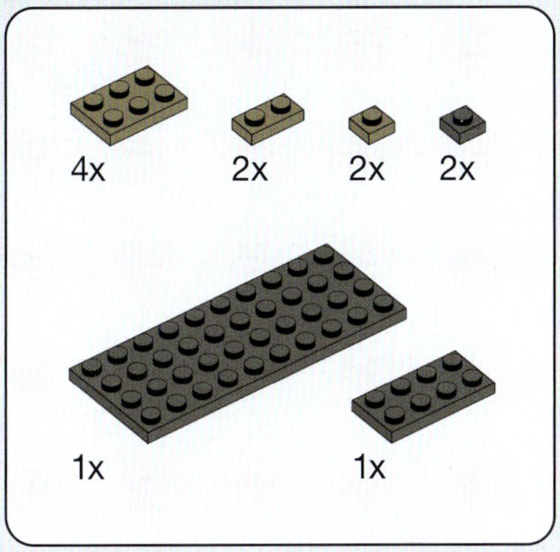

2

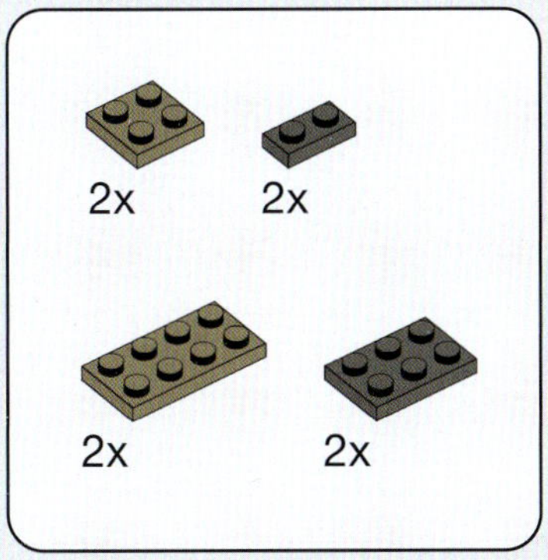

3

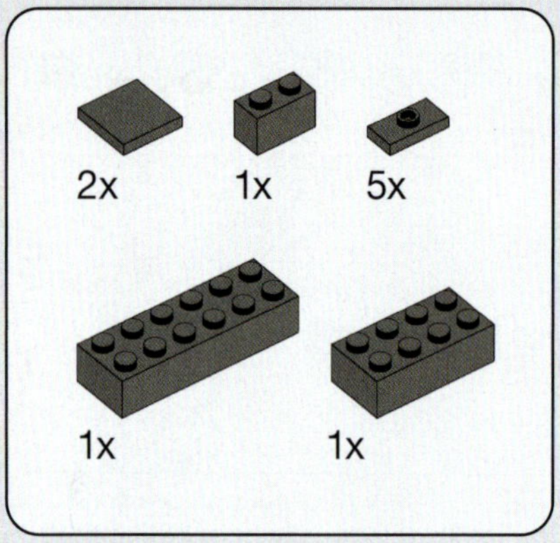

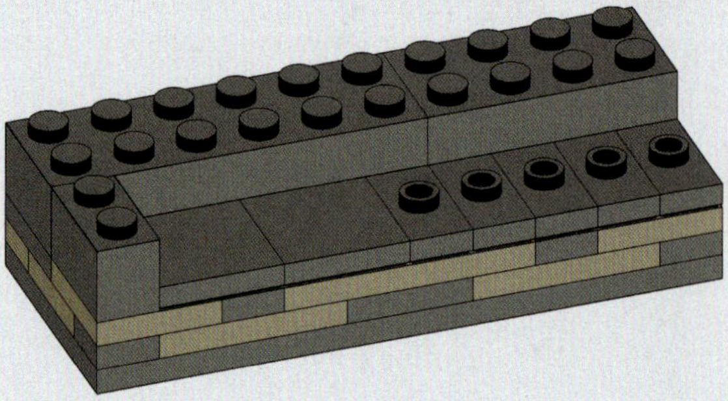

4

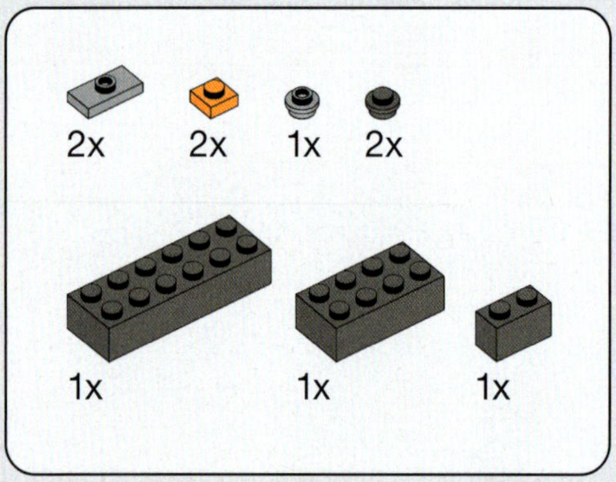

5

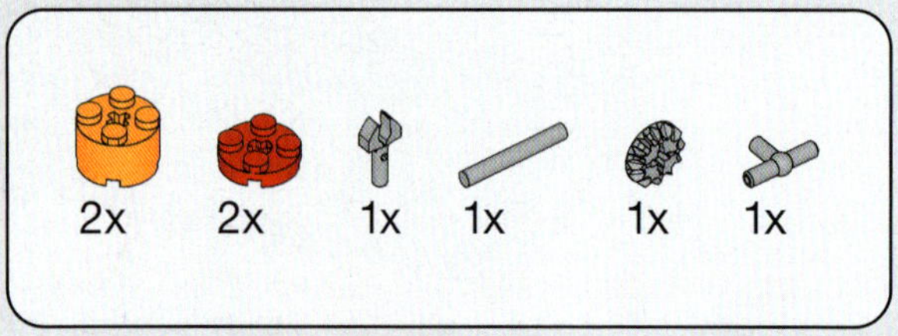

a

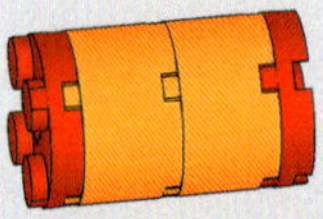

b

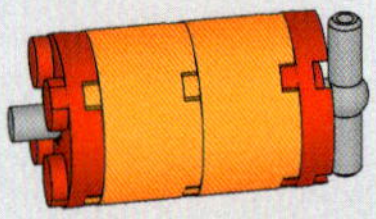

c

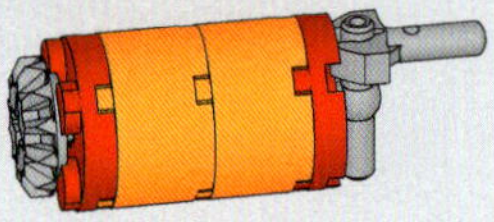

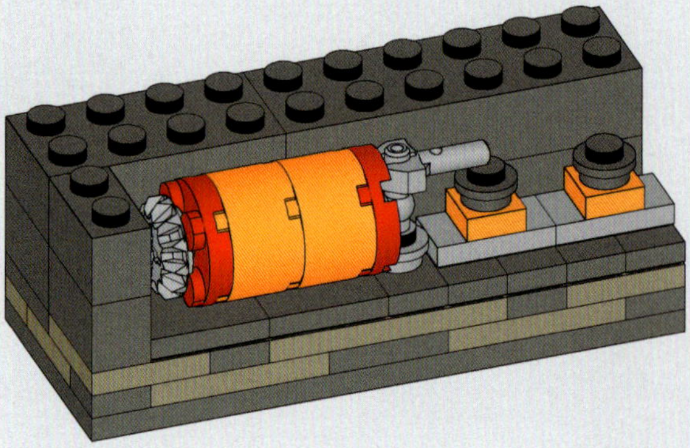

6

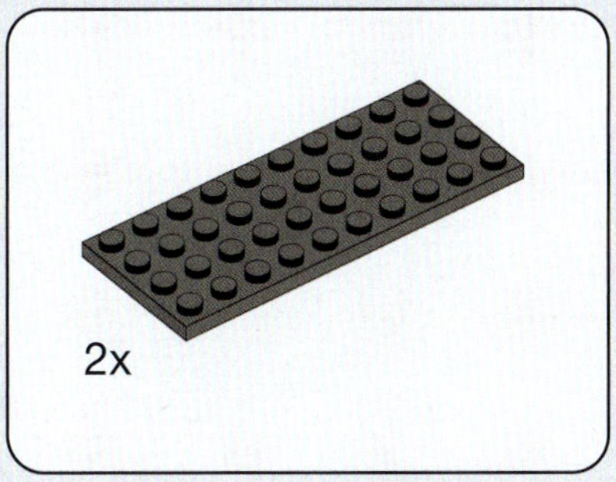

7

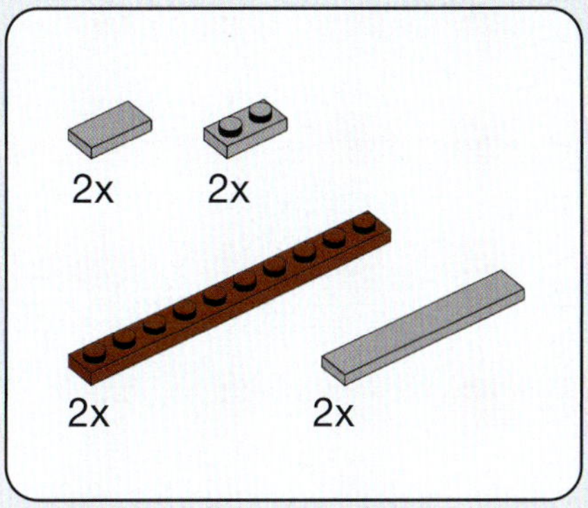

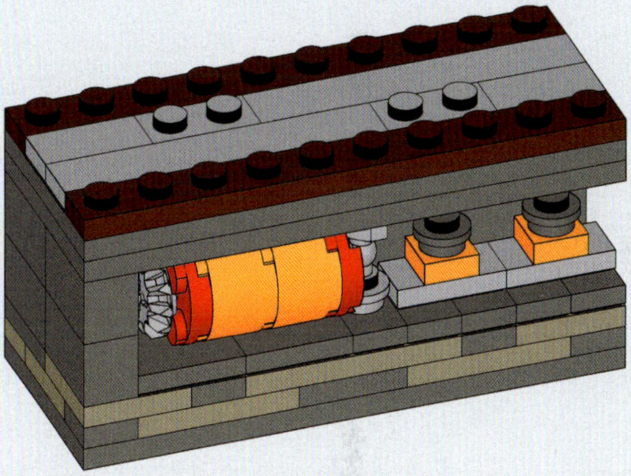

8

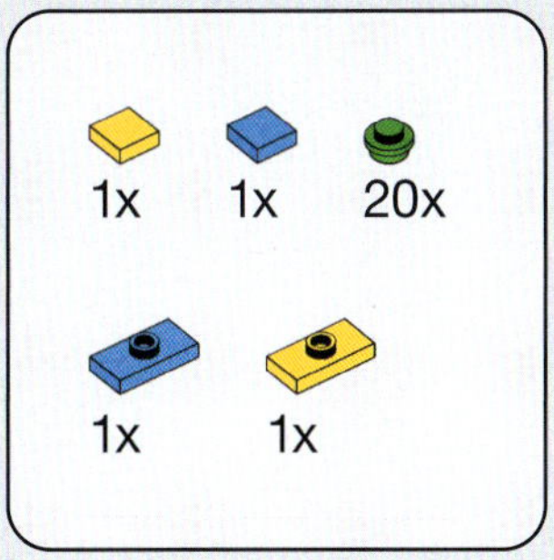

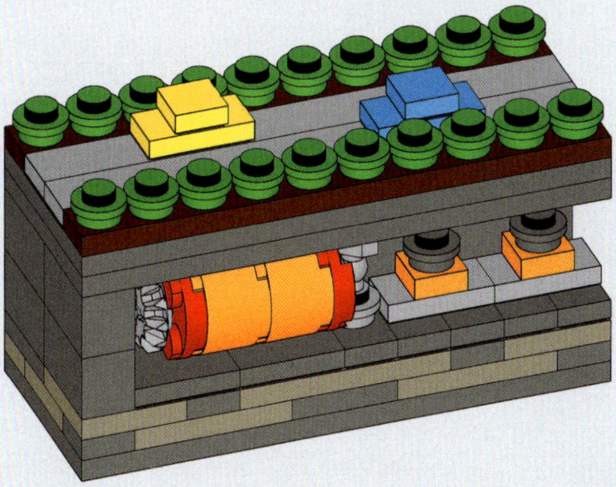

ZÜGE UND MEHR

Die Geschichte des Bahnverkehrs ist eine Geschichte technischer Innovationen. Das Rad, die Eisenbahn und die Dampfmaschine wurden in verschiedenen Epochen erfunden, aber als sie zusammen den Dampfzug bildeten, konnten sich Menschen schneller als je zuvor fortbewegen.

Heute schweben von Elektromagneten betriebene Magnetschwebebahnen über dem Gleis mit einem Tempo von 435 Kilometern in der Stunde dahin, aber für Ingenieure ist damit noch nicht das Ende der Entwicklung erreicht. Der Hyperloop der nahen Zukunft soll den Transport auf Bodenhöhe mit Überschallgeschwindigkeit ermöglichen.

DAMPFZUG

Dampfzüge werden noch heute als Touristenattraktionen eingesetzt.

1804 kombinierte der britische Ingenieur Richard Trevithick zwei vorhandene Technologien, die Dampfmaschine und den Bahntransport, und schuf so die erste Dampflokomotive. Frühe Lokomotiven konnten sich nur mit rund 15 Kilometern pro Stunde fortbewegen, aber 1891 erreichte der *Empire State Express*, ein Dampfzug zwischen New York City und Buffalo, mehr als 130 Kilometer pro Stunde. Dampfzüge fuhren schneller und beförderten schwerere Lasten als je zuvor und ermöglichten eine noch nie dagewesene Ausweitung des menschlichen Lebens.

WELCHEN VORTEIL BIETEN SCHIENENWEGE GEGENÜBER STRASSEN?

Im Vergleich zu der Straße entsteht bei der Schiene bedeutend weniger Reibung an den Rädern eines rollenden Fahrzeugs, sodass für die Bewegung des Fahrzeugs weniger Energie aufgewendet werden muss. Daher wurden Schienenstränge bereits lange vor dem Auftauchen des Dampfzugs verwendet. Frühe Eisenbahnen, die beispielsweise in deutschen Bergwerken im 16. Jahrhundert benutzt wurden, verfügten über Karren, die von Menschen oder Tieren auf Holzschienen bewegt wurden. Jahrhunderte später trafen die Stahlräder der Dampfzüge auf so wenig Reibung, dass die Züge keine Steigungen von mehr als 2,5 Prozent (2,5 Meter Höhe auf 100 Meter Länge) erklimmen konnten, ohne rückwärts zu rutschen.

WIE FUNKTIONIERT EINE DAMPFLOKOMOTIVE?

Dampflokomotiven erscheinen kompliziert, aber ihr grundlegender Betrieb ist simpel. Wasser wird in einem eisernen Tank mit der Bezeichnung *Kessel* erhitzt und wird zu Dampf. Der Dampf, der das 1.600-fache Volumen von Wasser hat, wird verdichtet. Der verdichtete Dampf wird von einer Reihe von Ventilen geregelt und bewegt einen in einem Zylinder befindlichen Kolben vor und zurück. Der Kolben ist an sogenannten *Pleuelstangen* befestigt, dem *Antriebsgestänge*, das die Vor-und-zurück-Bewegung des Kolbens in eine Drehbewegung der Räder umwandelt.

1. Feuer erhitzt Siederohre, die im Kessel von Wasser umgeben sind. Das Wasser kocht und wird zu Dampf.
2. Der Dampf steigt auf und sammelt sich im Dampfdom. Der eingeschlossene Dampf wird verdichtet.
3. Das Regelventil, oder Dampfheizventil, lässt geregelte Mengen verdichteten Dampfs zur Maschine durch.
4. Ein pendelndes Ventil lässt Dampf in einen Zylinder hinein und wieder hinaus.
5. Verdichteter Dampf drückt einen in einem Zylinder befindlichen Kolben vor und zurück.
6. Der schwingende Kolben ist am Antriebsgestänge befestigt, das die Räder der Lok bewegt.
7. Verbrauchter Dampf entweicht durch den Schornstein.

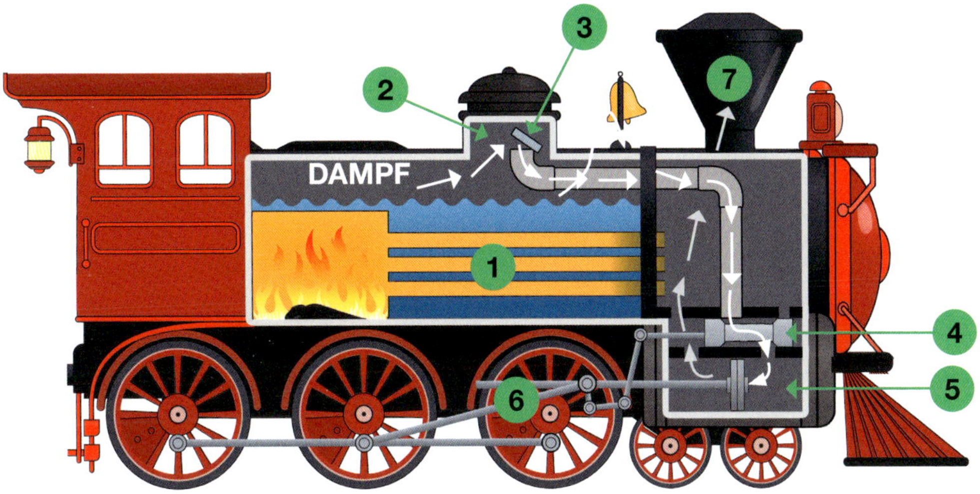

Der Weltrekord für einen Dampfzug liegt bei 203 Kilometern pro Stunde.

BAUE EINEN LEGO-DAMPFZUG

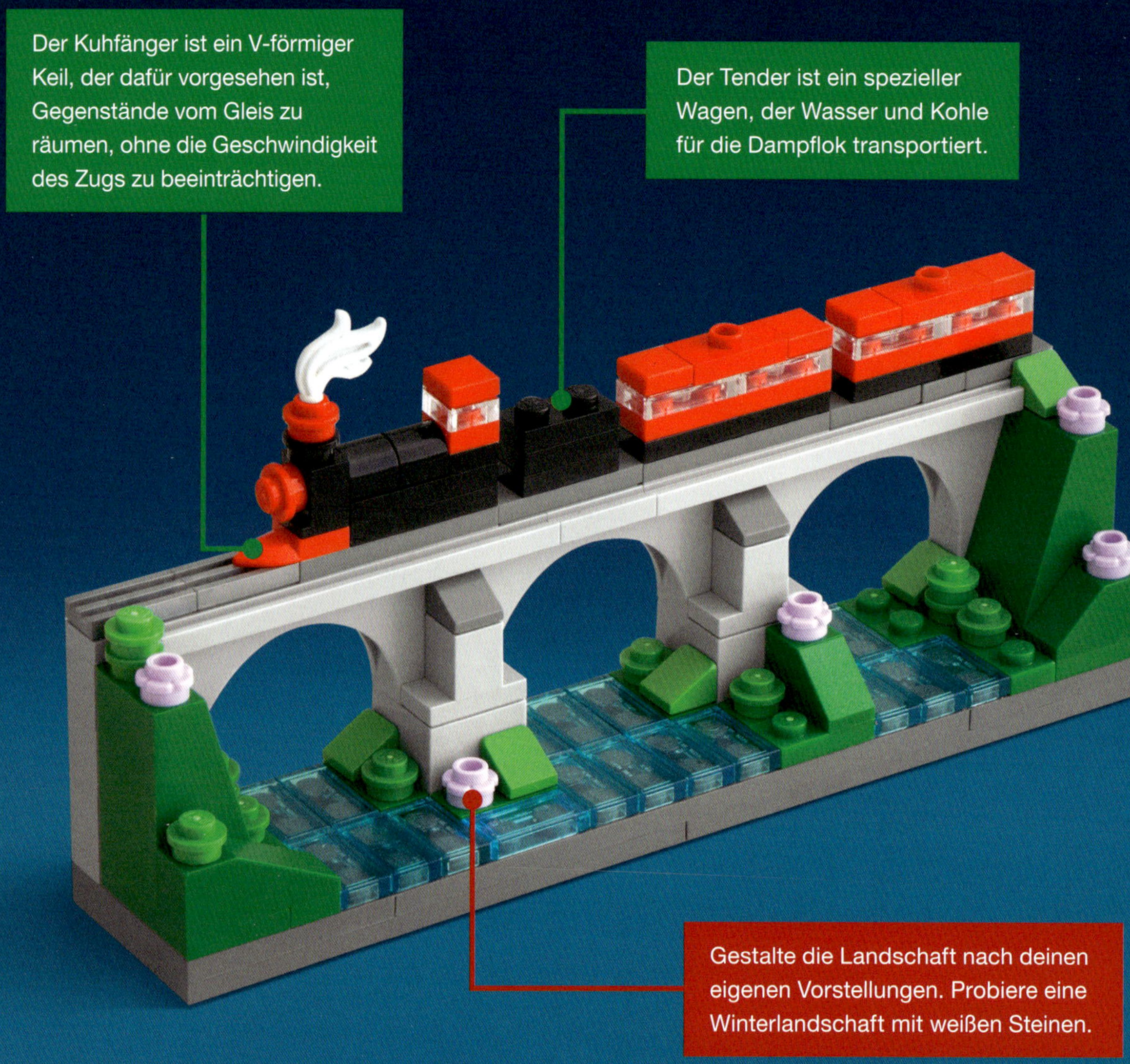

5x	1x	1x	2x	1x	1x	1x	1x	4x	8x	1x	5x
3070b	3070b	3024	3024	3024	3024	85861	4073	4073	4073	4073	24866

1x	2x	2x	2x	2x	2x	3x	6x	4x	18x
32028	2412b	15573	15573	15573	3023	3023	3023	3023	3069b

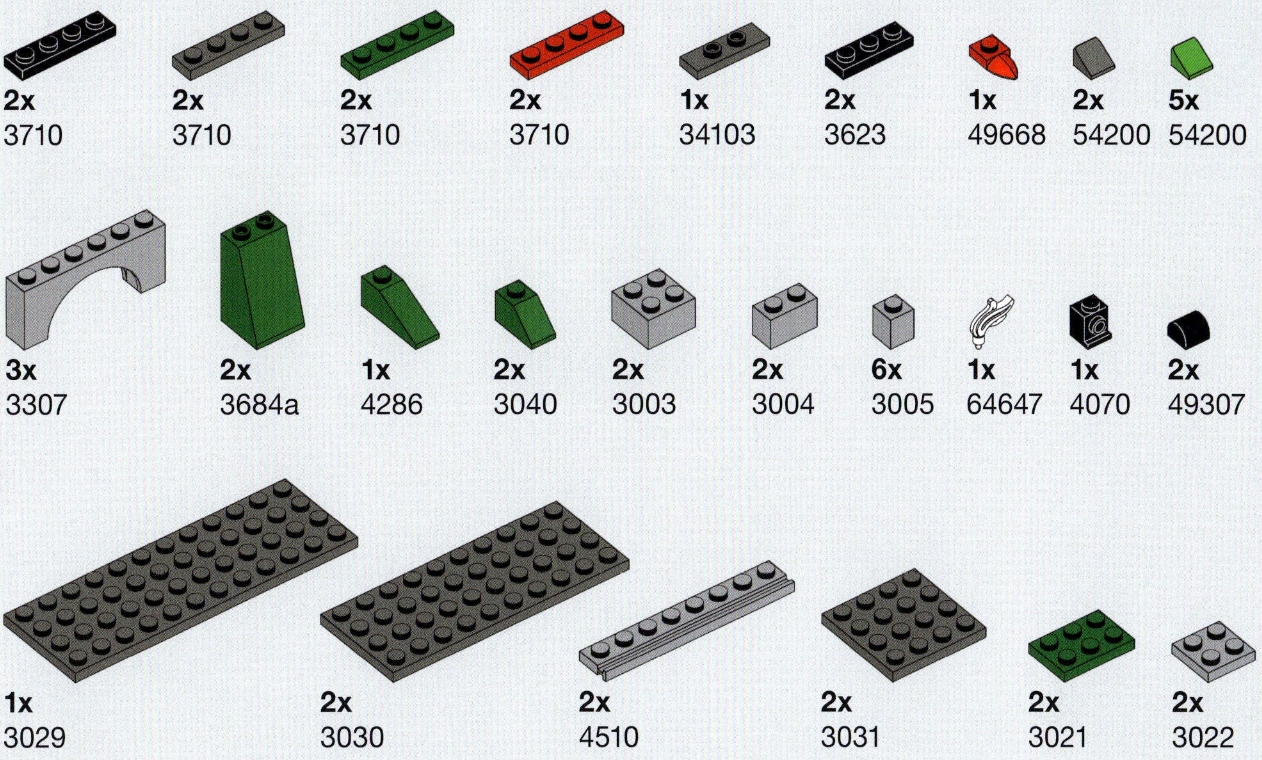
2x 3710
2x 3710
2x 3710
2x 3710
1x 34103
2x 3623
1x 49668
2x 54200
5x 54200
3x 3307
2x 3684a
1x 4286
2x 3040
2x 3003
2x 3004
6x 3005
1x 64647
1x 4070
2x 49307
1x 3029
2x 3030
2x 4510
2x 3031
2x 3021
2x 3022

1

2x
1x
2x

2

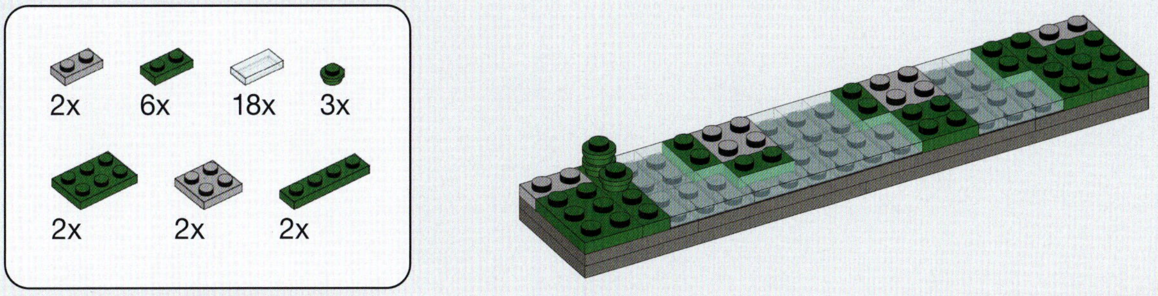
2x
6x
18x
3x
2x
2x
2x

3

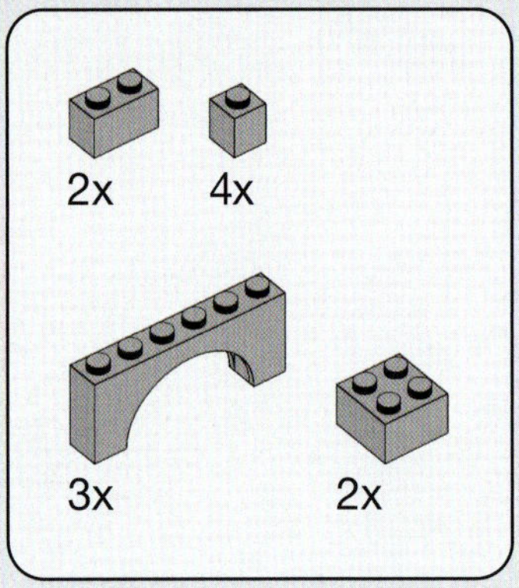

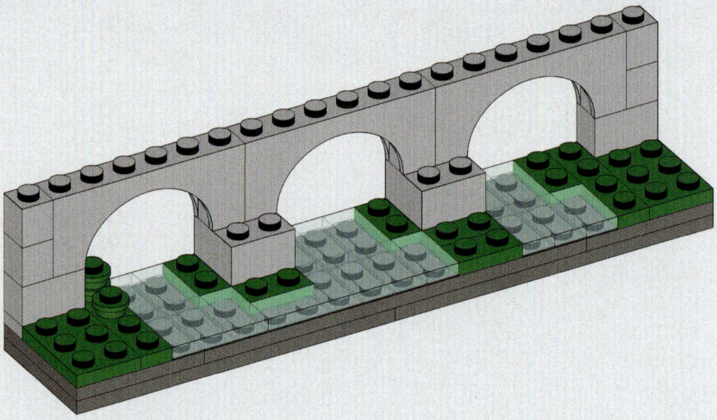

4

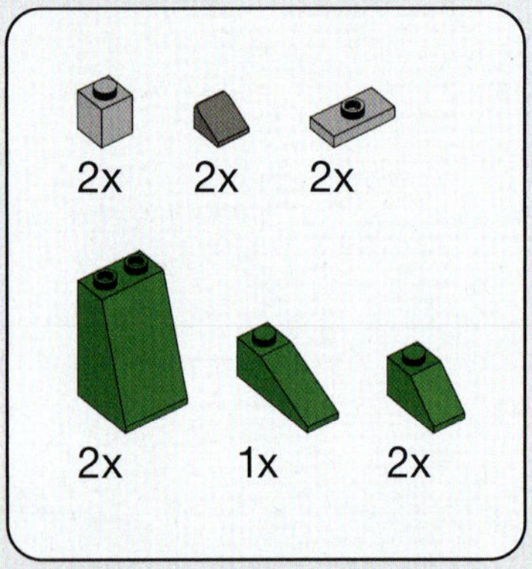

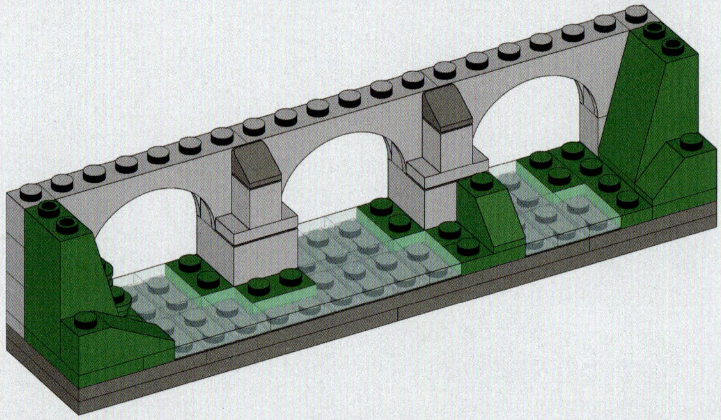

5

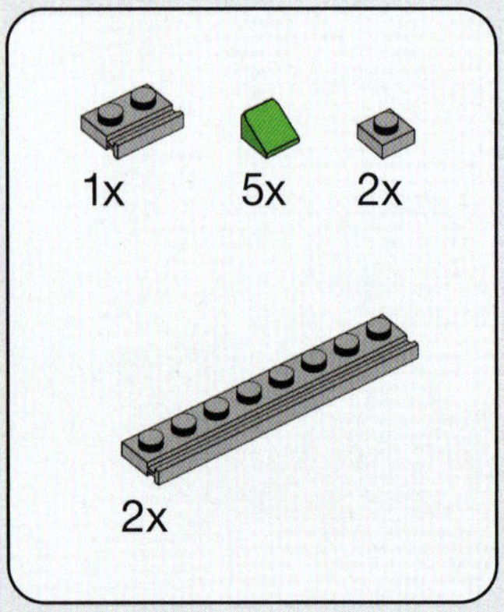

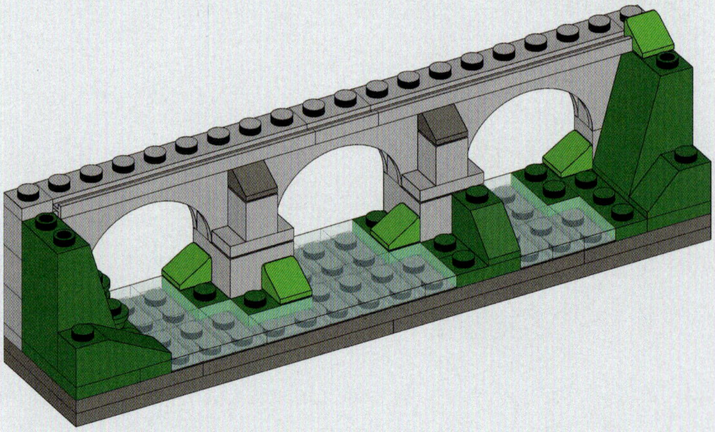

6

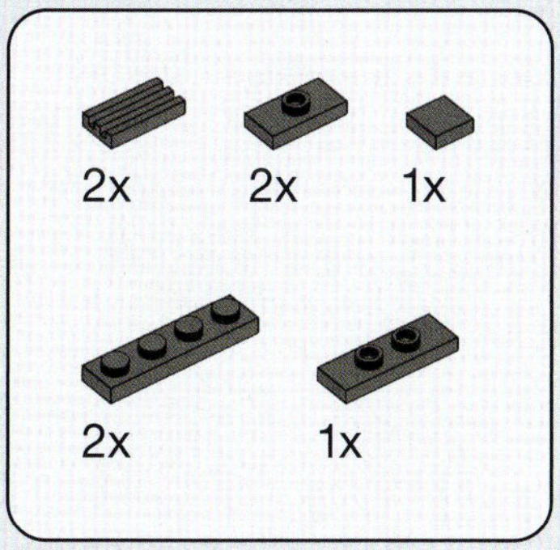
2x 2x 1x
2x 1x

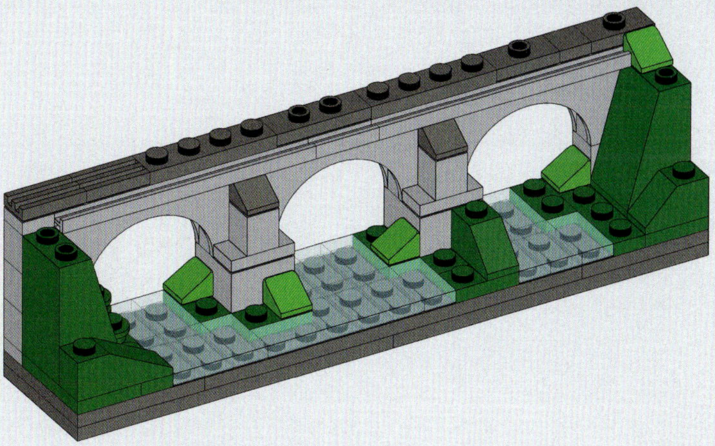

7

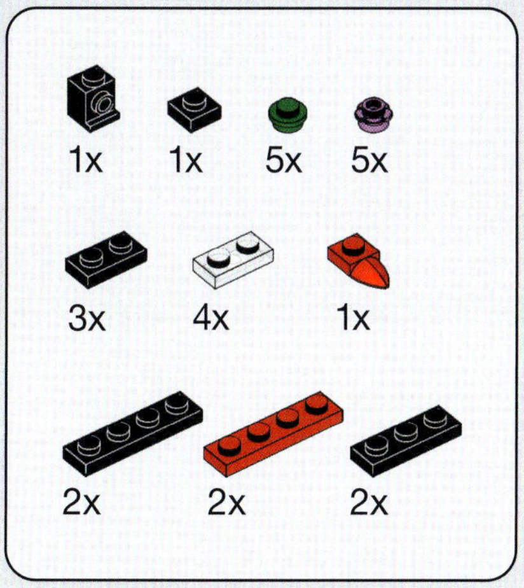
1x 1x 5x 5x
3x 4x 1x
2x 2x 2x

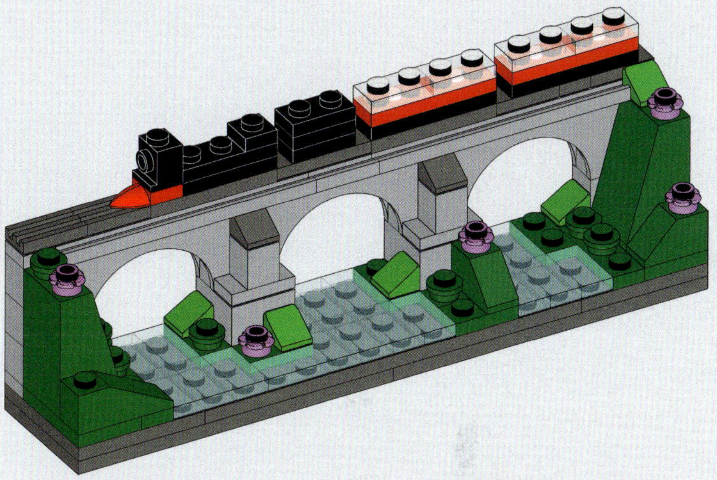

8

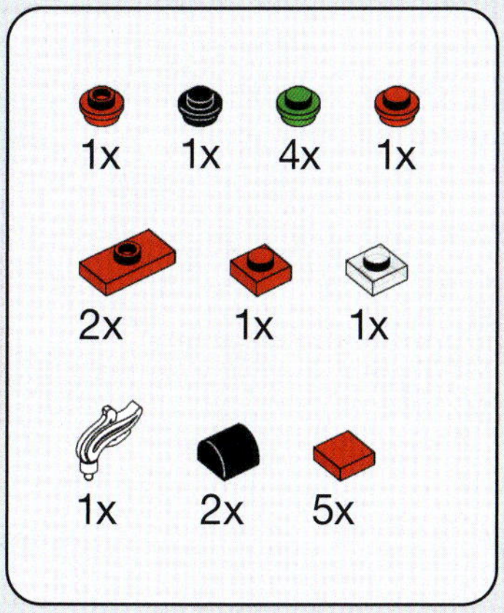
1x 1x 4x 1x
2x 1x 1x
1x 2x 5x

DIESELELEKTRISCHER ZUG

Ein dieselelektrischer Zug windet sich durch die kanadischen Rocky Mountains.

Obwohl Lokomotiven mit Dieselmotoren im späten 19. Jahrhundert auftauchten, blieben Dampfzüge bis in die 1950er-Jahre im Einsatz. Frühe Dieselzüge konnten mit der Zugkraft der Dampfloks nicht mithalten. Das änderte sich, als Ingenieure zwei Arten von Motoren – Diesel und elektrisch – in einer Lok kombinierten. Die daraus resultierenden dieselelektrischen Züge waren leistungsstärker und effizienter als Dampfzüge und konnten länger und schwerer werden. Der längste nachgewiesene Zug, der von BHP Iron Ore in Australien betrieben wurde, war 7,35 Kilometer lang, bestand aus 682 Wagen und wurde von acht dieselelektrischen Lokomotiven gezogen.

WARUM ZWEI ARTEN VON MOTOREN?

Es erfordert eine monströse Menge an *Drehmoment*, um einen Güterzug zu bewegen, der über 90.000 Tonnen wiegen kann. Diesellokomotiven haben jedenfalls eine unregelmäßige Leistungsabgabe, die beim Beschleunigen kein stetiges Drehmoment liefert. Man kann das Drehmoment mit einem mit den Antriebsrädern verbundenen Getriebe stabilisieren, wie mit dem Getriebe in einem benzinbetriebenen Auto, aber ein schwerer Zug würde ein kompliziertes, schwerfälliges und schwer zu wartendes Getriebe erfordern, um allein mit einem Verbrennungsmotor fahren zu können.

Im Gegensatz zum Diesel haben Elektromotoren eine gleichmäßige Drehmomentabgabe, benötigen aber für den Betrieb eine Stromzufuhr. Ingenieure entschieden sich für die Paarung von Diesel- und Elektromotoren, um maximalen Nutzen zu erzielen. Bei einem dieselelektrischen Zug treibt der Dieselmotor einen Generator an, der Strom für den Betrieb einer Reihe von Elektromotoren – jeweils einer pro Lokachse – erzeugt. Das starke, gleichmäßige Drehmoment der Elektromotoren bewegt den Zug vorwärts.

TRAINSPOTTING

Jeder Typ von Eisenbahnwagen ist für einen bestimmten Zweck ausgelegt.

1. TANKWAGEN

Tankwagen befördern Druckgas oder flüssige Güter wie Chemikalien, Öl, Wasser oder Melasse.

2. PERSONENWAGEN

Personenwagen befördern Menschen in einer Vielfalt von Komfortstufen von einem Ort zum andern.

3. TRAGWAGEN

Tragwagen befördern standardisierte intermodale Schiffscontainer, die für den einfachen Wechsel zwischen Eisenbahnen, Schiffen und Lkw ausgelegt sind. Diese stapelbaren Container können alle möglichen Arten von Ware enthalten, von Elektronik über Kleidung bis hin zu LEGO.

4. GEDECKTER SCHÜTTGUTWAGEN

Gedeckte Schüttgutwagen befördern frei fließende Schüttgüter wie Weizen, Gerste, Zucker oder Dünger. Sie werden von oben beladen und durch Klappen im Boden entladen.

5. OFFENER WAGEN

Offene Wagen befördern Kohle, Gestein, Kupfer und anderes Material, das den Elementen ausgesetzt werden kann.

6. NIEDERBORDWAGEN

Niederbordwagen befördern Rohre, Holz und Maschinen. Sie haben offene Seiten und eine ebene Ladefläche zum leichten Be- und Entladen. Es lassen sich Rungen oder Geländer installieren, um die Ladung zu schützen.

BAUE EINEN DIESEL-ELEKTRISCHEN LEGO-ZUG

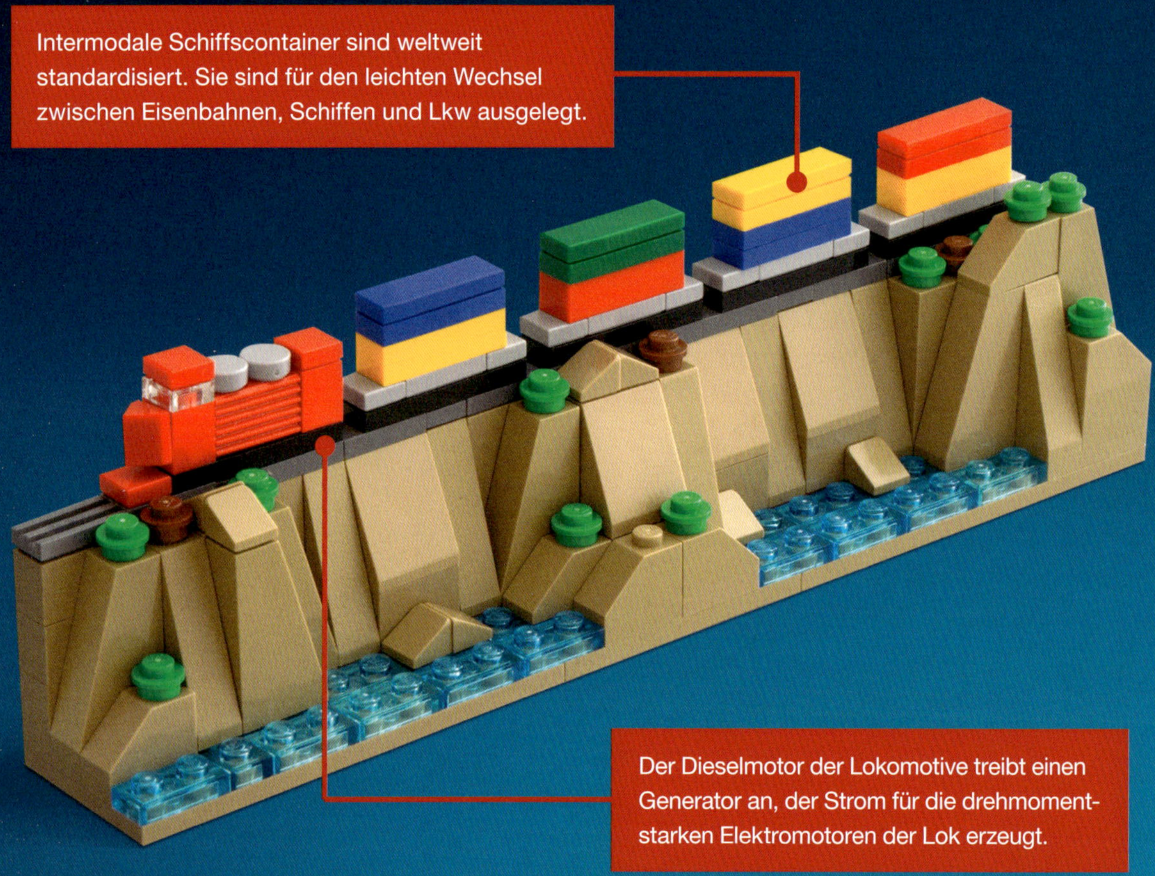

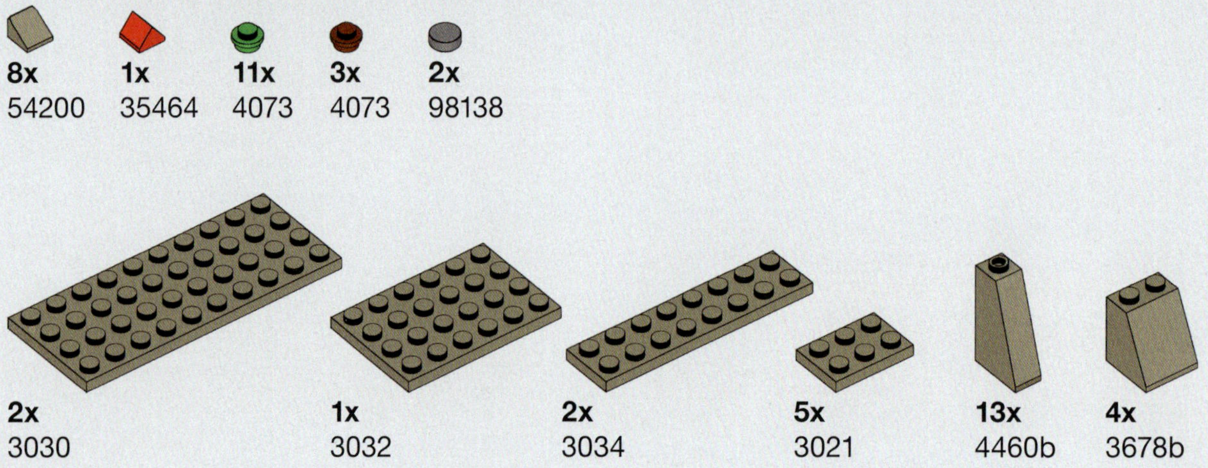

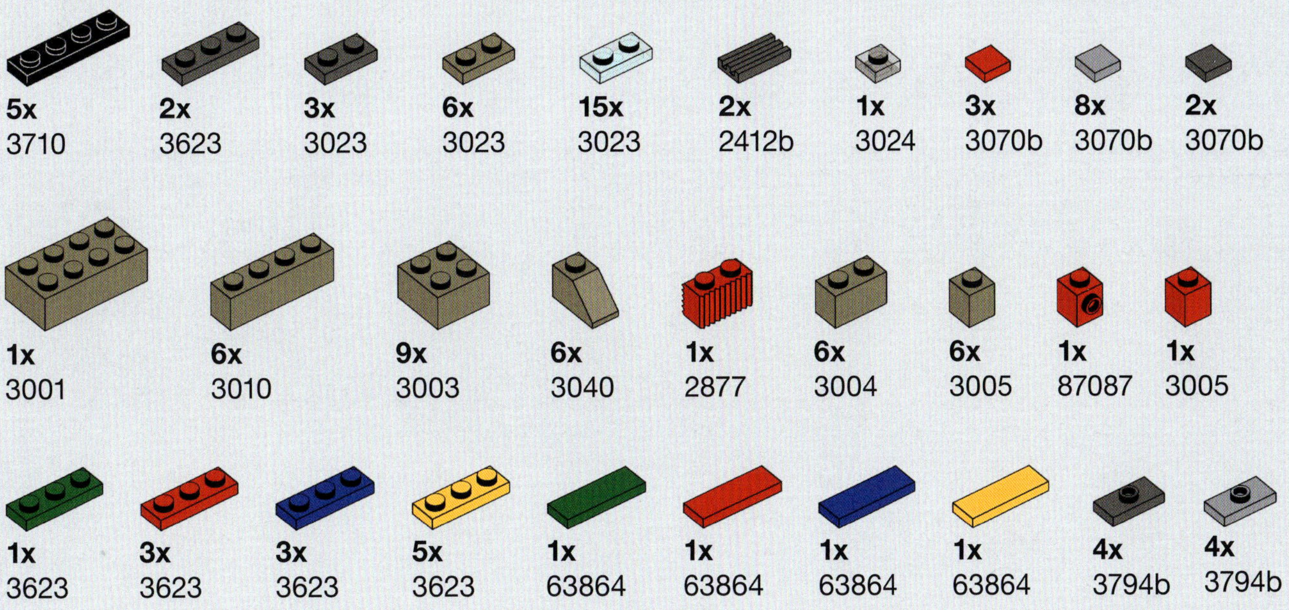
5x 3710
2x 3623
3x 3023
6x 3023
15x 3023
2x 2412b
1x 3024
3x 3070b
8x 3070b
2x 3070b
1x 3001
6x 3010
9x 3003
6x 3040
1x 2877
6x 3004
6x 3005
1x 87087
1x 3005
1x 3623
3x 3623
3x 3623
5x 3623
1x 63864
1x 63864
1x 63864
1x 63864
4x 3794b
4x 3794b

1

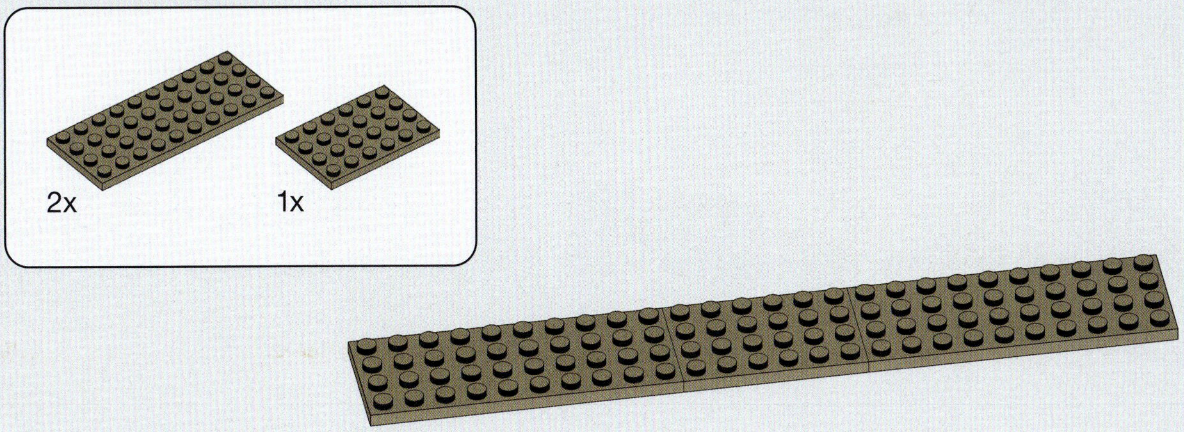
2x
1x

2

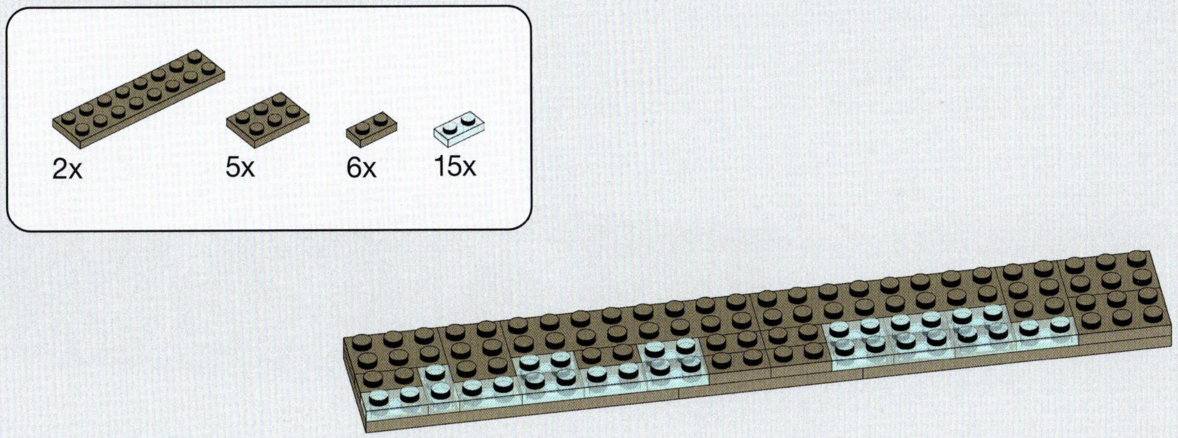
2x
5x
6x
15x

3

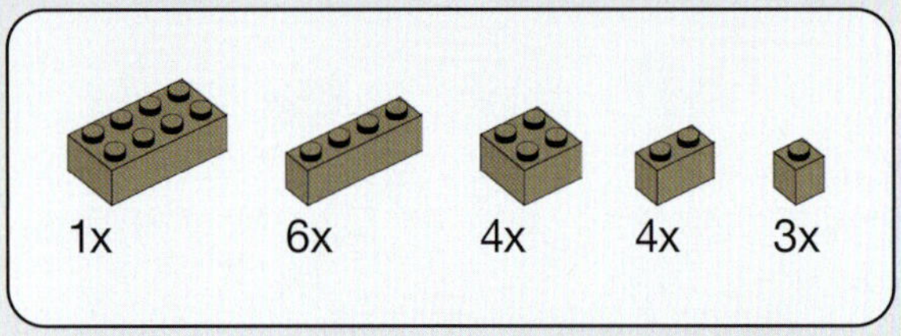

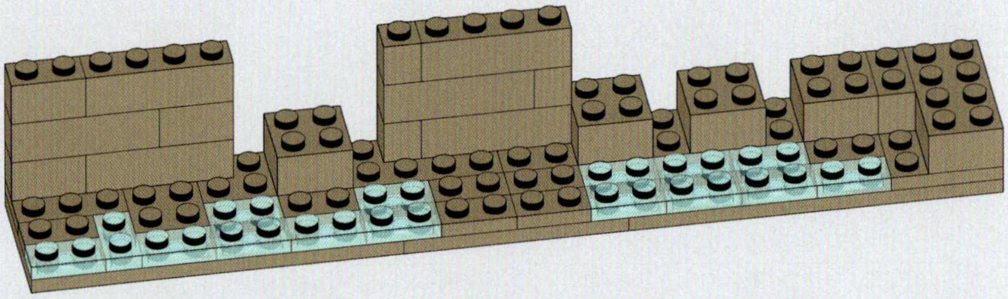

4

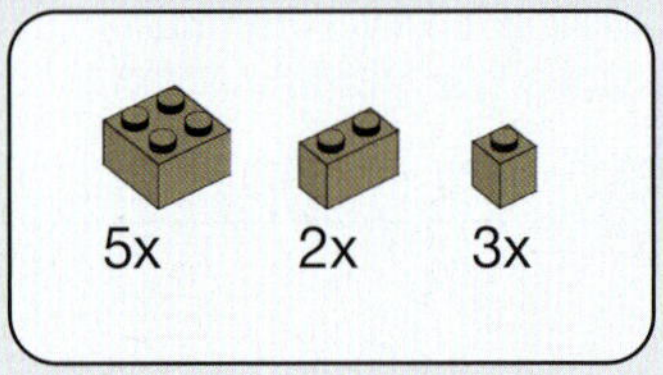

5

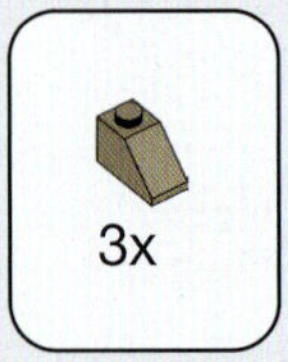

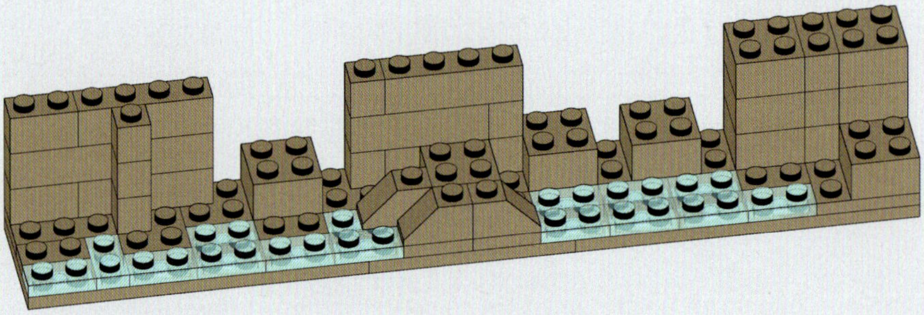

6

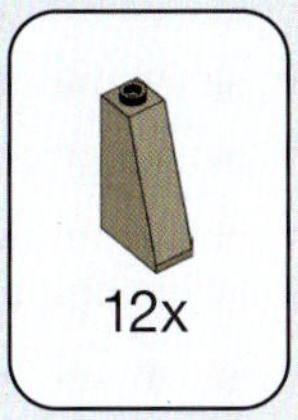

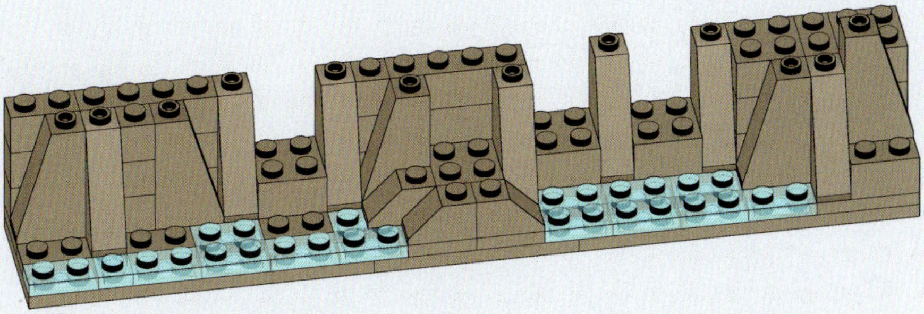

7

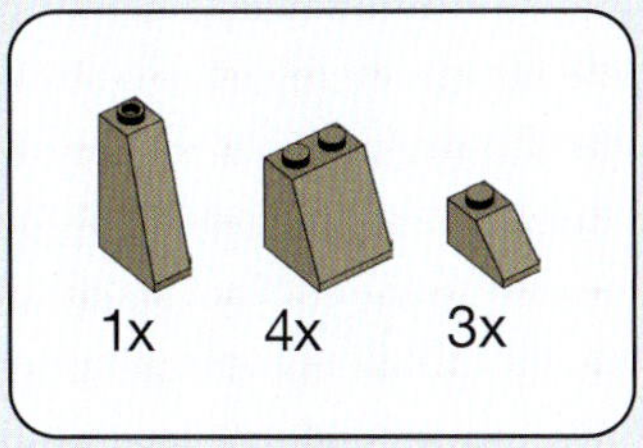

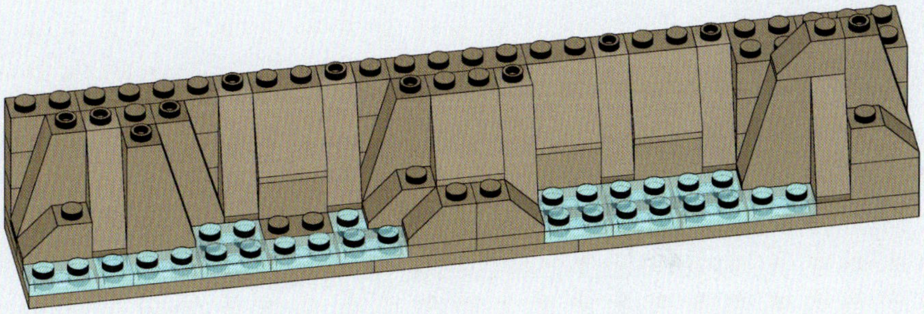

8

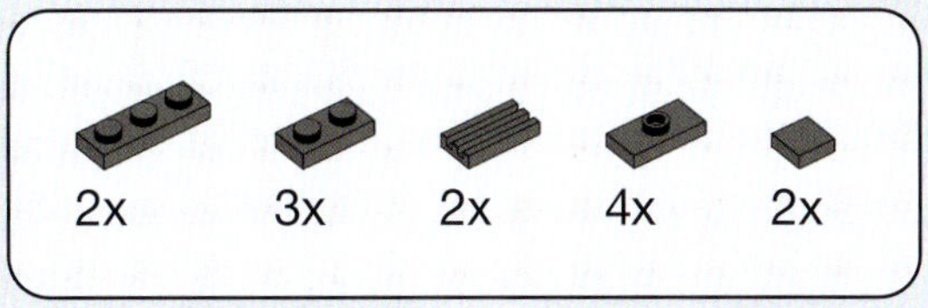

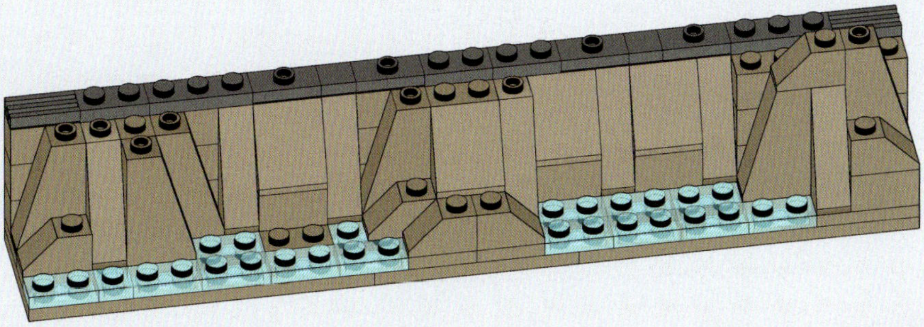

9

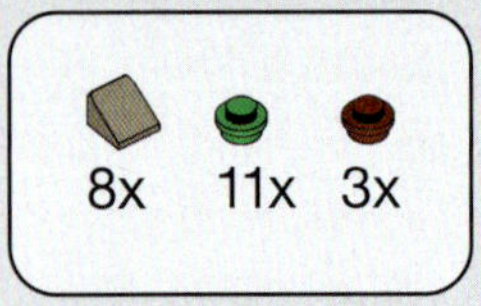

Ein 1x1-Dachstein zwischen den braunen und grünen Platten ist teilweise verdeckt.

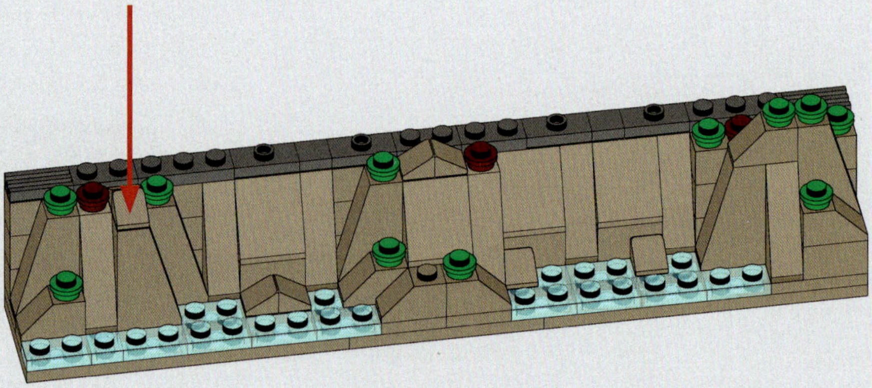

10

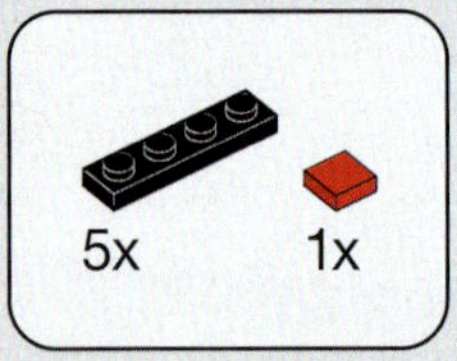

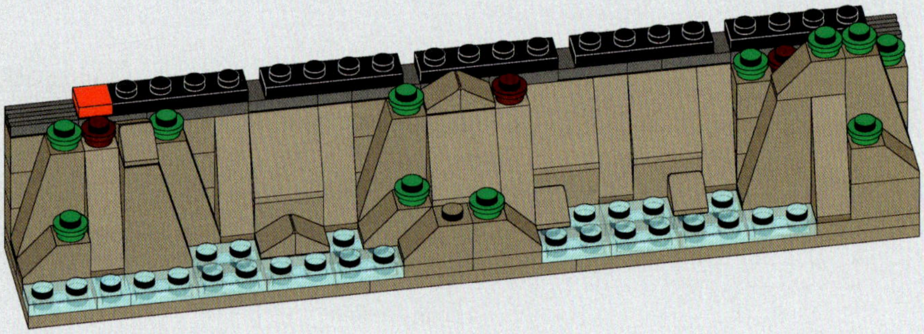

11

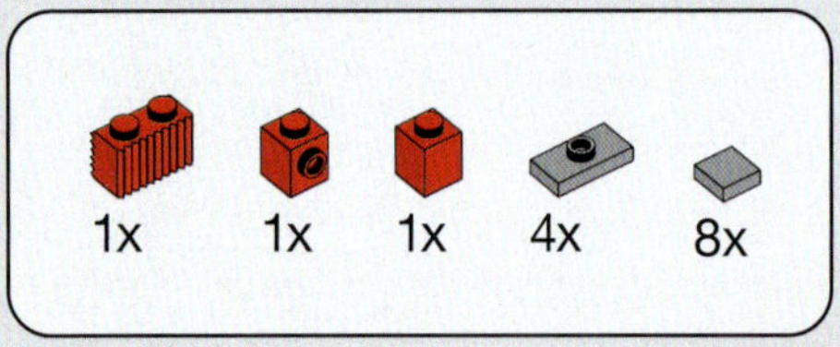

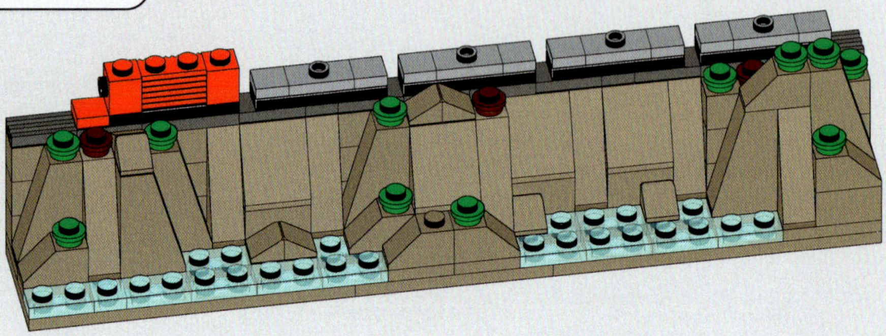

12

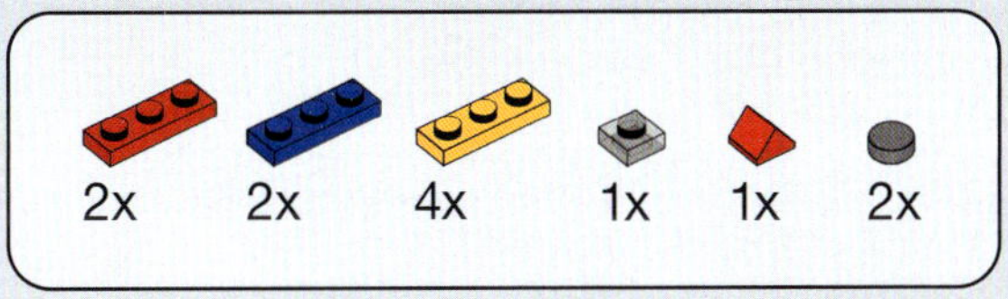

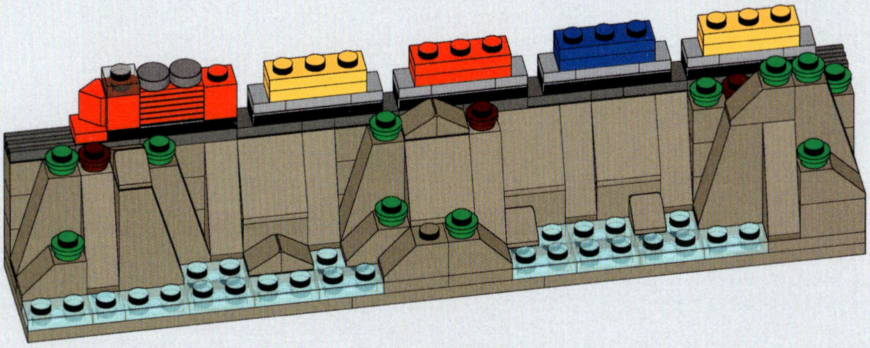

13

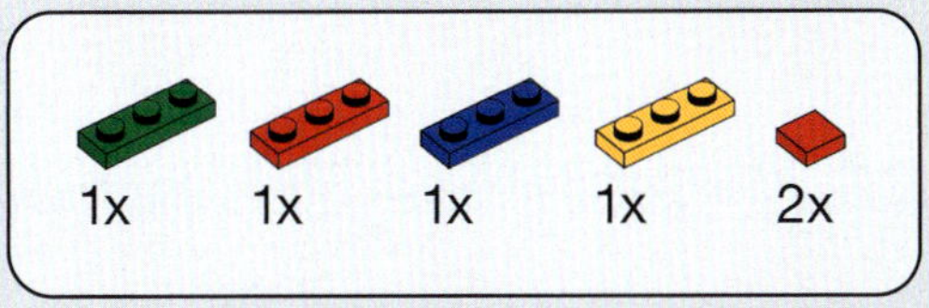

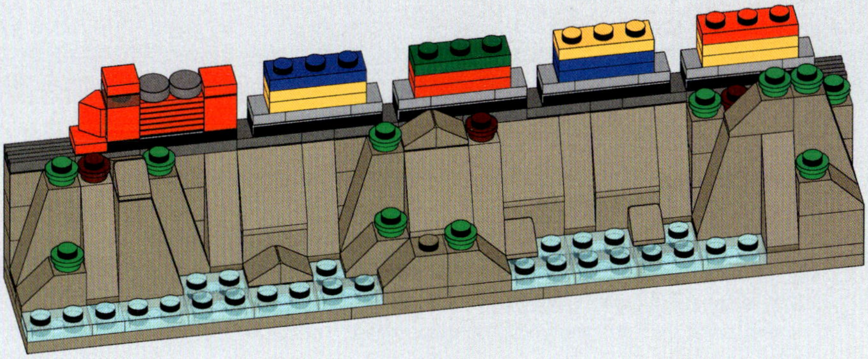

14

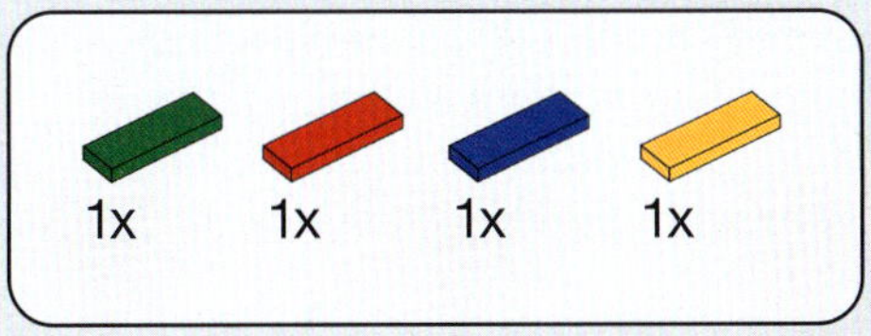

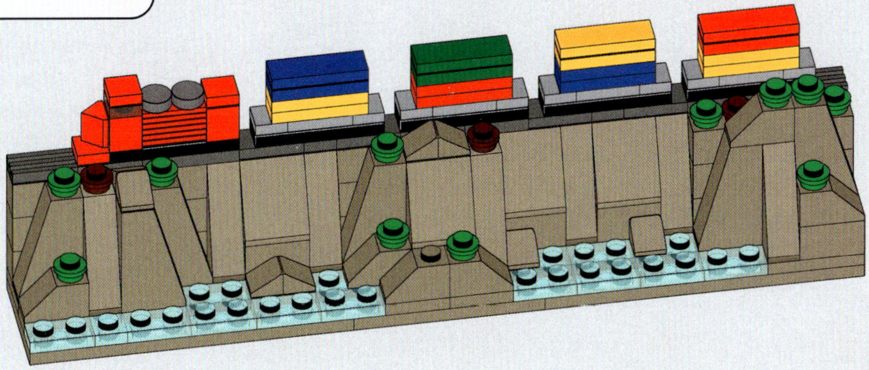

SHINKANSEN-ZUG

Ein Shinkansen-Zug wird mit elektrischem Strom aus der Oberleitung betrieben.

Die Shinkansen-Züge scheinen von einem Bahnhof in einer utopischen Zukunft angekommen zu sein, doch die im Englischen »Bullet Train« (Geschoss-/Projektil-Züge) genannten Hochgeschwindigkeitszüge rasen seit 1964 durch Japan. Sie können bis zu 320 km/h fahren. Als Beweis für die technische Leistung mag gelten, dass mehr als zehn Milliarden Fahrgäste mit dem Shinkansen-System gefahren sind, ohne dass ein einziger tödlicher Unfall erfolgte.

WARUM KÖNNEN HOCHGESCHWINDIGKEITSZÜGE SO SCHNELL FAHREN?

Dieselelektrische Züge sind effizienter als Dampfzüge, aber sie müssen immer noch einen schweren Dieselmotor befördern. Shinkansen-Züge sind mit bedeutend weniger Last unterwegs, da sie ganz ohne Dieselmotor auskommen. Stattdessen werden ihre Elektromotoren von außen über elektrische Oberleitungen mit Strom versorgt. Neben der Gewichtsreduzierung nutzen die Ingenieure des Shinkansen auch das aerodynamische Design, um die Züge schneller fahren zu lassen.

WIE BEEINFLUSST DIE AERODYNAMIK DAS DESIGN DES SHINKANSEN-ZUGS?

Je schneller ein Zug fährt, desto mehr Luftwiderstand wirkt auf ihn ein. Die Wissenschaft der Aerodynamik – das Studium des Verhaltens von Körpern in der Luft – trägt zur Lösung dieses Problems bei. Die ersten Shinkansen-Züge hatten Nasen, die wie Projektile geformt waren (daher ihr englischer Spitzname), da die gerundete konische Form die Luft mit weniger Widerstand um sie herum passieren lässt als eine flache Form. Dieses ursprüngliche Design wurde schließlich geändert, um ein Problem zu beheben, das Züge mit Tunnelpassagen hatten.

Ein dahinrasender Shinkansen-Zug schiebt Luft vor sich her. In einem Tunnel gerät diese Luft aufgrund des umschlossenen Raums schnell unter Druck. Die verdichtete Luft bildet eine Druckwelle, die bei der Ausfahrt des Zugs aus dem Tunnel zu einem gefährlichen Überschallknall führt. Ein Ingenieur – der zufälligerweise ein Vogelbeobachter war – fand die Lösung des Problems auf ungewöhnliche Weise.

WAS HAT DAS BEOBACHTEN VON VÖGELN MIT TECHNIK ZU TUN?

Der Vögel beobachtende Ingenieur Eiji Nakatsu bemerkte, dass Eisvögel effizient durch die Luft gleiten und dann durch Wasser tauchen können, trotz ihrer gewaltigen Unterschiede hinsichtlich Dichte und Druck, und er erkannte eine Parallele zur plötzlichen Druckänderung, der ein Zug ausgesetzt ist, der in einen Tunnel einfährt. Er folgerte daraus, dass die Form des Schnabels des Eisvogels der Schlüssel zum reibungslosen Wechsel zwischen verschiedenen Druckbereichen sein musste. Die Neugestaltung der Nase der Shinkansen-Züge in Form des Eisvogel-Schnabels löste das Tunnelproblem und senkte den Luftwiderstand um 30 Prozent. Wenn Technologie durch die Natur inspiriert wird, nennt man das *Bionik*.

Der Eisvogel bewegt sich effizient durch Luft als auch durch Wasser, obwohl Wasser 800-mal dichter ist als Luft.

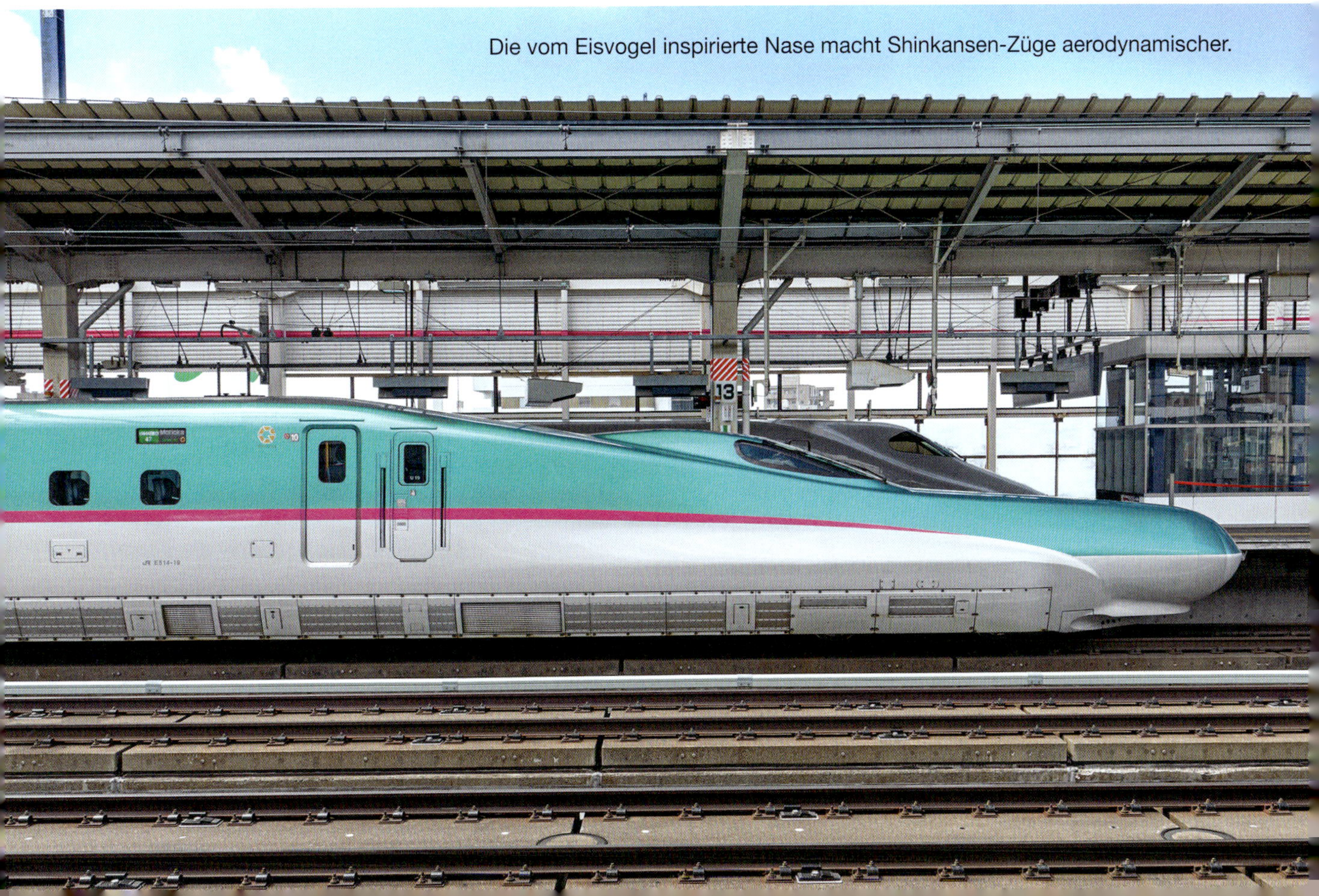

Die vom Eisvogel inspirierte Nase macht Shinkansen-Züge aerodynamischer.

BAUE EINEN LEGO-SHINKANSEN-ZUG

Die Energie für den Zug wird über einen Stromabnehmer, den Pantografen, zugeführt. Ein Pantograf ist ein mit gefederten Gelenken ausgestatteter Rahmen, der leitfähige Schleifschuhe an die Oberleitung drückt.

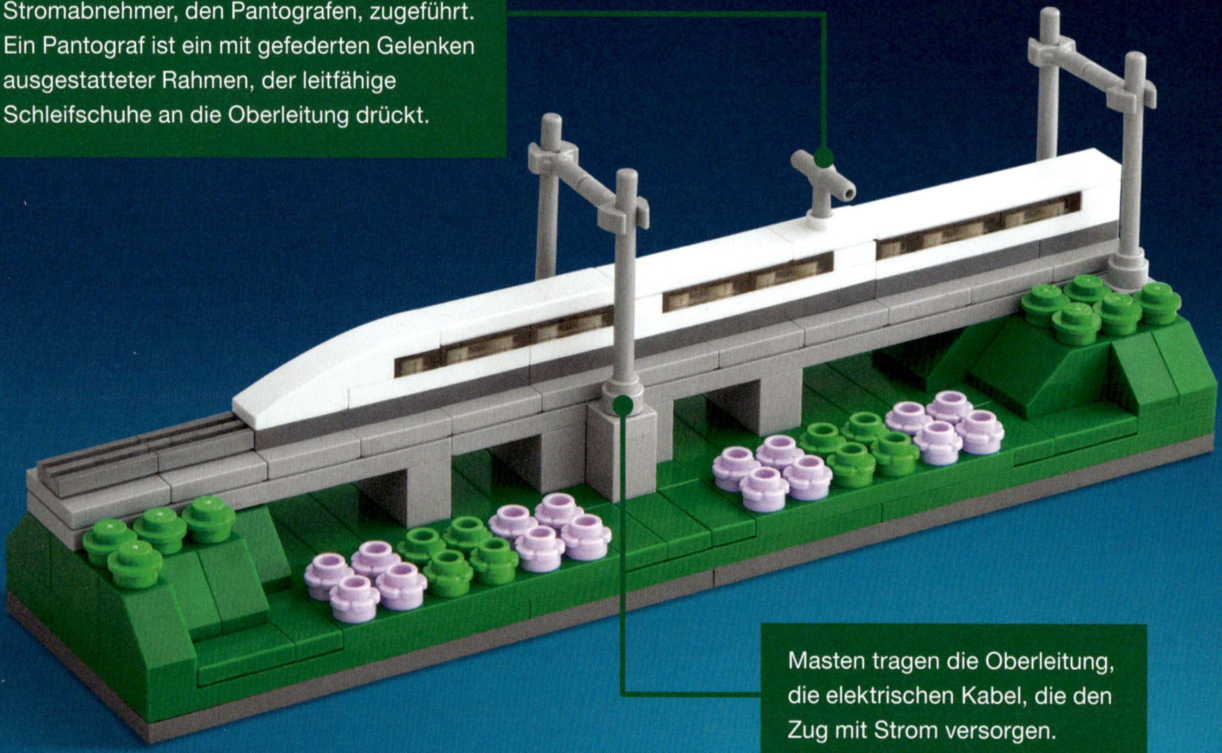

Masten tragen die Oberleitung, die elektrischen Kabel, die den Zug mit Strom versorgen.

4x	1x	7x	1x	3x	4x	2x	10x	16x	8x	11x
48729b	3794b	3069b	4697b	3024	3024	3024	3070b	24866	24866	4073

2x	2x	3x	2x	2x
3028	2445	3036	3795	3031

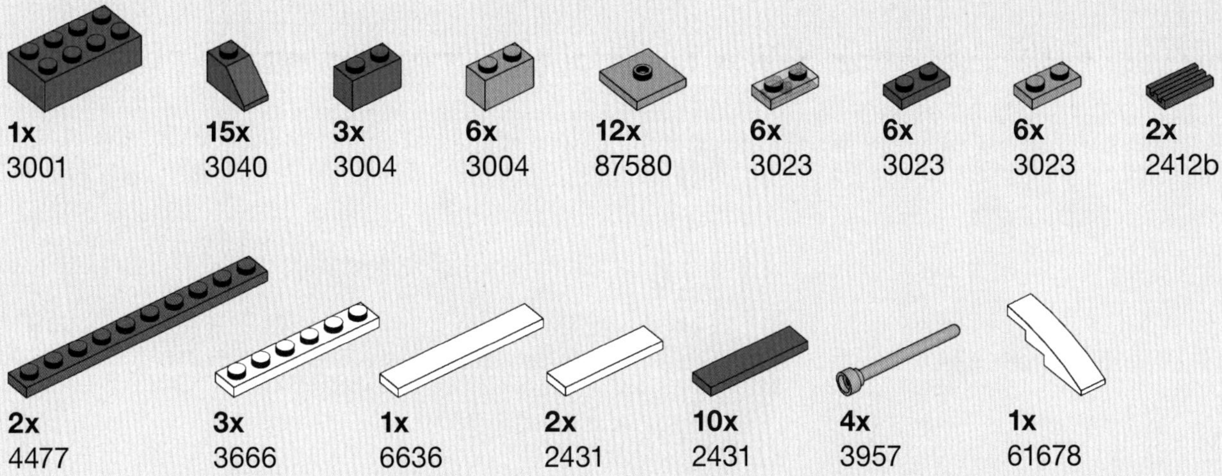
1x 3001
15x 3040
3x 3004
6x 3004
12x 87580
6x 3023
6x 3023
6x 3023
2x 2412b
2x 4477
3x 3666
1x 6636
2x 2431
10x 2431
4x 3957
1x 61678

1

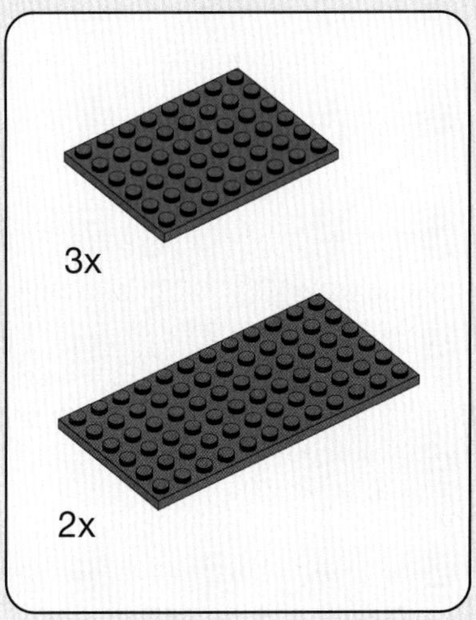
3x
2x

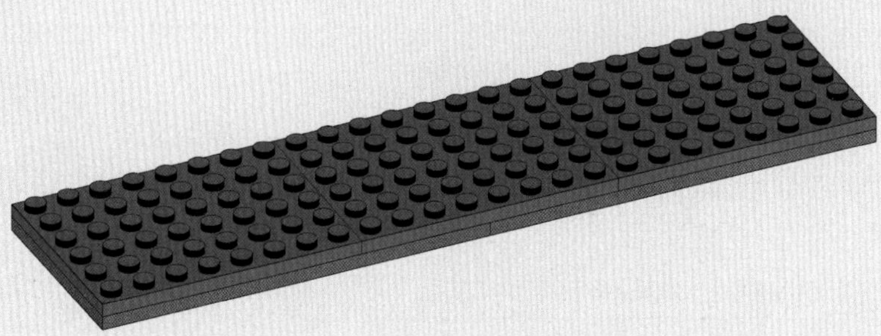

2

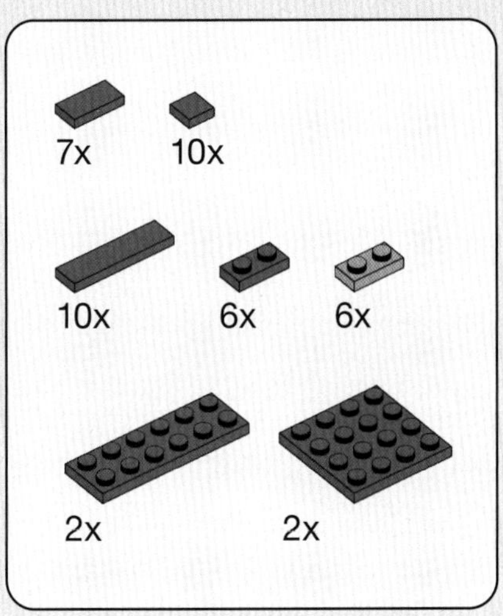
7x
10x
10x
6x
6x
2x
2x

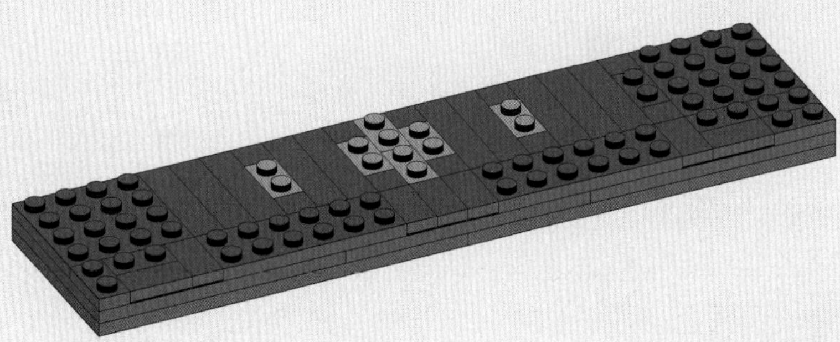

3

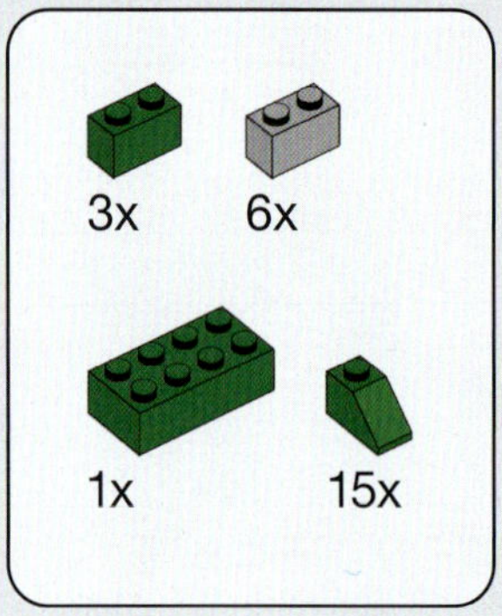

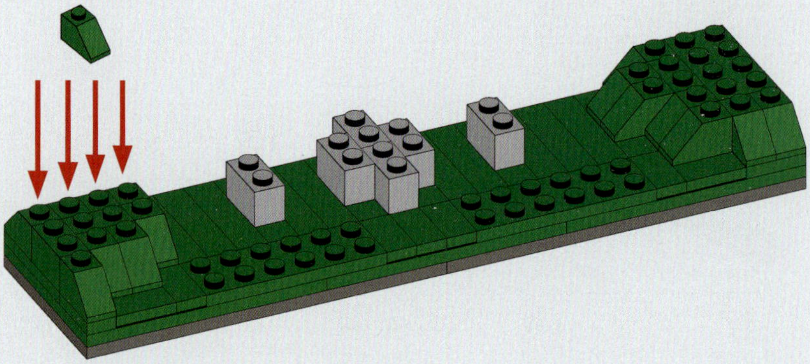

4

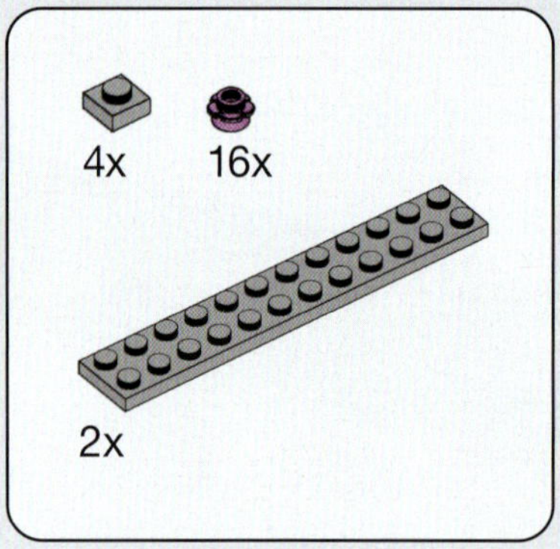

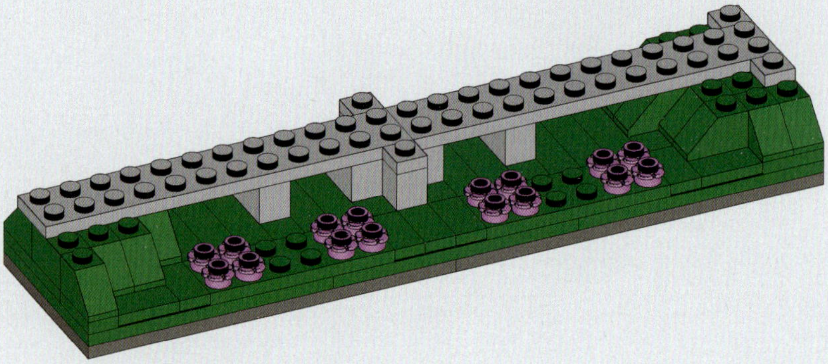

5

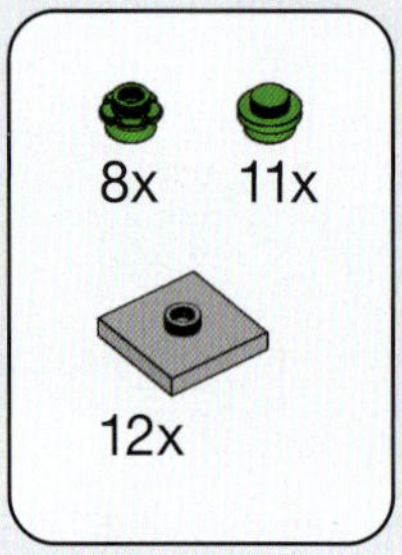

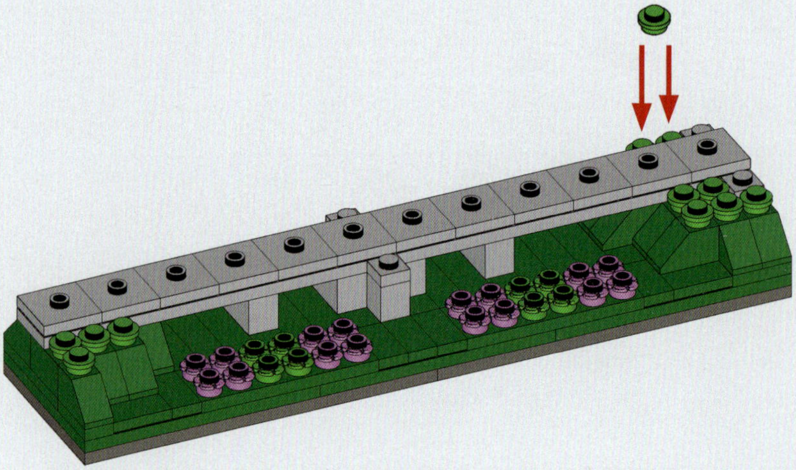

6

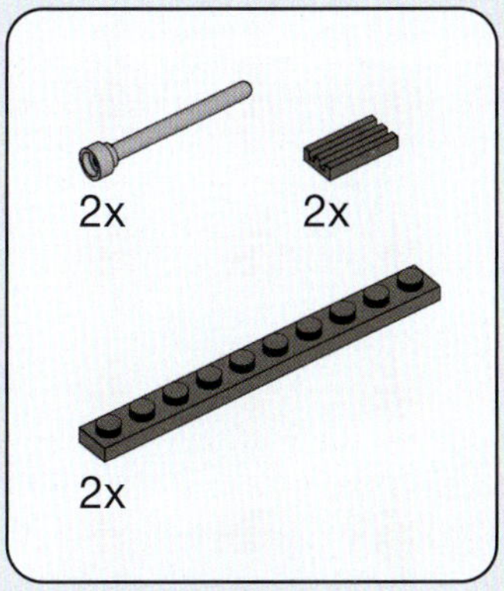

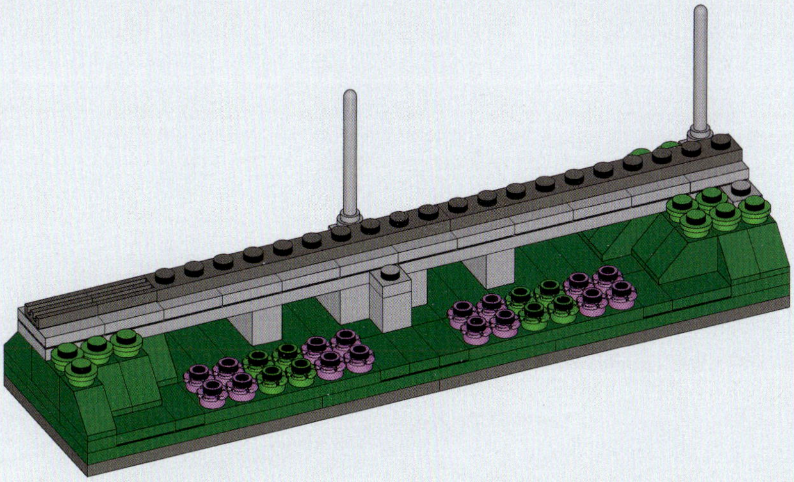

7

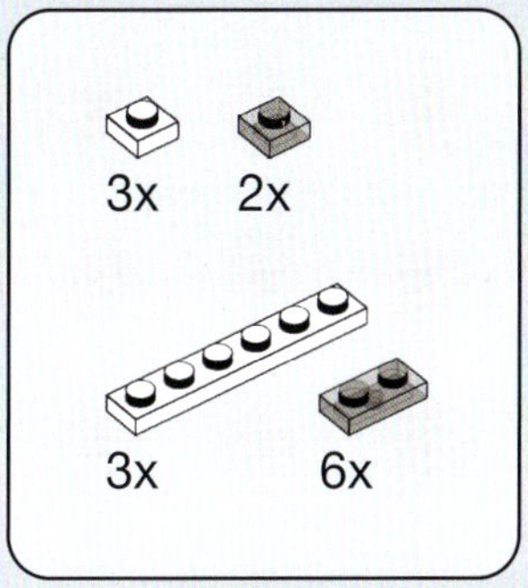

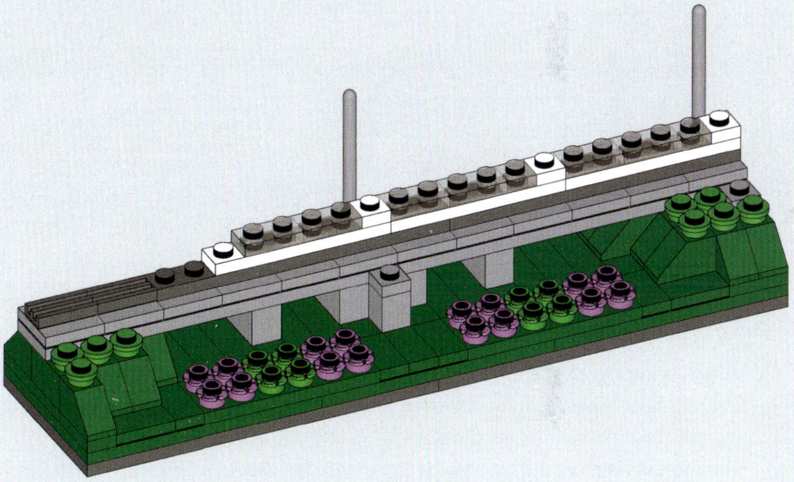

8

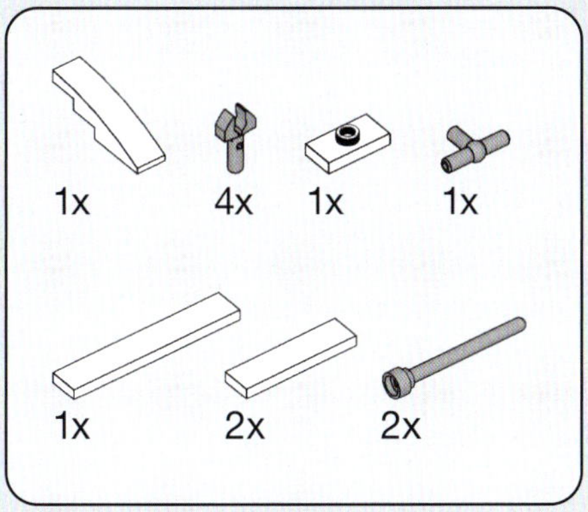

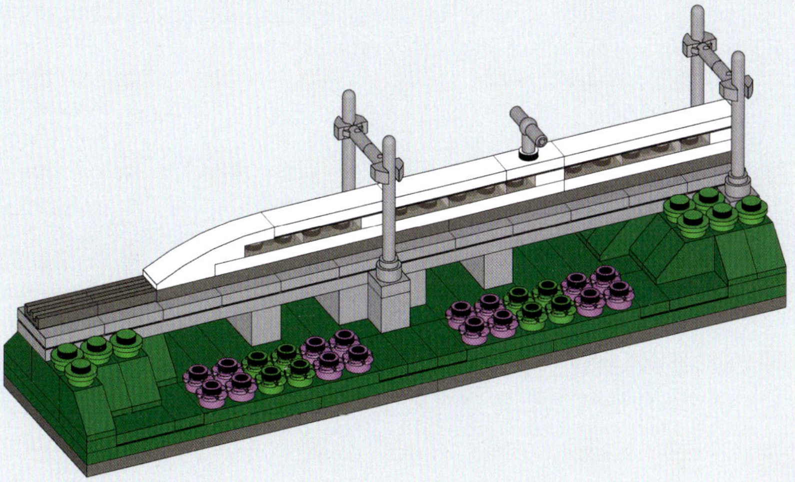

MAGNETSCHWEBEBAHN

Eine Transrapid-Magnetschwebebahn in Shanghai verlässt den Bahnhof.

Die ursprünglichen Eisenbahnen wurden entwickelt, um den Rollwiderstand zu senken, was der wesentliche Vorteil des Zugs ist. Die Technologie der Magnetschwebebahn erreicht das ultimative Ziel im Eisenbahnbau, den Rollwiderstand auf null zu reduzieren. Eine *Magnetschwebebahn* schwebt dank der Nutzung von Magnetfeldern über dem Gleis. Magnetfelder bewegen die Magnetschwebebahn zudem mit hoher Geschwindigkeit. Die Transrapid-Magnetschwebebahn in Shanghai hat beispielsweise eine Höchstgeschwindigkeit von 435 km/h, während eine in Japan in Entwicklung befindliche Shinkansen-Magnetschwebebahn bis zu 600 km/h fahren könnte.

WARUM SCHWEBT EINE MAGNETSCHWEBEBAHN?

Magnetschwebebahnen schweben dank der abstoßenden Kräfte der gleichen Magnetpole in Zug und Gleis. Die sich abstoßenden magnetischen Kräfte halten die Magnetschwebebahn zudem in ihrer Spur – gegeneinander wirkende magnetische Kräfte verhindern, dass der Zug zu weit zu einer Seite gleitet. Zum Hochhalten eines Zugs wird eine erhebliche Kraft benötigt, weshalb anstelle von normalen Permanentmagneten leistungsstarke Elektromagnete verwendet werden.

WAS SIND ELEKTROMAGNETE?

In einem einfachen Elektromagneten fließt der elektrische Strom durch eine Spule mit leitendem Draht, der um einen Metallstab gewickelt ist, was ein magnetisches Feld erzeugt. Die Stärke der magnetischen Kraft kann durch Justieren der elektrischen Stärke geändert werden, und die Polarität des Magneten lässt sich durch Umkehren der Richtung des Stroms umkehren. Japans zukünftige Magnetschwebebahn wird supraleitende Magnete zum Erzeugen noch stärkerer Magnetfelder verwenden.

WAS SIND SUPRALEITENDE MAGNETE?

Ein Elektromagnet wird zum supraleitenden Magneten, wenn er mit flüssigem Helium auf rund –268 °C abgekühlt wird. In diesem extrem kalten Zustand leistet die Drahtspule keinen elektrischen Widerstand. Der frei fließende elektrische Strom erzeugt die stärksten Magnetfelder.

WIE BEWEGT SICH EINE MAGNETSCHWEBEBAHN VORWÄRTS?

Genauso, wie die Magnete die Bahn in der Schwebe halten, treiben sie sie auch voran. Die abstoßende Kraft der Magnete arbeitet im Tandem mit der anziehenden Kraft, drückt und zieht den Zug gleichzeitig vorwärts. Magnetschwebebahnen haben Magnete an jeder Ecke, die zur Gleiswand hin ausgerichtet sind. Das Gleis hat Magnete, die zur Bahn hingewandt sind. Die Gleismagnete wechseln schnell die Polarität und drücken und ziehen den Zug so mit Magnetfeldern vorwärts.

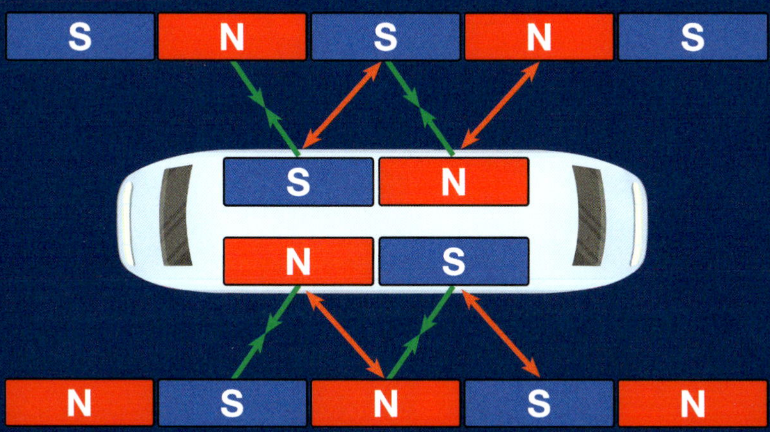

Magnete mit entgegengesetzten Polaritäten ziehen einander an und ziehen die Magnetschwebebahn vorwärts.

Magnete mit derselben Polarität stoßen einander ab und drücken die Magnetschwebebahn vorwärts.

Elektromagnete entlang des Gleises wechseln schnell die Polarität und halten die Magnetschwebebahn in Bewegung.

Ein Prototyp der 600 km/h schnellen Shinkansen-Magnetschwebebahn, die in Japan entwickelt wird.

BAUE EINE LEGO-MAGNETSCHWEBEBAHN

Das Gleis einer Magnetschwebebahn ist teuer. Die Baukosten der 19 Kilometer langen Magnetschwebebahn in Shanghai, die 2004 eröffnet wurde, beliefen sich auf 1,22 Milliarden Euro.

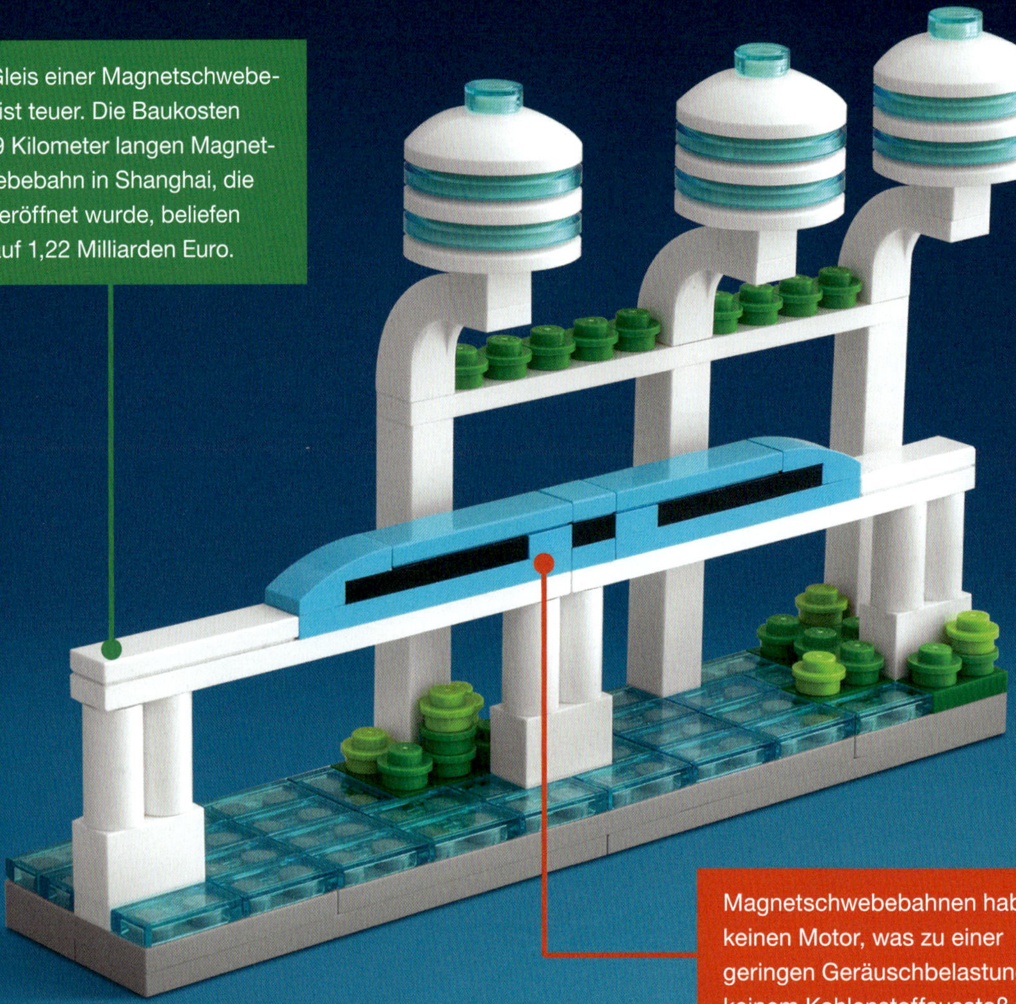

Magnetschwebebahnen haben keinen Motor, was zu einer geringen Geräuschbelastung und keinem Kohlenstoffausstoß führt.

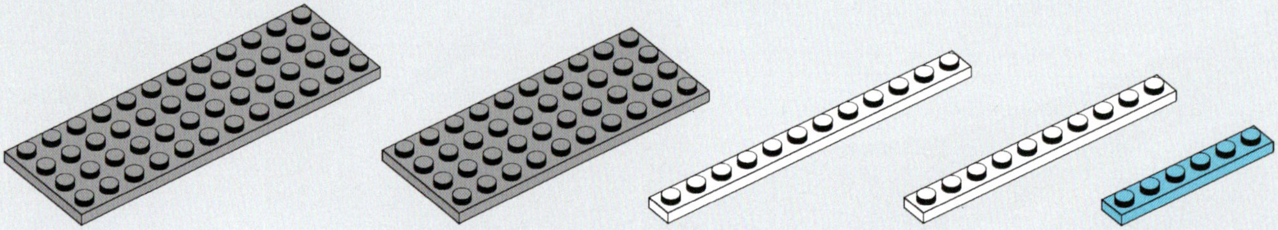

1x 3029

2x 3030

1x 60479

2x 4477

2x 3666

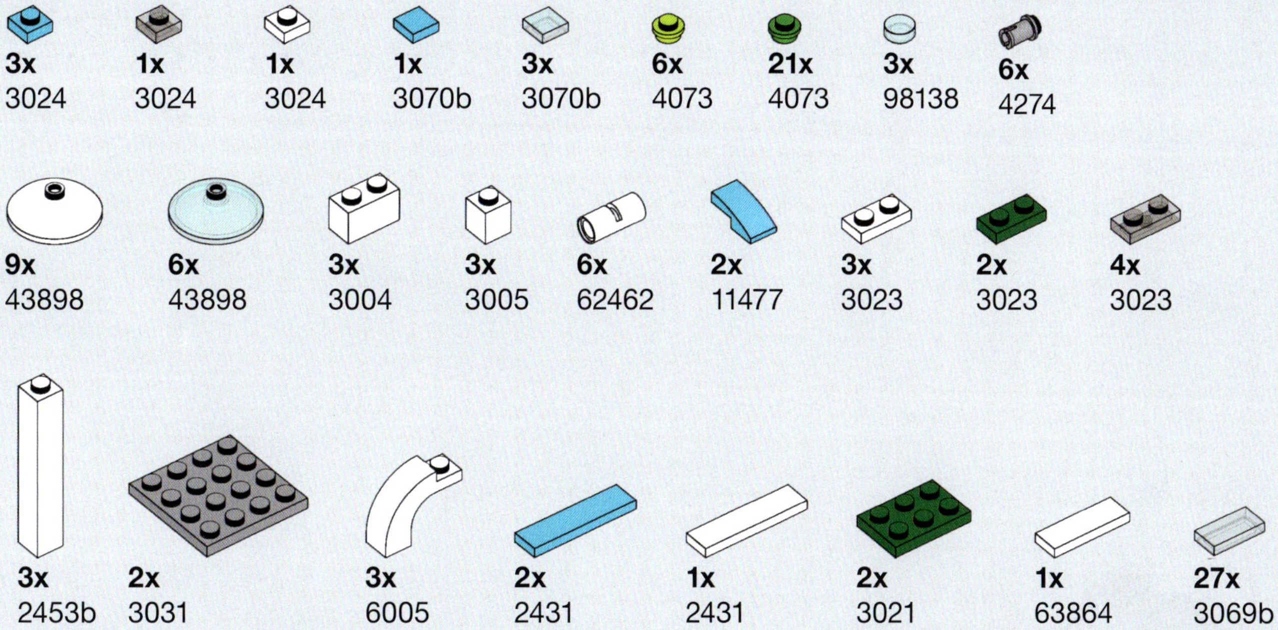
3x 3024
1x 3024
1x 3024
1x 3070b
3x 3070b
6x 4073
21x 4073
3x 98138
6x 4274
9x 43898
6x 43898
3x 3004
3x 3005
6x 62462
2x 11477
3x 3023
2x 3023
4x 3023
3x 2453b
2x 3031
3x 6005
2x 2431
1x 2431
2x 3021
1x 63864
27x 3069b

1

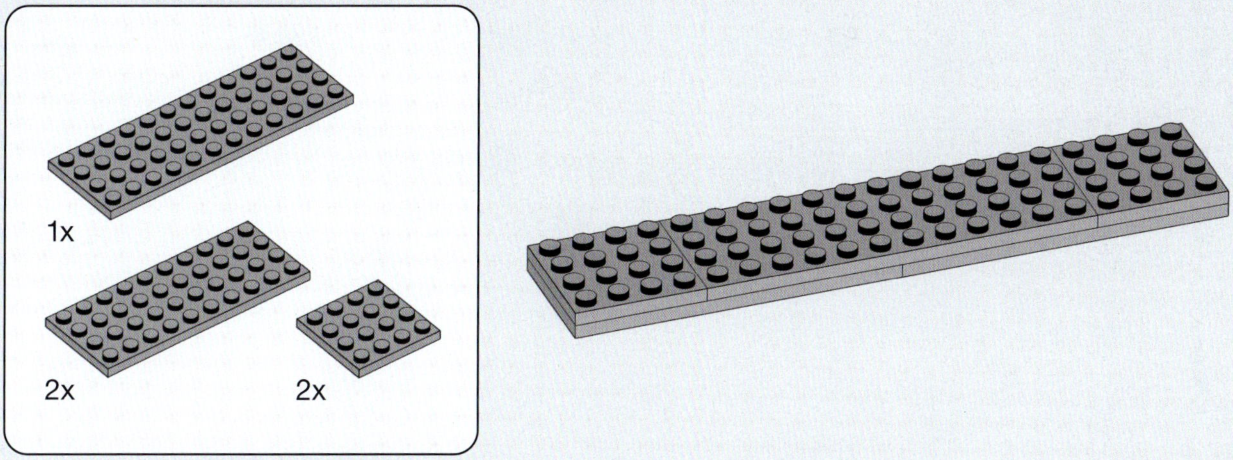
1x
2x
2x

2

3x
1x
3x
2x
2x
27x

3

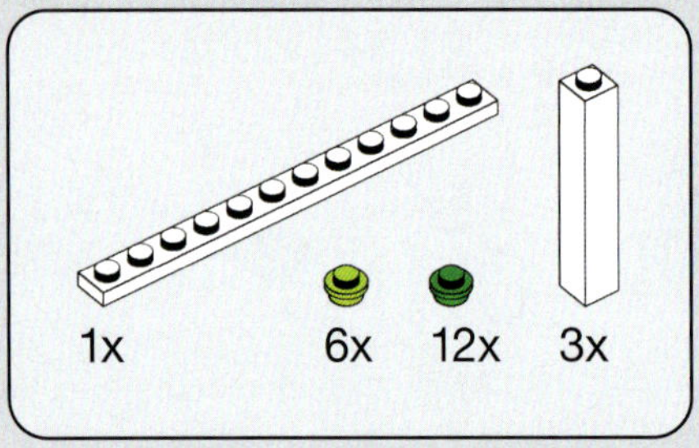

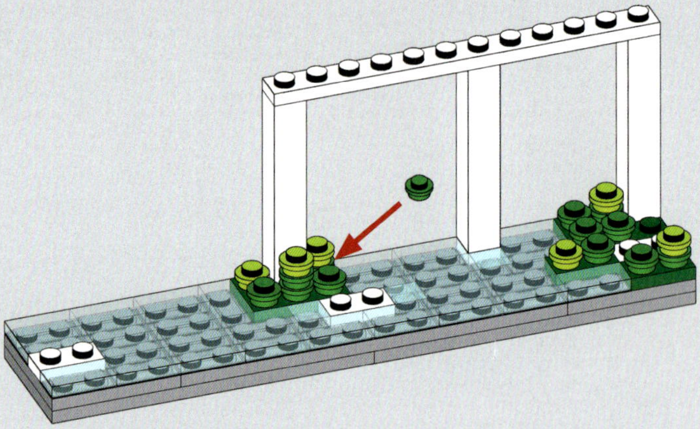

4

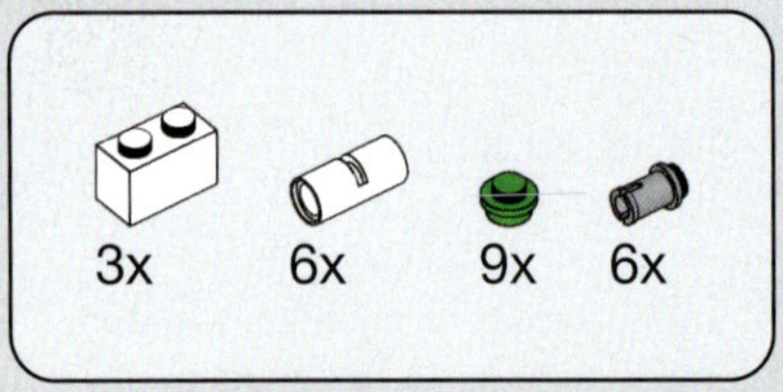

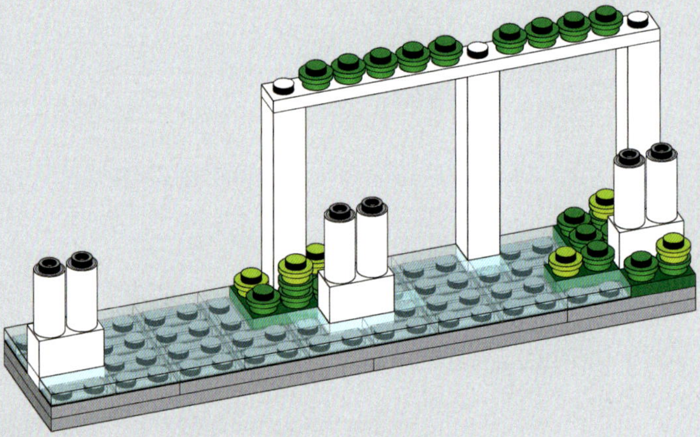

5

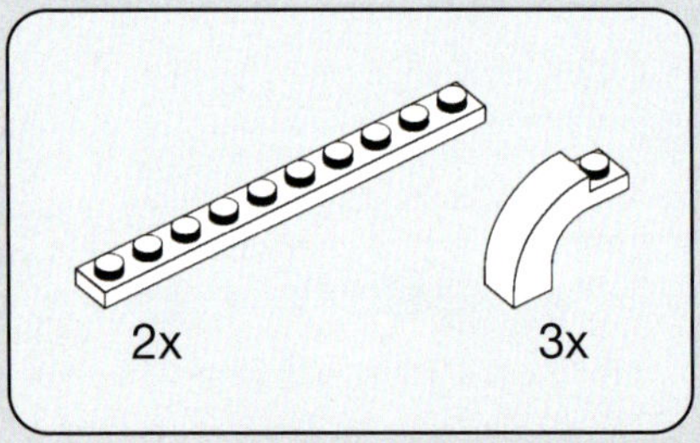

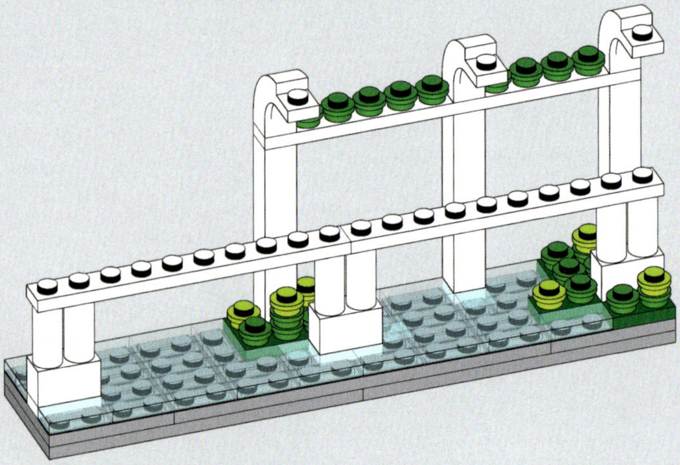

6

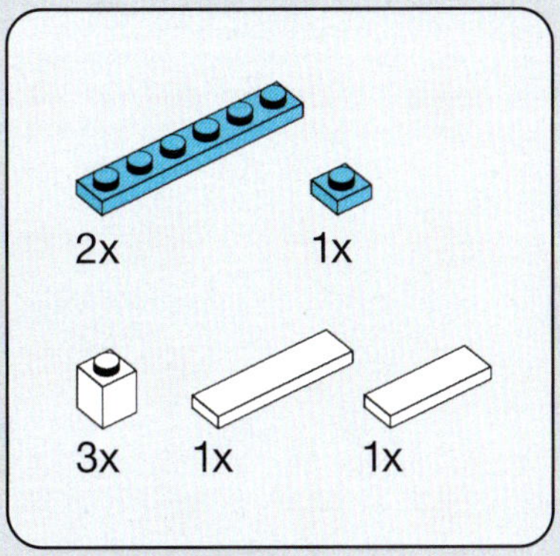

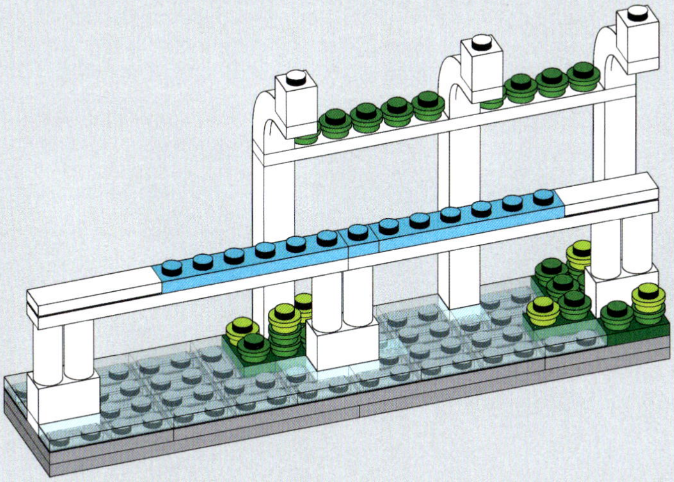

7

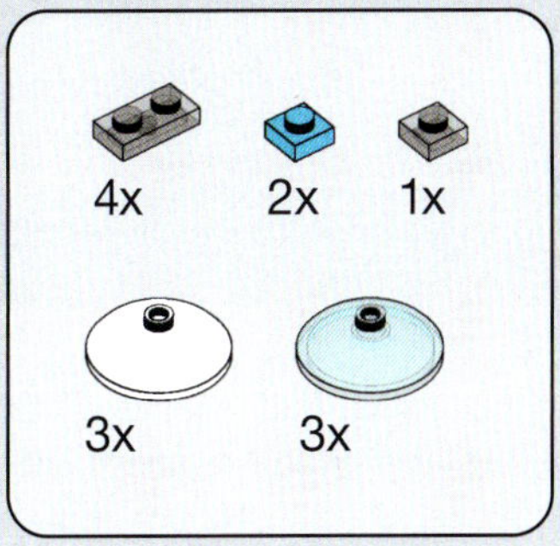

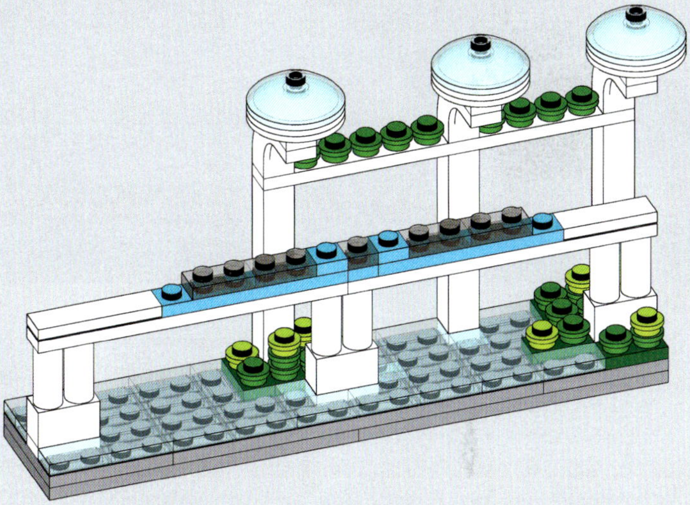

8

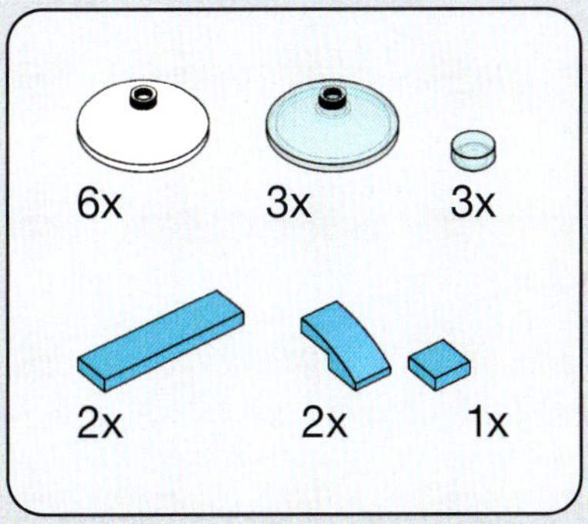

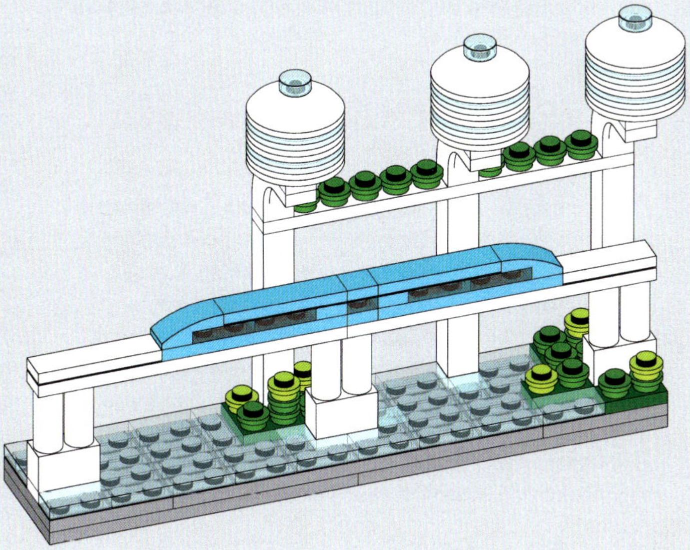

HYPERLOOP

Hyperloop-Kapseln sind für Fahrten in Niederdruckröhren vorgesehen.

Die Technologie der Magnetschwebebahn senkt den Rollwiderstand auf null, womit der Luftwiderstand das einzige Hindernis auf dem Weg der Ingenieure zu einem ihrer wichtigsten Ziele bleibt: dem schnellen, reibungslosen Fahren. Das Problem ist, dass mit zunehmendem Tempo auch der Luftwiderstand zunimmt. Im Vakuum gibt es keinen Luftwiderstand, aber wie erzielt man in der luftgefüllten Atmosphäre der Erde luftleere Bedingungen? Hyperloop-Ingenieure arbeiten daran.

WAS IST EIN HYPERLOOP UND WIE WIRD ER FUNKTIONIEREN?

Der Hyperloop, der noch in der Entwicklung ist, strebt danach, Züge durch Kapseln zu ersetzen, die sich in versiegelten Röhren über oder unter Grund bewegen. Die Luft wird mittels Vakuumpumpe aus den Röhren abgesaugt, womit der Luftwiderstand auf so gut wie null reduziert wird. Der Rollwiderstand wird eliminiert, indem die Kapseln entweder mittels Magnetschwebebahntechnologie bewegt werden, oder sie schweben auf einem Luftkissen, das von den Kapseln ausgeblasen wird; die Ingenieure haben verschiedene Ansichten dazu, was am besten funktioniert. Auch die Vorwärtsbewegung ist noch Gegenstand konkurrierender Entwürfe. Ist ein elektrischer Ventilatormotor am besten, oder sollte sowohl für das Schweben als auch den Vortrieb Magnetschwebebahntechnik verwendet werden?

Theoretisch könnte eine Hyperloop-Kapsel ohne Rollwiderstand und mit minimalem Luftwiderstand mit rund 1.200 km/h durch die Röhre jagen und dabei weniger Energie pro Kilometer verbrauchen als jede andere Art der mechanischen Fortbewegung. Dank der Abwesenheit der Reibung treibt der Hyperloop nach dem ersten Anstoß mit minimalem Tempoverlust durch die Röhre und benötigt unterwegs nur hin und wieder neuen Schwung.

WANN KÖNNEN WIR MIT DEM HYPERLOOP RECHNEN?

Wie bei jeder neuen Technologie muss auch der Hyperloop Herausforderungen überwinden, sowohl bekannte als auch unbekannte. Die Kosten für den Hyperloop sind nicht sicher, aber Schätzungen gehen von unglaublichen 60 Millionen Euro pro Kilometer aus. Auch müssen Sicherheitsaspekte geklärt werden. Jeglicher Bruch

Hyperloops könnten mit erneuerbarer Energie betrieben werden.

der Vakuumröhre wäre für die Hyperloop-Passagiere verheerend, und wie würden Fahrgäste die versiegelte Röhre im Notfall verlassen können?

Was wir mit Sicherheit wissen, ist, dass talentierte Ingenieure auf der ganzen Welt daran arbeiten, uns den Hyperloop in einer alltagstauglichen Form zu liefern.

SOLLTEN INGENIEURE RISIKEN EINGEHEN?

Neue Konzepte können Angst machen, und sie führen oft zu ablehnenden Reaktionen. Der Hyperloop hat viele Kritiker, aber das hatten Luftfahrt, Raumfahrt und sogar Dampfzüge auch. Es ist durchaus denkbar, dass das erste Rad von so manch einem mit Argwohn beäugt wurde.

Würden Ingenieure keine Risiken wagen, würden wir möglichweise noch immer in Höhlen leben. Nicht jede Erfindung hat Erfolg, aber jeder gescheiterte Prototyp liefert Erkenntnisse, auf denen zukünftige Fortschritte aufbauen können.

Das Konzept einer Hyperloop-Kapsel, die auf Druckluftstrahlen schwebt.

BAUE EIN LEGO-HYPERLOOP

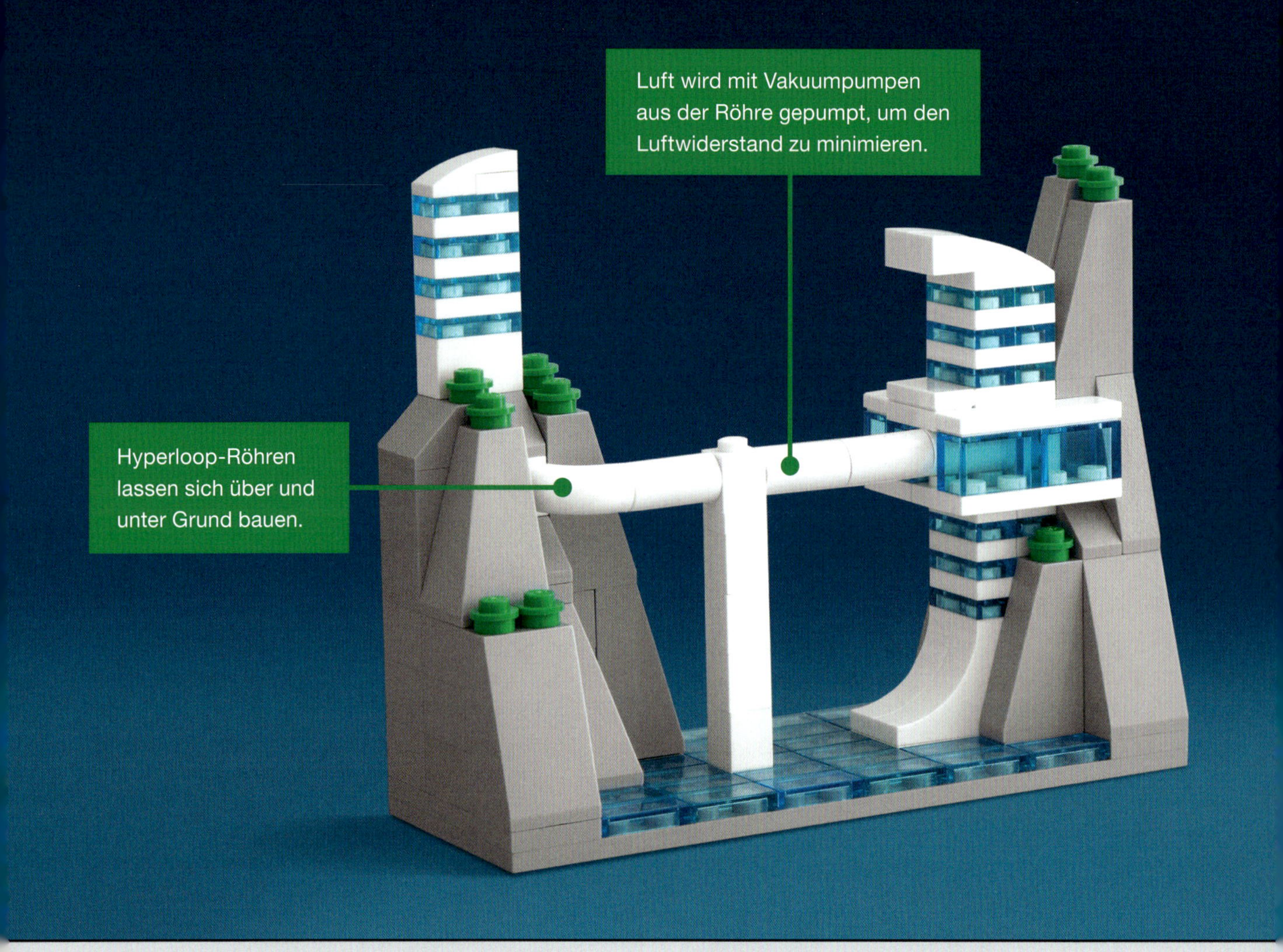

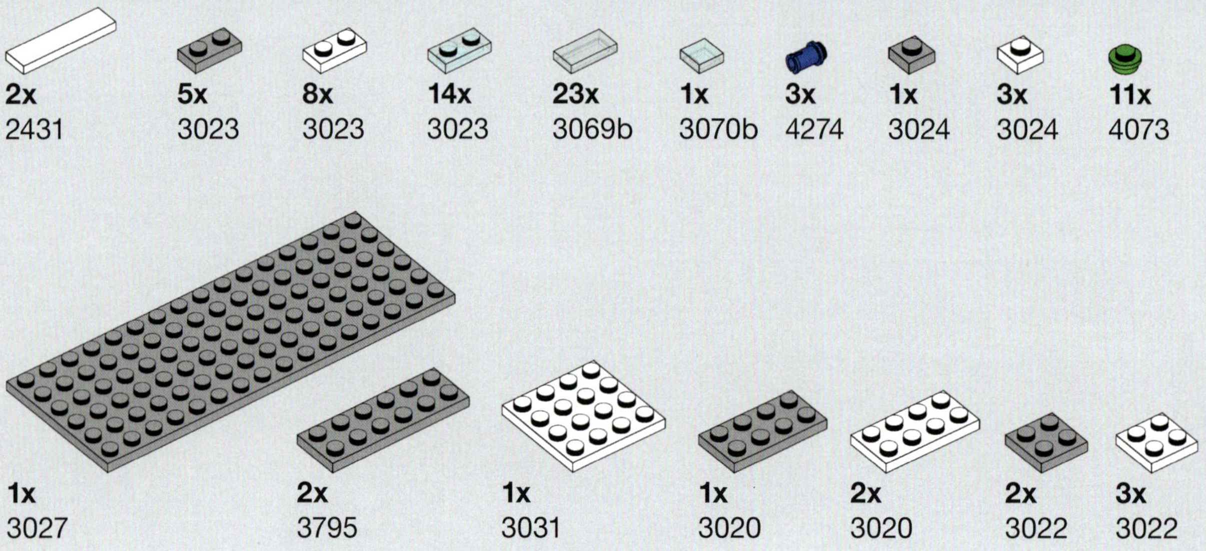

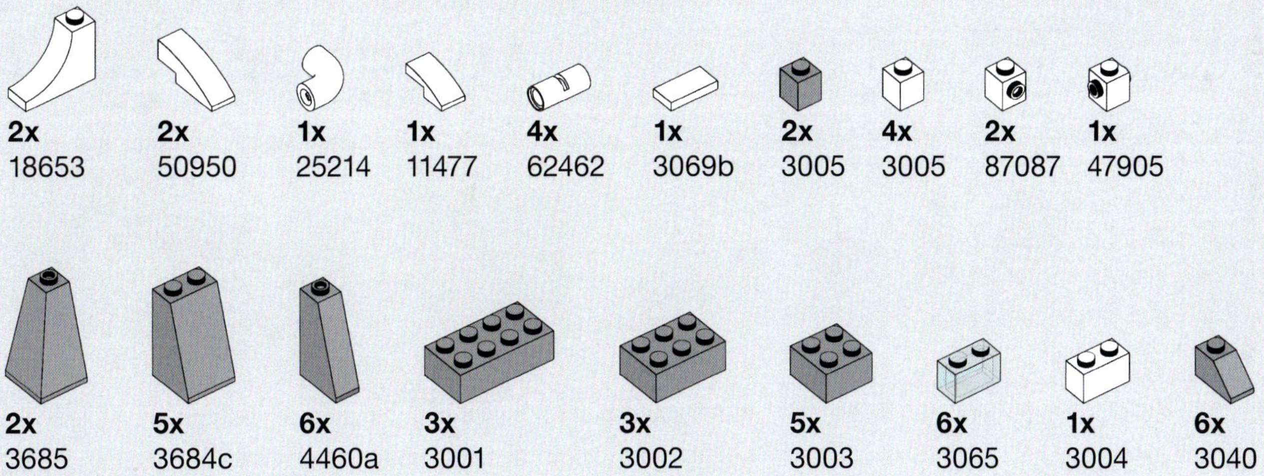
2x 18653
2x 50950
1x 25214
1x 11477
4x 62462
1x 3069b
2x 3005
4x 3005
2x 87087
1x 47905
2x 3685
5x 3684c
6x 4460a
3x 3001
3x 3002
5x 3003
6x 3065
1x 3004
6x 3040

1

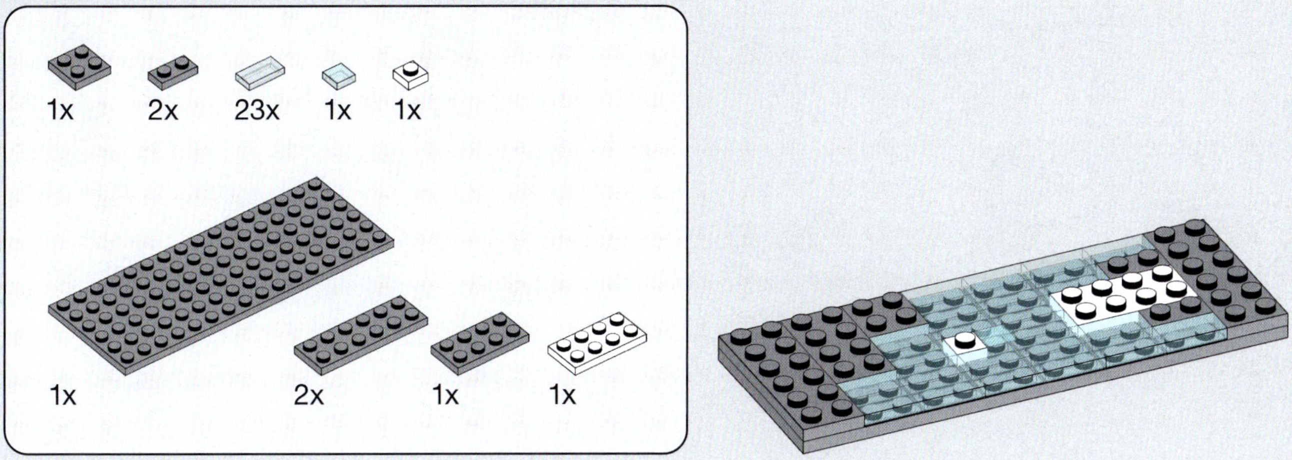
1x
2x
23x
1x
1x
1x
2x
1x
1x

2

1x
3x
3x
3x

3

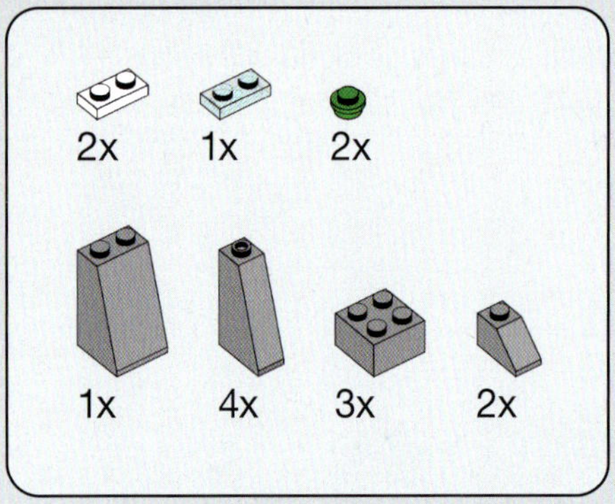

4

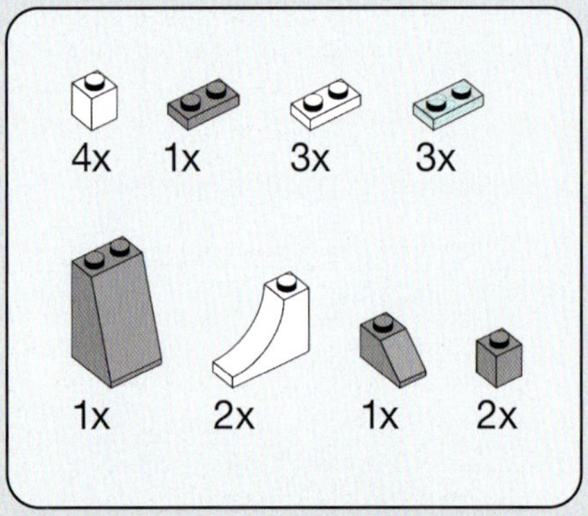

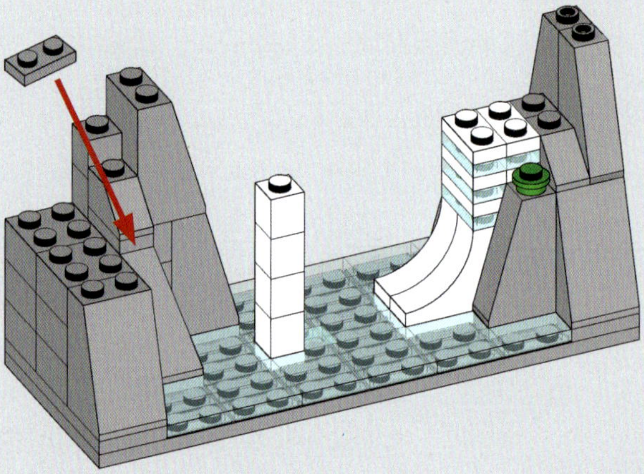

5

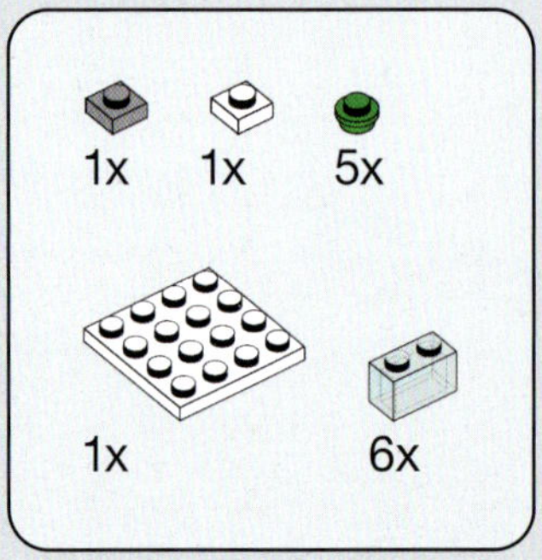

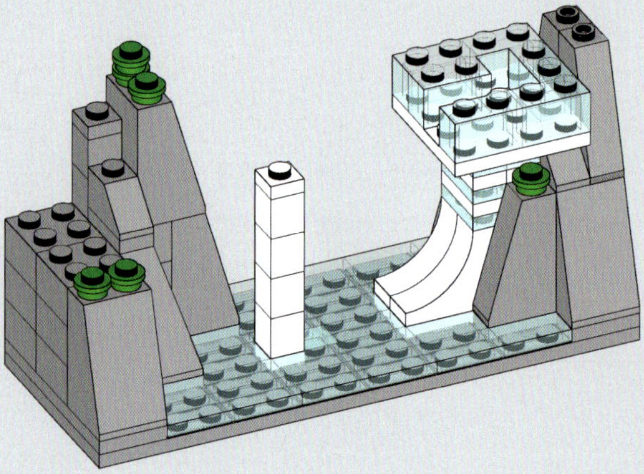

6

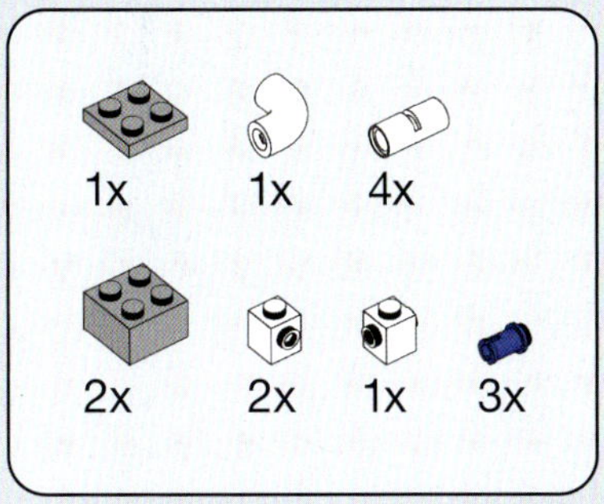

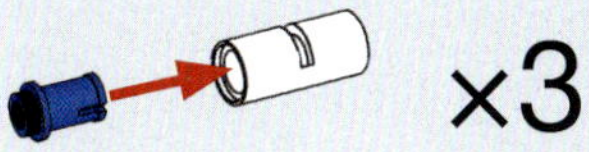

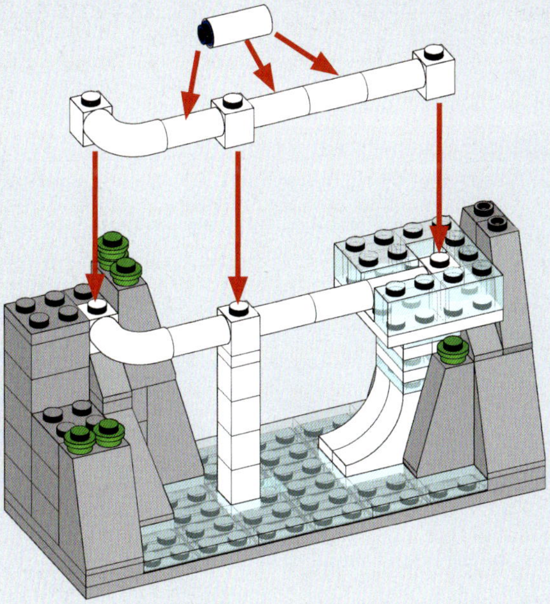

7

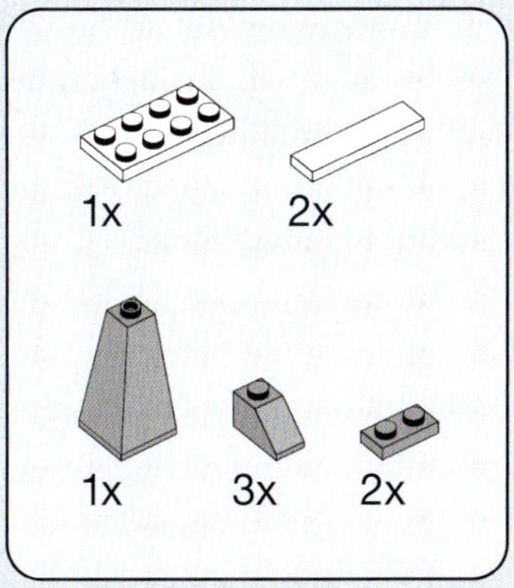

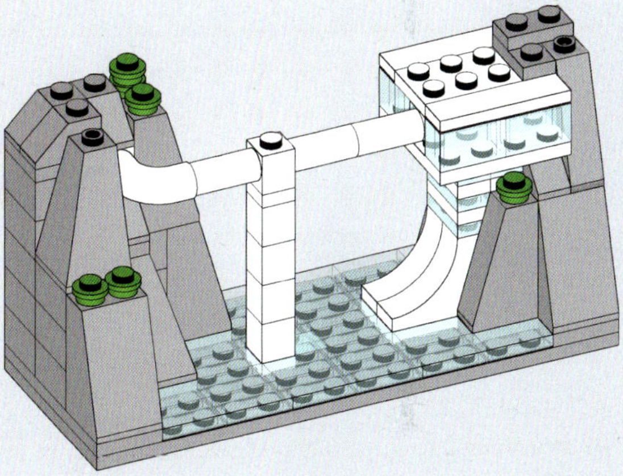

8

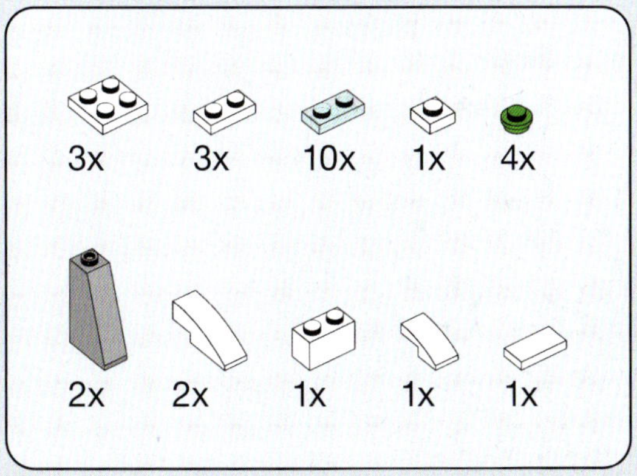

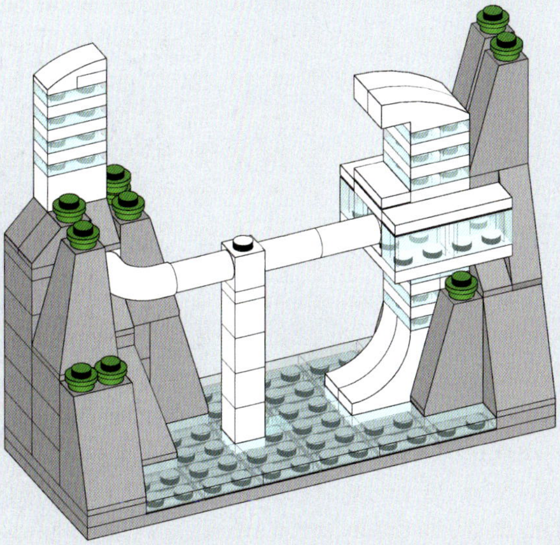

DINGE, DIE SCHWIMMEN

Die Erdoberfläche besteht zu 70 Prozent aus Wasser. Das ist eine riesige Fläche, die es zu erkunden gilt, und schwimmend kommst du nicht sehr weit. Die einzigartigen Eigenschaften und der anhaltende Reiz des Wassers haben Ingenieure inspiriert, Wasserfahrzeuge so vielseitig wie die Oberfläche der Ozeane zu erfinden.

Das erste Wasserfahrzeug war wahrscheinlich ein treibender Baumstamm, der vor rund 8.000 Jahren zum ausgehöhlten Kanu verfeinert wurde. Segelschiffe aus Holz waren die Saturn-V-Raketen ihrer Zeit: kunstvoll ausgeführte Gefährte, die sich zum Erkunden unbekannter Gefilde aufmachten. Heute sind die Meere Heimat der größten Fahrzeuge, die die Erde je gesehen hat, von luxuriösen Kreuzfahrtschiffen bis hin zu nützlichen Containerschiffen.

KREUZFAHRTSCHIFF

Die *Symphony of the Seas* verlässt Miami mit 9.000 Passagieren und Besatzungsmitgliedern.

Moderne Kreuzfahrtschiffe sind riesige technische Projekte. Mit 228.081 Bruttoregistertonnen ist die *Symphony of the Seas*, das größte Kreuzfahrtschiff der Welt, eine schwimmende Stadt mit 9.000 Menschen mit verschiedenen Wohnquartieren. Ob du es glaubst oder nicht: Die Bruttoregistertonnen sind ein Maß für das Volumen des Schiffs, nicht dessen Gewicht. Tatsächlich liegt im Volumen der Schlüssel, warum diese kolossalen Stahlkonstruktionen nicht sinken wie Steine.

WARUM KÖNNEN RIESIGE STAHLSCHIFFE SCHWIMMEN?

Alles, was weniger Dichte hat als Wasser, schwimmt. Wenn also Schiffsingenieure ein Fahrzeug einer bestimmten Größe entwerfen, dann müssen sie darauf achten, dass deren durchschnittliche Dichte geringer ist als jene von Wasser. Für sich allein genommen, ist der Stahl, aus dem ein Kreuzfahrtschiff besteht, dichter als Wasser – werfe eine massive Stahlkugel in den Ozean, und sie wird schnell sinken. Der Schlüssel zum Schwimmen ist, dass der Stahl so geformt ist, dass er ein Luftvolumen enthält.

Eine Einheit Stahl plus acht gleiche Einheiten Luft haben ein durchschnittliches spezifisches Gewicht von 881,1 kg pro Kubikmeter, was leichter ist als Wasser und daher schwimmt.

Stahl ist achtmal dichter als Wasser, aber die Dichte von Luft ist kolossale 830-mal geringer als jene von Wasser. Das Luftvolumen eines Schiffs verringert seine durchschnittliche Dichte, wiegt damit seine Stahlstruktur und alles, was es trägt – egal ob Ladung, Maschinenkomponenten oder Sänger in der Lounge –, auf.

WAS IST VERDRÄNGUNG?

Ingenieure verwenden beim Entwurf von Schiffen eine Maßeinheit namens *Verdrängung*. Das ist die Wassermenge, die aus dem Weg geschafft werden muss, wenn ein Schiff darin platziert wird, so wie das Badewasser ansteigt, wenn du in die Wanne steigst. Ein Schiff, das mehr wiegt als das Wasser, das es verdrängt, hat eine zu hohe Dichte und sinkt.

KÖNNEN KREUZFAHRTSCHIFFE KENTERN?

Ingenieure entwerfen Schiffe so, dass deren schwerste Teile – die Maschine, Treibstofftanks, Wasservorräte und Ballasttanks – unter dem Wasserspiegel sind, während die obersten Decks relativ leichte, luftgefüllte Räume enthalten, wie Passagierkabinen. Das tief angesiedelte, schwere Gewicht gleicht den Winddruck weiter oben aus, was das Schiff aufrecht hält.

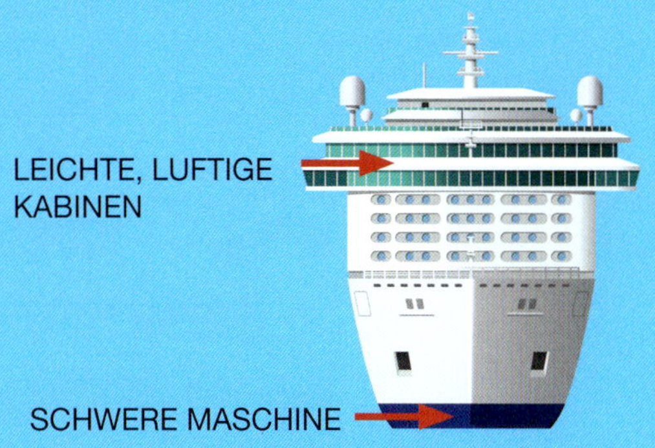

Über 300 Kreuzfahrtschiffe pflügen durch die Weltmeere.

BAUE EIN LEGO-KREUZFAHRT-SCHIFF

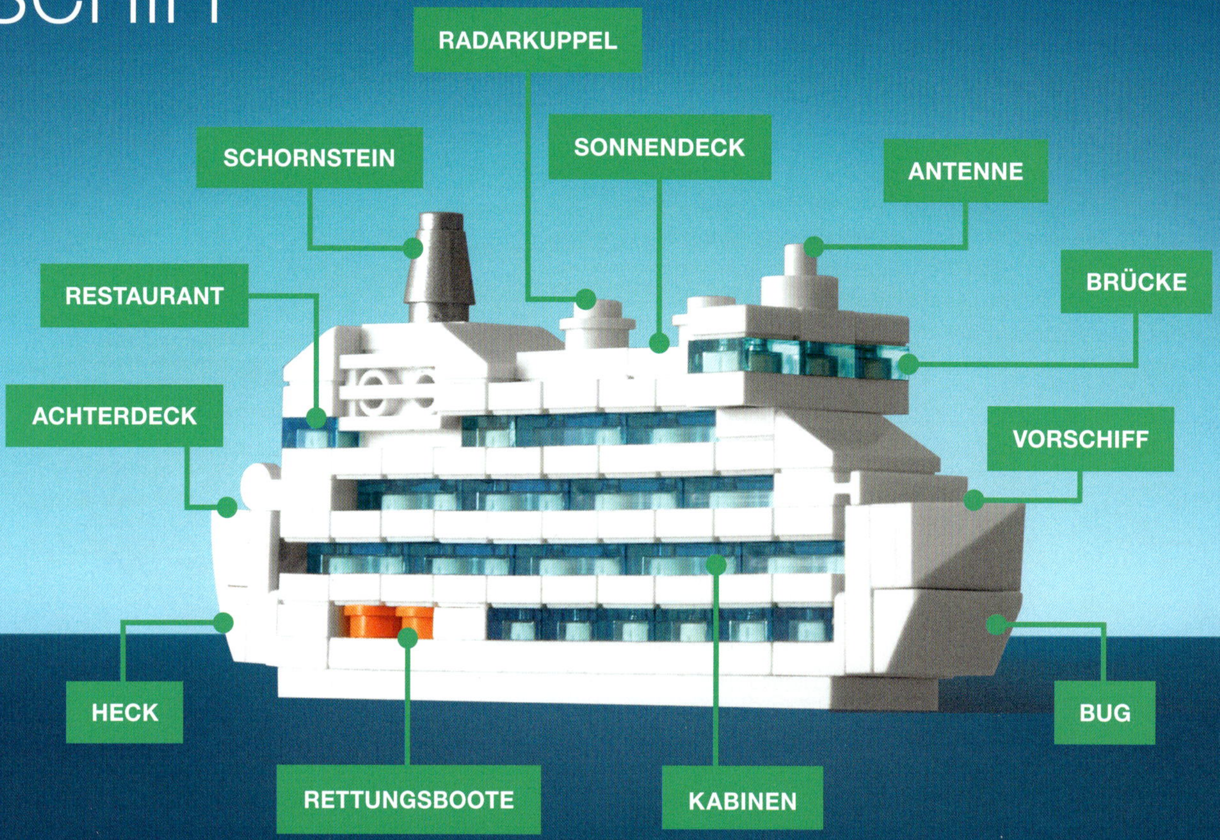

ANTENNE
Telekommunikationssender und -empfänger

BUG
Vorderes Ende des Schiffs

BRÜCKE
Kommandozentrale des Schiffs, wo der Kapitän das Schiff steuert

KABINEN
Passagierunterkünfte

VORSCHIFF
Offenes Deck vorn auf dem Schiff

SCHORNSTEIN
Filtert und stößt die Motorabgase aus

RETTUNGSBOOTE
Boote zum Evakuieren des Schiffs im Notfall

ACHTERDECK
Offenes Deck hinten auf dem Schiff

RADARKUPPEL
Radar, das bei schlechter Sicht den Seeverkehr und Hindernisse erfasst

RESTAURANT
Speise- und Getränkeservice mit Aussicht

HECK
Hinteres Ende des Schiffs

SONNENDECK
Offener Sonnenbad- und Sightseeing-Bereich

Achte darauf, dass du bei diesem Schiffbau-Abenteuer die Jumper-Platte 15573 verwendest. Du kannst sie mit einem Blick auf die Unterseite prüfen:

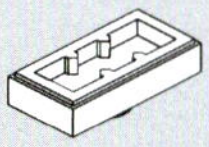

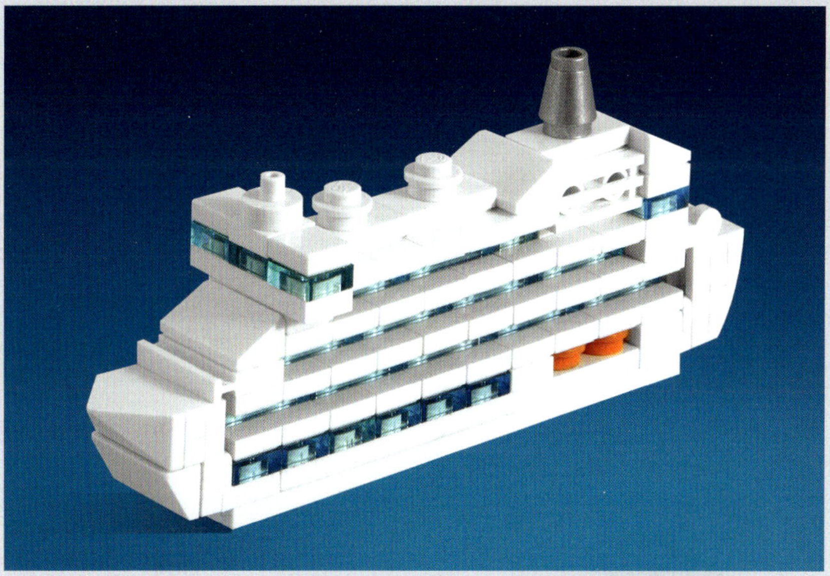

1x 20482 **4x** 4073 **2x** 4073

1x 3024 **4x** 3024 **2x** 3070b

1x 52107 **1x** 15571 **4x** 85984 **2x** 11477 **1x** 4589b **2x** 2412b **37x** 15573 **6x** 3023 **18x** 3023

1x 3832 **1x** 3034 **2x** 3022 **1x** 3623 **1x** 48336 **1x** 32028 **2x** 99780

1

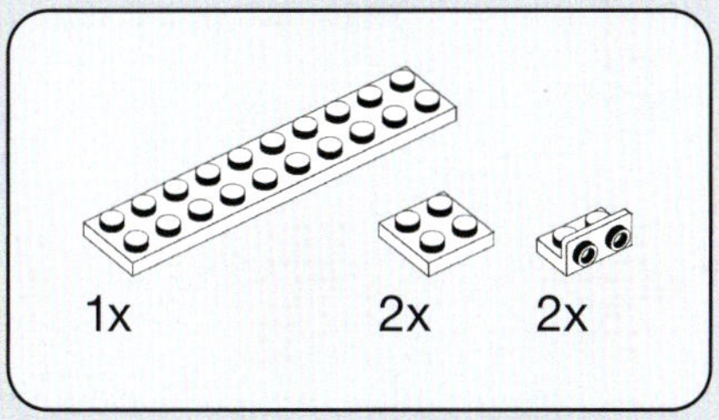

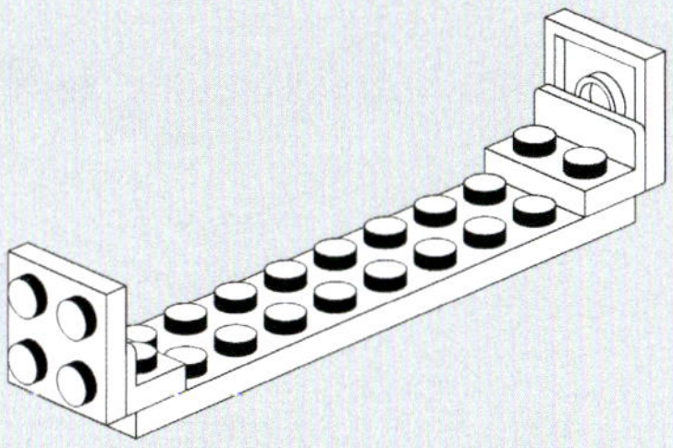

2

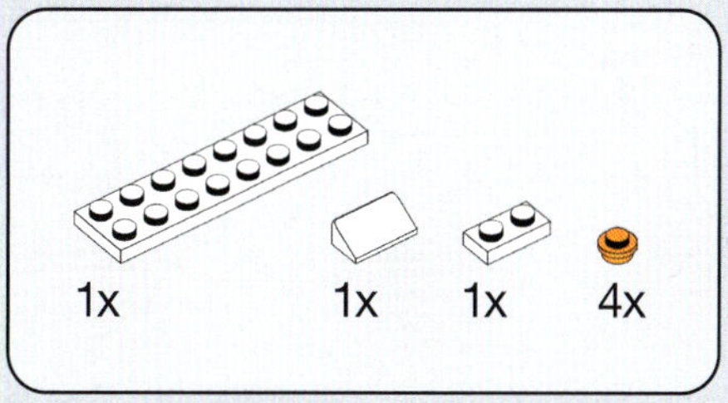

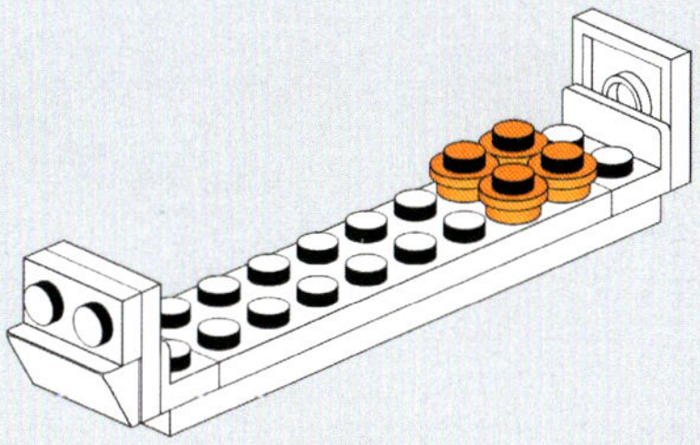

3

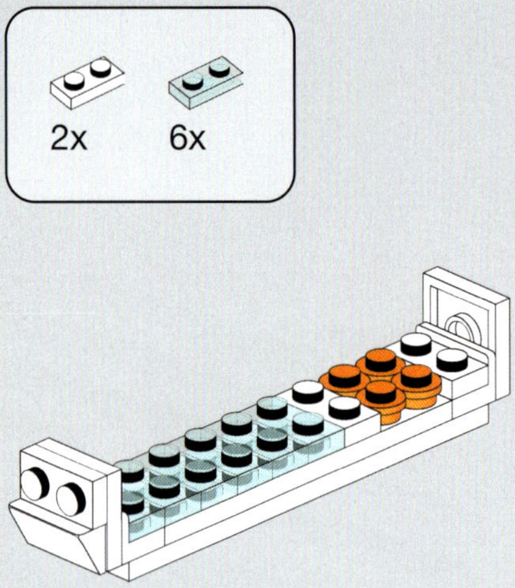

4

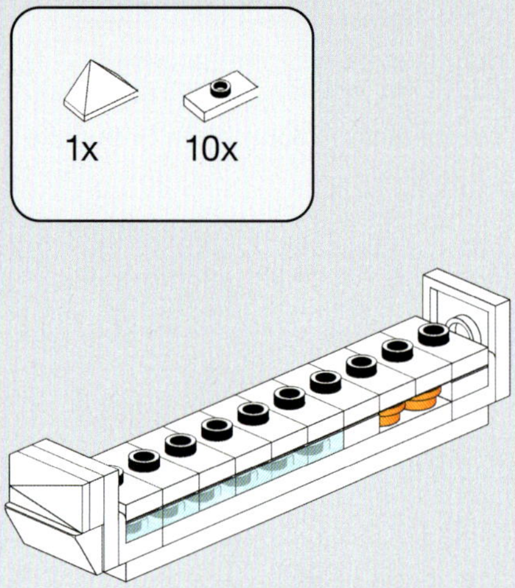

5

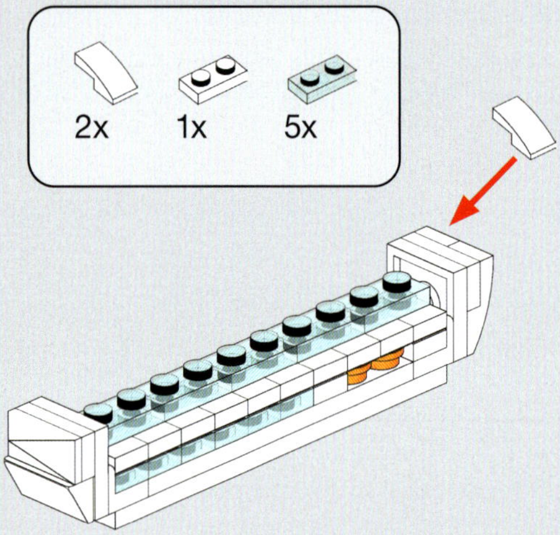

6

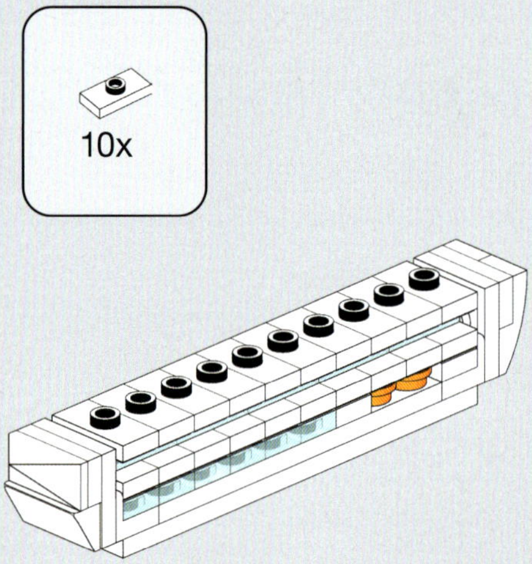

7

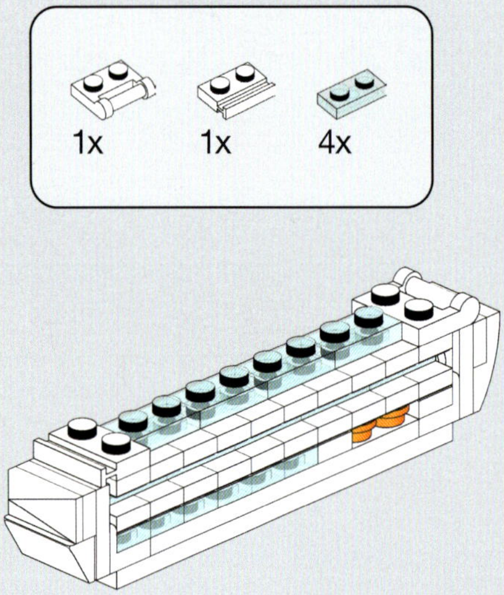

8

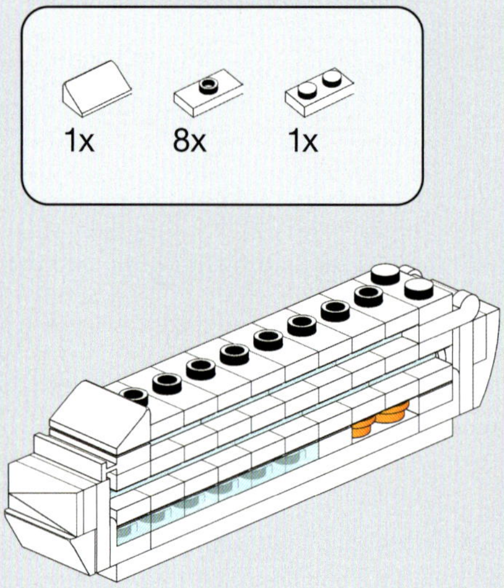

9

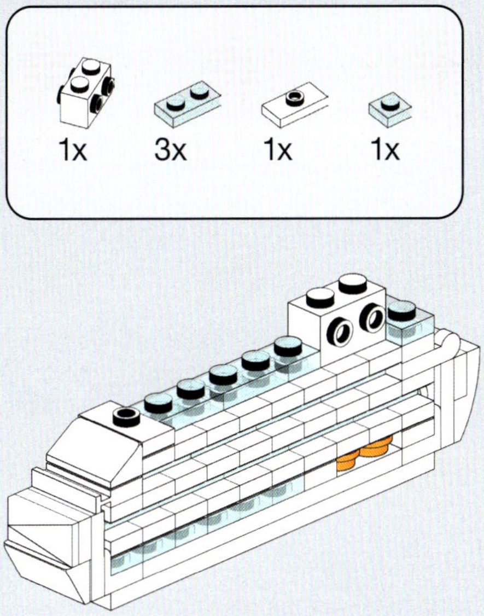

10

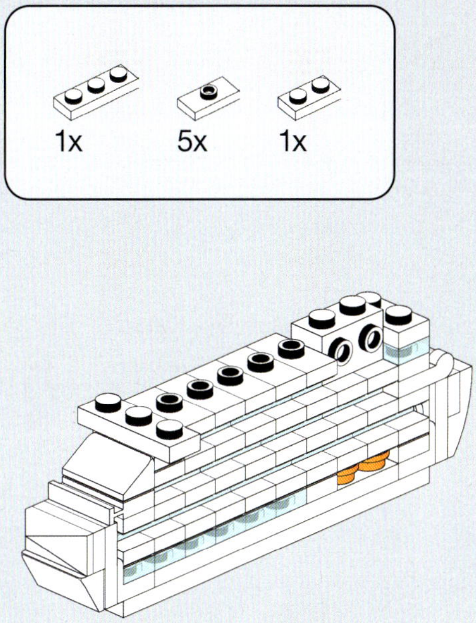

11

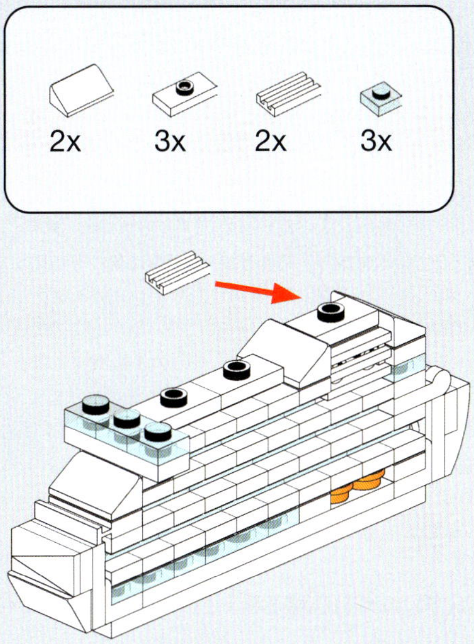

12

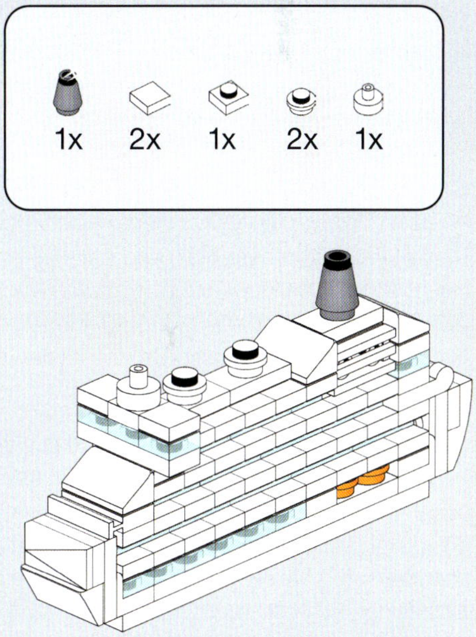

FARBKLEID DES SCHIFFS

Das Farbkleid eines Kreuzfahrtschiffs besteht aus dem Logo und der Lackierung. Du kannst dein LEGO-Kreuzfahrtschiff anpassen, indem du den silbernen Kegel in Schritt 12 durch einen anderen 1x1-Kegel oder einen runden 1x1-Stein ersetzt. Beide sind in vielen Farben verfügbar.

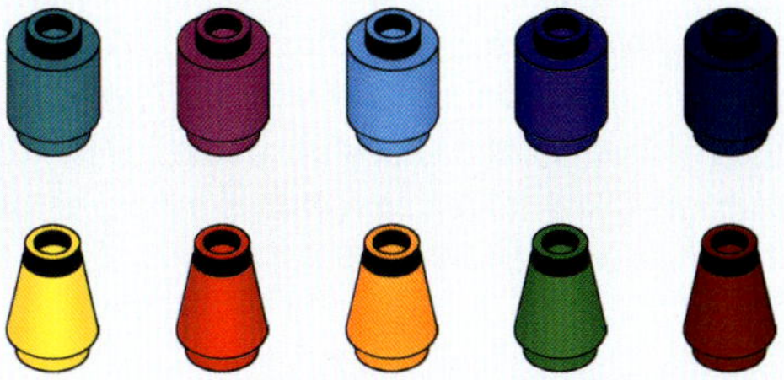

CONTAINERSCHIFF

Vielfarbige Container erinnern an eine gut organisierte LEGO-Sammlung.

Rund 70 Prozent der Güter dieser Welt werden auf Containerschiffen befördert, und dank einer steigenden Nachfrage nach Gütern steigt auch die Nachfrage nach Containerschiffen. Die Schiffe selbst legen ebenfalls an Größe zu; es gibt jetzt über 100 Containerschiffe, die länger sind als der Eiffelturm hoch ist.

Die Maschinen dieser riesigen Schiffe schlürfen rund 7.600 Liter Treibstoff pro Stunde. Das bedeutet, dass selbst eine Kraftstoffeinsparung von einem Prozent eine riesige Auswirkung auf Betriebskosten und Kohlendioxidausstoß hat. Vor diesem Hintergrund studieren Schiffsingenieure Hydrodynamik, um dafür zu sorgen, dass Schiffe mit dem geringstmöglichen Widerstand durch das Wasser fahren.

WAS IST HYDRODYNAMIK?

Hydrodynamik ist ein Zweig der Physik, in dem die Bewegung von Flüssigkeiten sowie die Auswirkung von in ihnen eingetauchten Objekten studiert wird. Schiffsingenieure konzentrieren sich insbesondere darauf, wie Schiffe durch das Wasser fahren.

Bis Mitte des 20. Jahrhunderts wurden Schiffe mit V-förmigen Rümpfen entwickelt, nicht viel anders als antike Kanus. Traditionelle V-förmige Rümpfe erzeugen eine Druckwelle, Bugwelle genannt, die sich am Bug des Schiffs bildet, wenn es an Tempo zulegt. Die Bugwelle erzeugt mehr Wasserdruck, durch den das Schiff hindurch muss, wodurch der Widerstand auf den Rumpf steigt. Hydrodynamische Experimente zur Eliminierung der Bugwelle führten zum Wulstbug, der heute ein unverzichtbares Merkmal großer Schiffe ist.

WIE FUNKTIONIERT EIN WULSTBUG?

Ein Wulstbug ist ein rundlicher Vorsprung, der sich vor dem Bug eines Schiffs erstreckt. Während er sich normalerweise unter dem Wasserspiegel befindet, wird er sichtbar, wenn ein unbeladenes Schiff hoch im Wasser schwimmt. Der Wulstbug glättet den Strom des Wassers rund um das Schiff. Er erzeugt eine Welle, die genau das Gegenstück zur Bugwelle ist, und die beiden Wellen heben sich gegenseitig auf. Dieser reduzierte Widerstand führt zu einer Kraftstoffeinsparung von 15 Prozent.

Traditionelle V-förmige Rümpfe erzeugen eine Bugwelle, wenn ein Schiff unterwegs ist. Das Durchpflügen der Bugwelle erfordert etwa 15 Prozent der Maschinenleistung eines Schiffs.

Ein Wulstbug ändert die Strömung des Wassers um den Rumpf und gleicht die Bugwelle aus. Das Schiff gleitet jetzt wie ein olympischer Taucher durchs Wasser und macht keine Welle wie bei einem Bauchklatscher vom 10-Meter-Brett.

Der Wulstbug verringert in großem Maße Bugwellen bei großen Schiffen.

BAUE EIN LEGO-CONTAINERSCHIFF

BRÜCKENNOCK
Eine Brückennock erstreckt sich an Backbord (links) und Steuerbord (rechts) für eine uneingeschränkte Sicht über den Rumpf des Schiffs hinaus.

LADEGESCHIRR
Containerschiffe, die mit ihrem eigenen Ladegeschirr ausgestattet sind, nennt man »Geared«. »Geared«-Schiffe sind bei den Routen flexibler – sie können Häfen anlaufen, die keine eigenen Kräne haben – sie sind aber teurer bei Bau und Instandhaltung.

CONTAINER
Die Ladekapazität eines Containerschiffs wird in 20-Fuß-Einheiten (oder TEU) gemessen. Die meisten Container haben die doppelte Länge, sind 40 Fuß lang (12,19 Meter). Ein 40-Fuß-Container kann rund 12.000 Schuhkartons aufnehmen.

WULSTBUG
Der Wulstbug hebt Bugwellen auf und senkt den Treibstoffverbrauch um 15 Prozent.

9x	12x	11x	10x	12x	3x	3x	3x	3x	5x	4x
3024	3024	3024	3024	3024	3024	3070b	3070b	3070b	3070b	3070b

1x	1x	1x	1x	1x	3x	1x	1x	1x	1x
87994	15571	99781	99780	11476	15573	15573	3069b	48729b	85861

1x	2x	1x	1x	2x	1x	2x	1x	2x
3832	3795	3021	3176	3022	3623	3023	3024	3070b

1

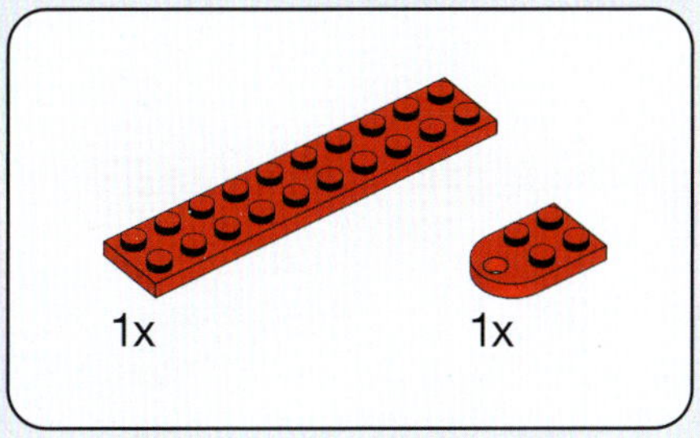

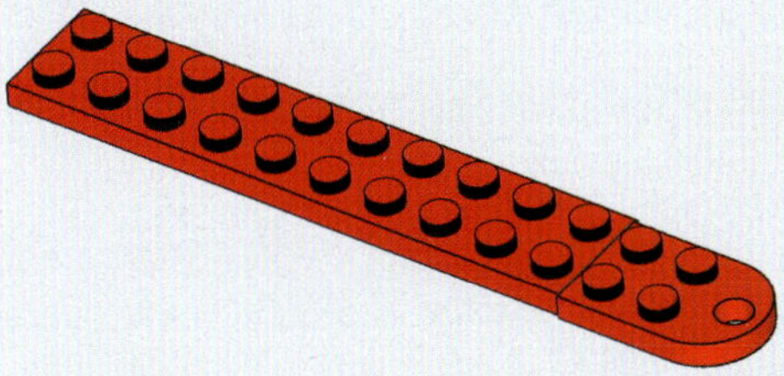

2

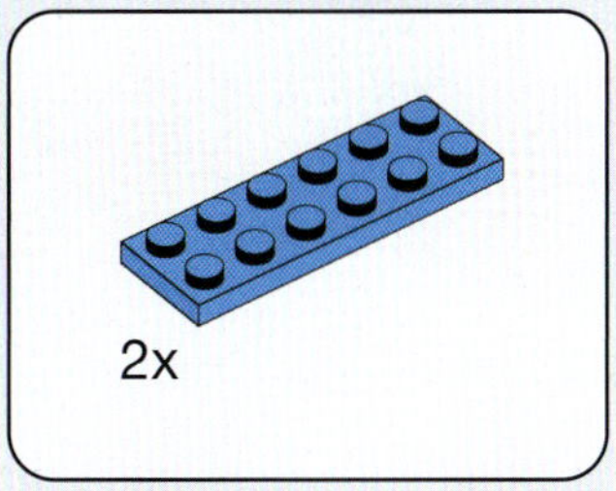

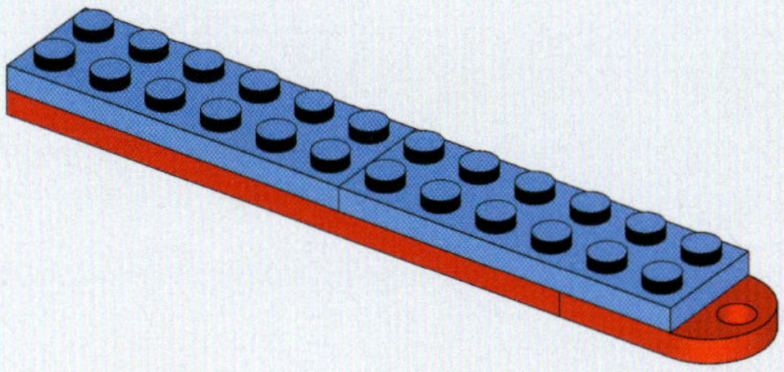

3

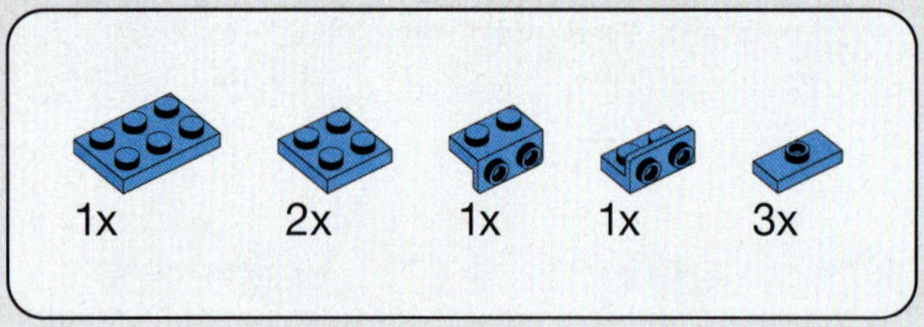
1x
2x
1x
1x
3x

4

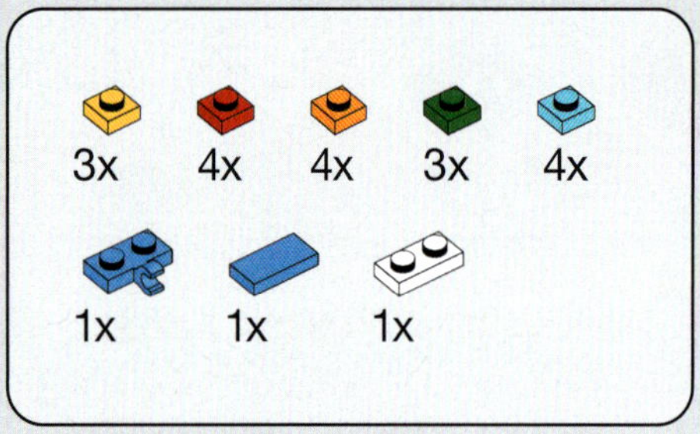
3x
4x
4x
3x
4x
1x
1x
1x

5

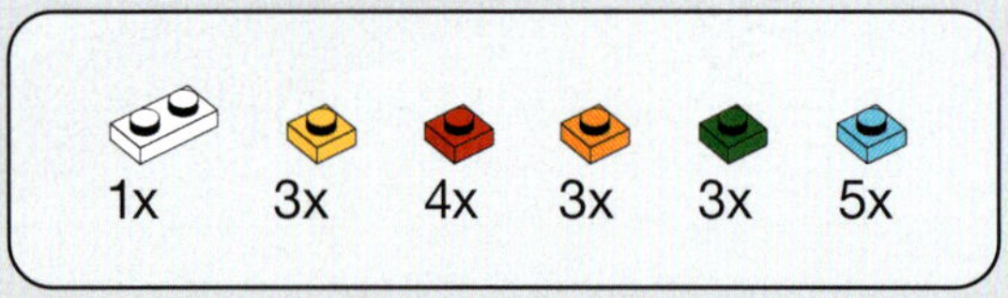
1x
3x
4x
3x
3x
5x

6

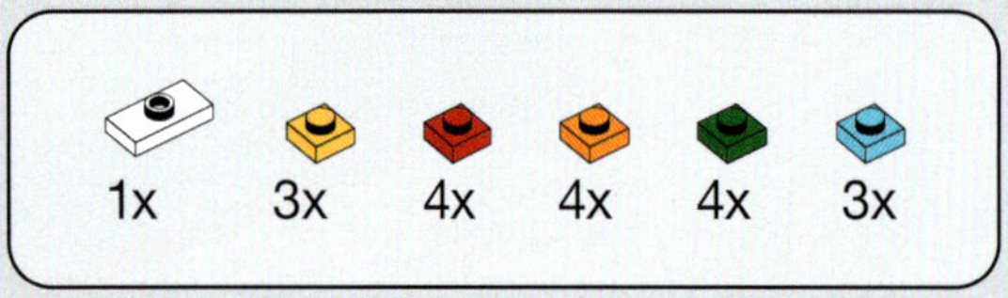
1x
3x
4x
4x
4x
3x

7

8

9

EIN REGENBOGEN AUS SCHIFFSCONTAINERN

Schiffscontainer sind in einer großen Vielfalt an Farben lackiert. Verwende 1x1-Platten oder 1x1-Fliesen jeder beliebigen Farbe, um die Schiffscontainer in diesem Modell darzustellen.

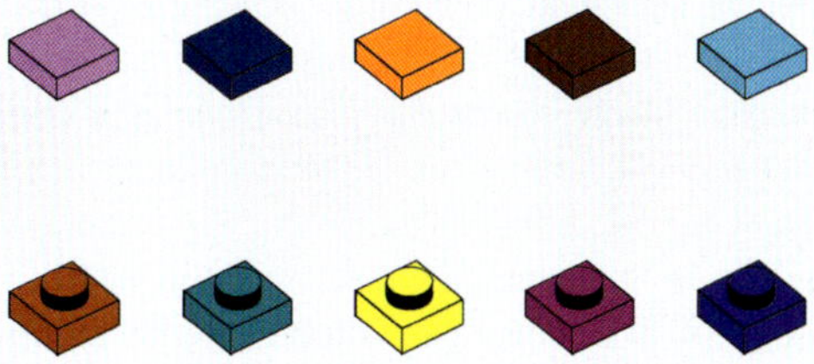

TITANIC

Eine Illustration der Jungfernfahrt der *Titanic.*

Selbstüberschätzung im technischen Bereich kann katastrophale Folgen haben. Die Geschichte zeigt, dass wir nie wirklich auf dem Höhepunkt der menschlichen Entwicklung leben. Daher ist es logisch, die vermeintliche Perfektion eines jeden Entwurfs infrage zu stellen. Sehr wahrscheinlich gibt es Möglichkeiten für eine Verbesserung.

UNSINKBARE TECHNIK?

1912 war die *Titanic* das größte Schiff, das je gebaut worden war. Die *Titanic* war mehr als nur ein Transportmittel – sie wurde als Höhepunkt menschlicher Errungenschaften betrachtet, auf einer Stufe mit den Pyramiden und dem Eiffelturm.

White Star Lines pries die *Titanic* als unsinkbares Schiff an, und die Versuchung war groß, daran zu glauben, dass die neueste Schiffbautechnik natürlichen Kräften die Stirn bieten würde. Die *Titanic* verfügte über 16 wasserdichte Abteile, die jeweils mit Elektromotoren versiegelt werden konnten. Sollte der Rumpf einbrechen, würde Wasser im überfluteten Abteil eingeschlossen, während Luft in den übrigen Abteilen das Schiff über Wasser halten würde. Wie konnte diese Auslegung versagen?

The Shipbuilder (englische Zeitschrift) hatte sich die moderne technische Ausführung der *Titanic* angesehen und stimmte zu, dass dieses Schiff nie sinken könnte. Der Mythos der Unsinkbarkeit der *Titanic* wuchs.

WAS GESCHAH IN DER VERHÄNGNISVOLLEN NACHT?

Der 15. April 1912 war die vierte Nacht der Jungfernfahrt der *Titanic* über den Atlantik. Mehr als 3.300 Passagiere und Besatzungsmitglieder dampften in die Dunkelheit. Die *Titanic* empfing im Verlauf des Abends Funkmeldungen von nahen Schiffen zu eisübersäten Gewässern, aber trotz der tückischen Bedingungen übernahm Kapitän Edward Smith nicht das Kommando auf der Brücke des Schiffs. Stattdessen blieb er im Speisesaal und genoss erstklassige Speisen und Getränke.

Die nahe *SS Californian* kam in der tückischen See zum völligen Stillstand, aber die *Titanic* pflügte mit voller Fahrt voran. In einem Moment, der nun unausweichlich scheint, traf die *Titanic* auf einen Eisberg, und der Rumpf wurde auf der Steuerbordseite aufgerissen.

WAS WAR DIE FATALE SCHWACHSTELLE DER TITANIC?

Durch die Kollision wurden die vorderen fünf wasserdichten Abteile der *Titanic* geflutet. Wie geplant, wurden die verbleibenden trockenen Abteile abgeriegelt, aber die Schiffbauer hatten nicht vorausgesehen, was als Nächstes passierte. Das Gewicht des Wassers im Bug der *Titanic* führte dazu, dass das Schiff mit der Nase in den Ozean eintauchte. Diese Bewegung offenbarte bald den tragischen Konstruktionsfehler.

Die Abteile waren tatsächlich entlang des Schiffsbodens und der Seiten wasserdicht, aber sie waren oben offen gelassen worden. Die Konstrukteure der *Titanic* konnten sich kein Szenario vorstellen, bei dem der Wasserstand so hoch sein würde, dass das Wasser über den oberen Rand von einem Abteil ins nächste schwappt. Leider ist genau das eingetreten. Das schnelle Fluten ließ den Bug der *Titanic* in immer steilerem Winkel sinken, was dazu führte, dass das Heck in die Luft aufstieg. Als dann das Heck der *Titanic* nicht mehr vom Wasser getragen wurde, brach sie in zwei Hälften. Zwei Stunden und 40 Minuten nach der Begegnung mit dem Eisberg war die *Titanic* zum Opfer der Wellen geworden.

WAS HABEN INGENIEURE VON DER TITANIC GELERNT?

Für Ingenieure ist die entscheidende Lektion der *Titanic*, ernsthaft die potenziellen Schwachstellen eines Entwurfs zu betrachten und nicht anzunehmen, dass etwas unfehlbar sei. Das Schicksal der *Titanic* war besiegelt, nachdem sie auf den Eisberg traf, aber ihr schnelles Sinken war direkt mit der Konstruktion des Schiffs verknüpft. Wären die wasserdichten Abteile von oben bis unten versiegelt gewesen, wäre das Schiff in einem langsameren Tempo gesunken, wodurch mehr Passagiere hätten überleben können. Ein guter Entwurf sieht Szenarios für den schlimmsten Fall vor, statt sie zu ignorieren.

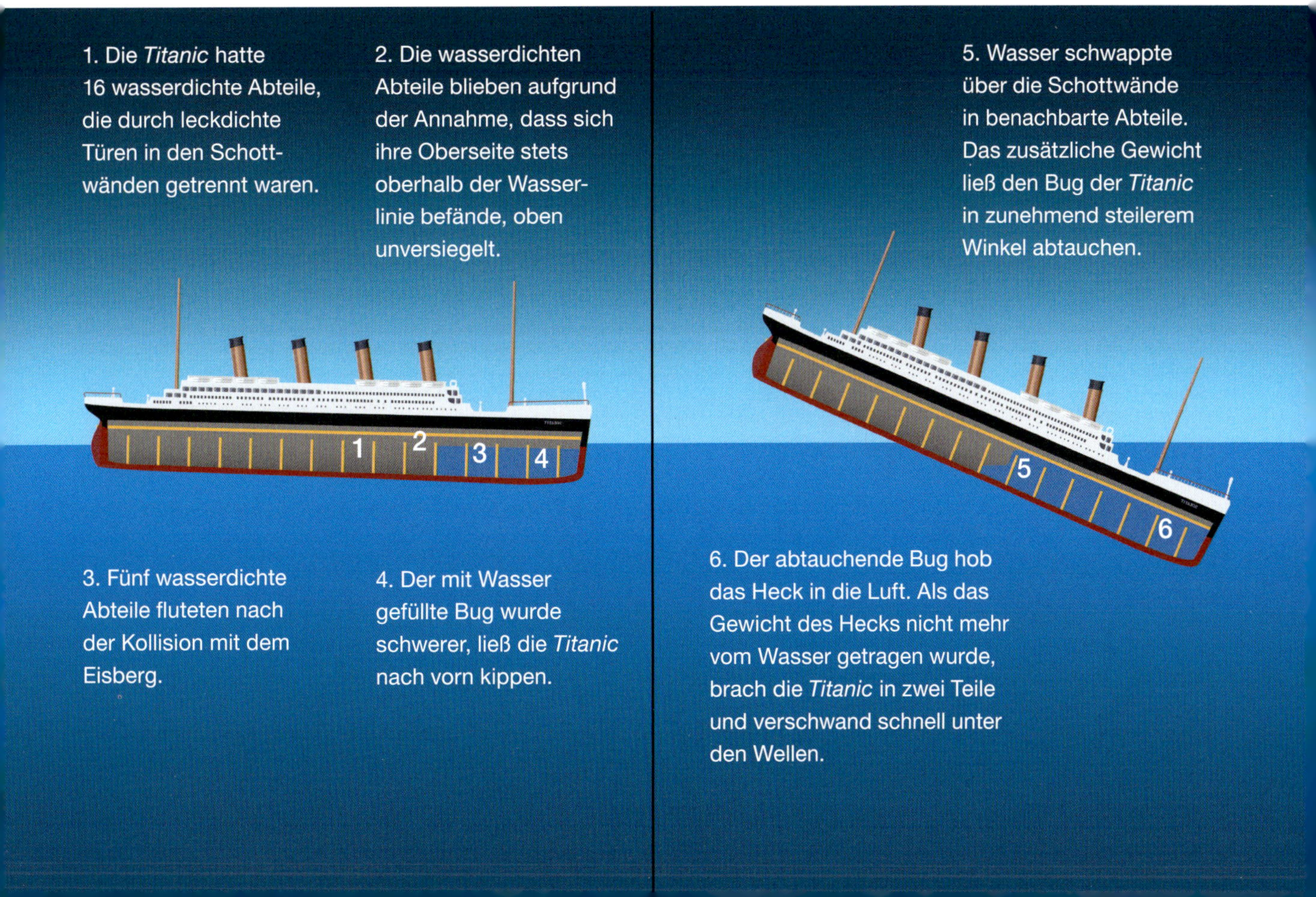

BAUE EINE LEGO-TITANIC

ANTENNE
Der Sender der *Titanic* war 1912 einer der leistungsstärksten der Welt, mit einer Sendereichweite von rund 560 Kilometern.

DEKORATIVER SCHORNSTEIN
Der hintere Schornstein der *Titanic* war ein funktionsloses Designelement.

ABMESSUNGEN
Die *Titanic* war 269 Meter lang und 31,7 Meter hoch.

RUDER
Das Ruder der *Titanic* war 23,8 Meter hoch und wog mehr als 100 Tonnen – groß genug, um einen eigenen Motor für dessen Bewegung zu erfordern.

2x 30374

2x 3023

4x 3794b

8x 2412b

2x 49668

2x 3024

2x 3070b

4x 85861

2x 61678

4x 61678

4x 52107

4x 87580

2x 11477

2x 18674

4x 3062b

2x 4477

2x 4162

2x 4162

4x 87609

1

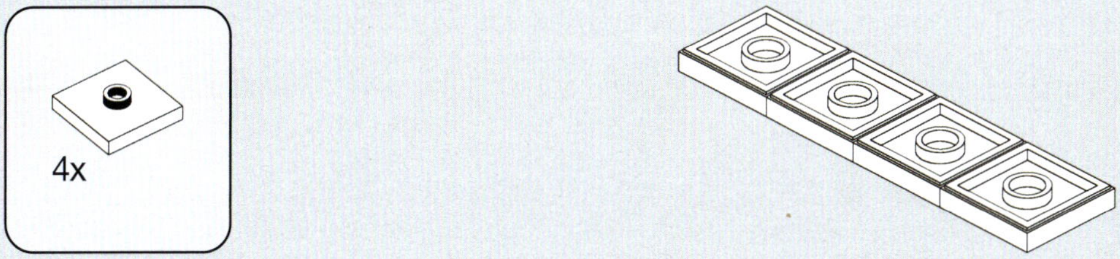

2

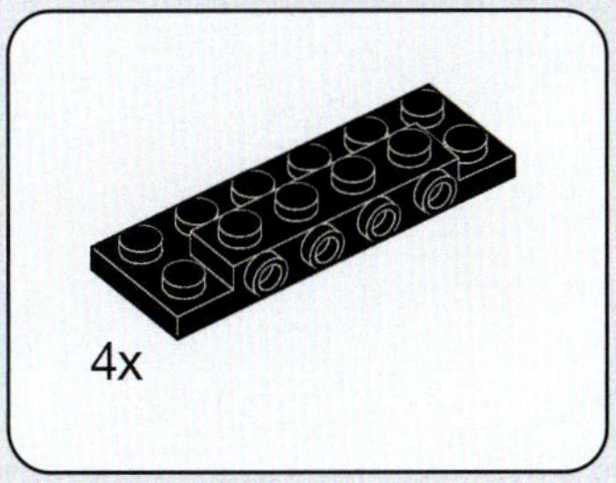

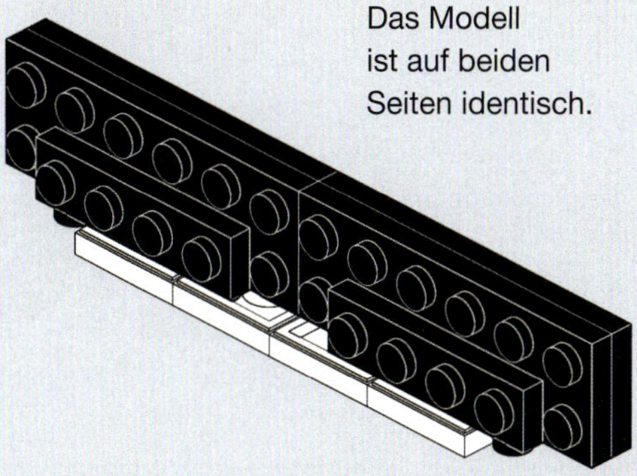

Das Modell ist auf beiden Seiten identisch.

3

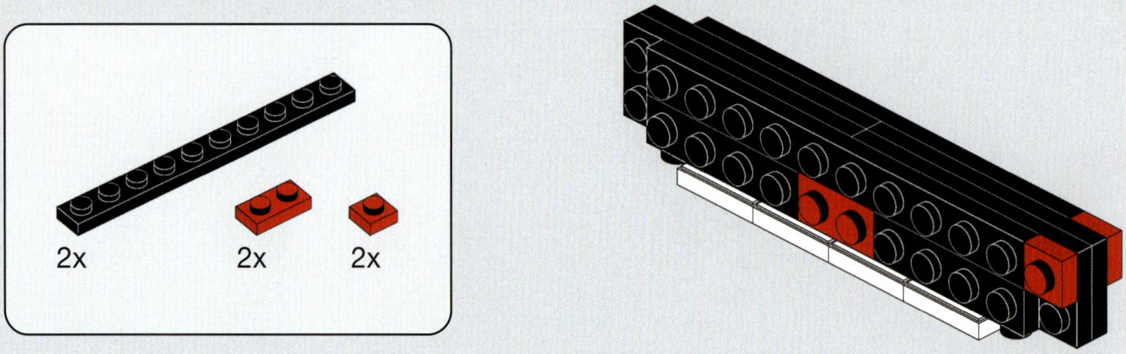

4

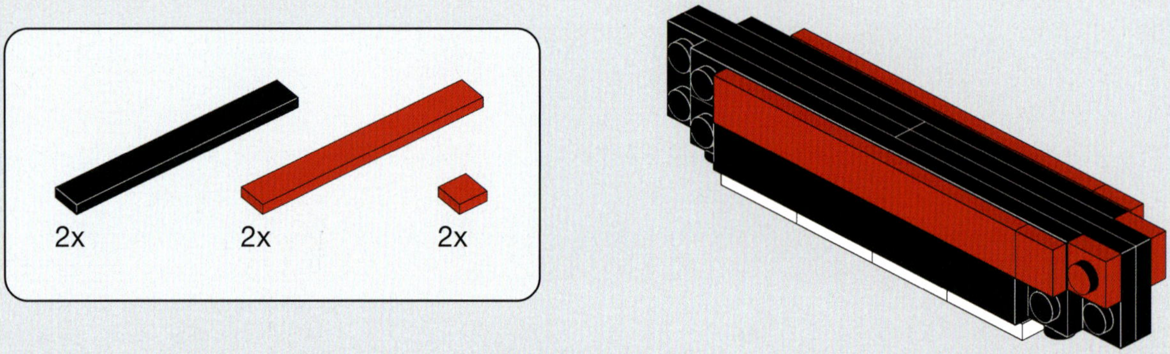

5

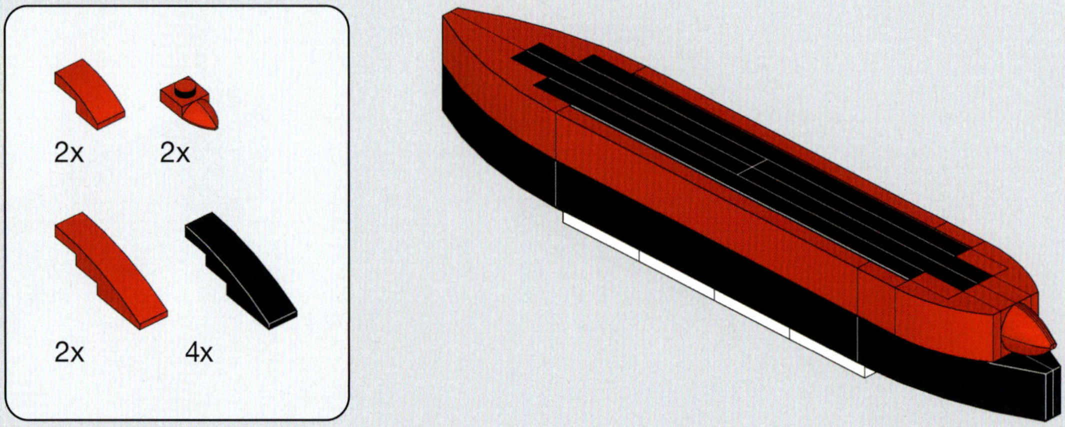

6

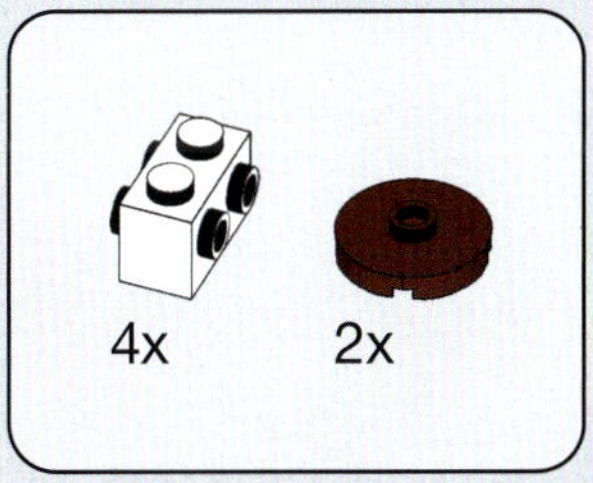

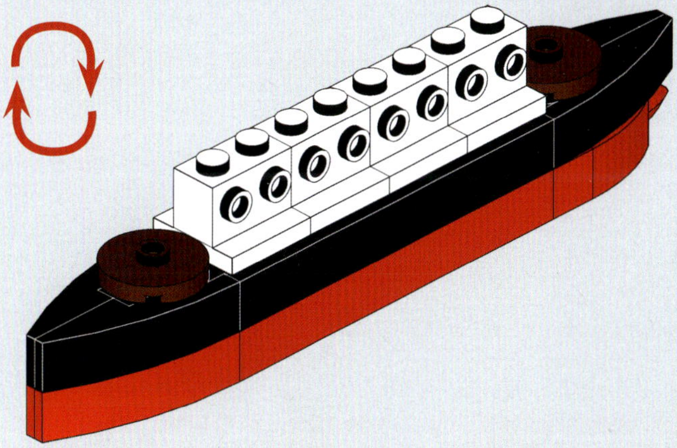

7

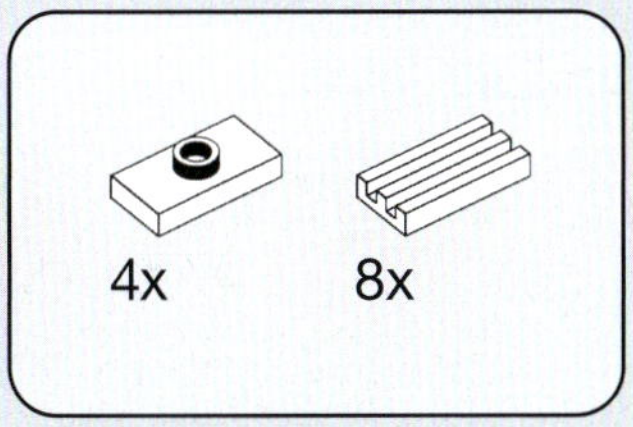

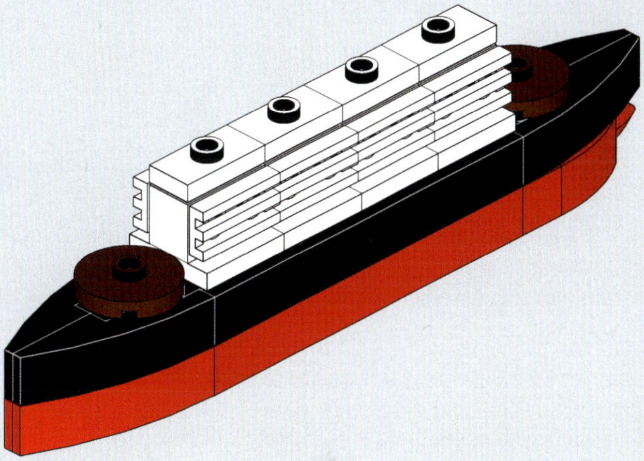

8

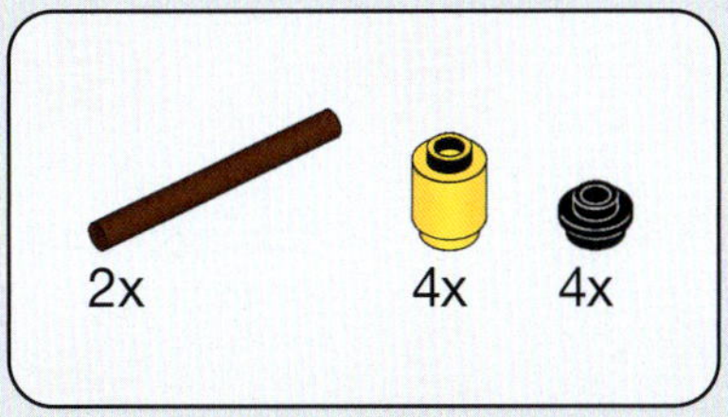

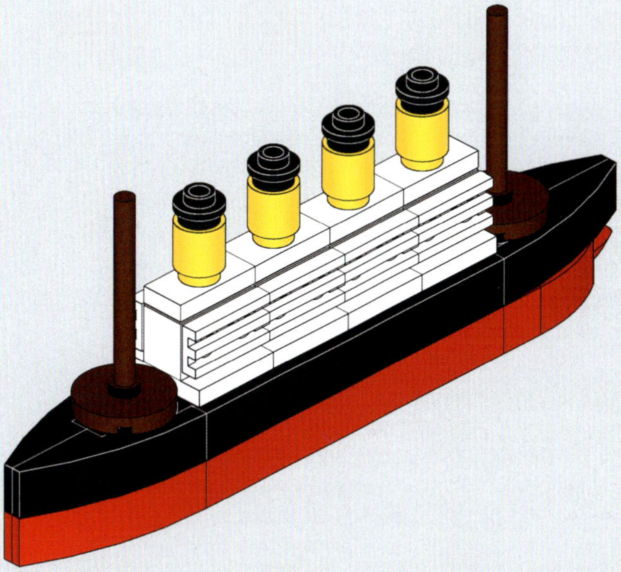

LUFTKISSENBOOT

Ein Personen-Luftkissenboot bewegt sich zwischen Wasser und Land.

Dünnes Eis, klebriger Matsch, weicher Sand und oberflächennahe Riffe sind berüchtigt, eine Falle für Fahrzeuge zu sein, die eine Überquerung wagen. Ein Fahrzeug bewältigt all diese Gefahren jedoch mit Leichtigkeit: Das Luftkissenboot vereint mehrere bemerkenswerte Erfindungen in einer das Gelände erobernden Maschine.

WARUM KANN FLEXIBILITÄT IN DER TECHNIK VORTEILHAFT SEIN?

Das Luftkissenboot wurde 1959 von Sir Christopher Cockerell erfunden, der als Radiotechniker ausgebildet war. Obwohl Radiotechnik nicht direkt mit den Fähigkeiten des Maschinenbaus zur Entwicklung eines Luftkissenboots zu tun hat, ist alle Technik im Designprozess des Ingenieurs verwurzelt, wie auf Seite 1 beschrieben, was den Wechsel zwischen Unterdisziplinen erleichtert.

WARUM SCHWIMMEN LUFTKISSENBOOTE?

Ein Luftkissenboot schwebt auf einem Kissen aus Druckluft. Ein starkes Gebläse zwingt Luft nach unten in den von der Schürze des Luftkissenboots umschlos-

SO SCHWEBT EIN LUFTKISSENBOOT

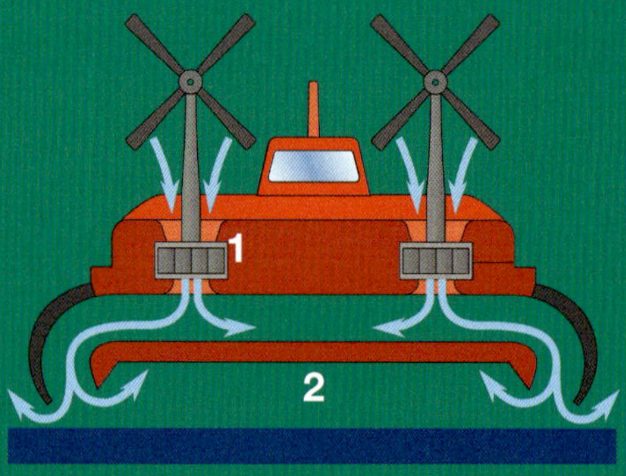

1. Ein Gebläse zieht Luft an und zwingt sie in den von der Schürze eingegrenzten Bereich.

2. Die Schürze schließt die Luft ein, die verdichtet wird. Die verdichtete Luft erzeugt Auftrieb, wodurch das Luftkissenboot schwebt.

senen Bereich. Die eingeschlossene Luft wird verdichtet und erzeugt Auftrieb. Überschüssige Luft entweicht unter dem unteren Rand der Schürze, was ein Platzen des Luftkissenboots wie ein übervoller Ballon verhindert.

WARUM BEWEGEN SICH LUFTKISSENBOOTE?

Luftkissenboote haben einen oder mehrere senkrecht montierte Propeller, die Luft nach hinten drücken. Jede Handlung hat eine gleiche und eine entgegenwirkende Reaktion, weshalb die nach hinten strömende Luft Vortrieb erzeugt.

WIE LENKT MAN EIN LUFTKISSENBOOT?

Luftkissenboote werden durch das Lenken des Luftstroms der senkrecht montierten Propeller gelenkt. Das wird durch Drehen des eigentlichen Propellers oder durch den Einsatz eines Leitwerks wie beim Flugzeug erreicht, das hinter dem Propeller zum Umlenken des Luftstroms montiert ist.

LENKEN EINES LUFTKISSENBOOTS

Ein Umlenken der Luft nach rechts drückt das Heck des Luftkissenboots nach links und steuert die Front des Luftkissenboots nach rechts.

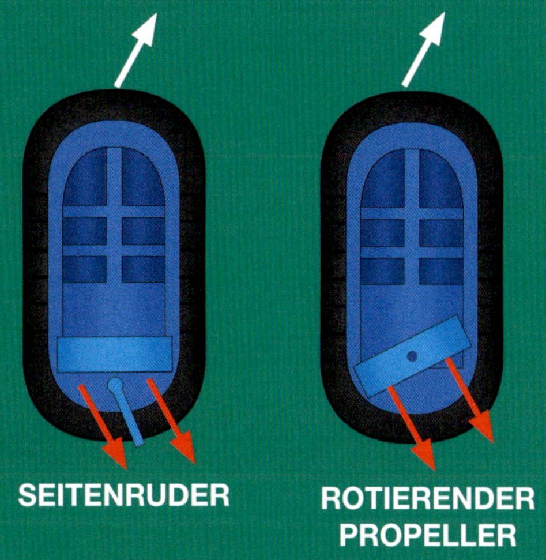

Ein Luftkissenboot ist das sicherste Fahrzeug zum Überqueren von eisbedecktem Wasser.

BAUE EIN LEGO-LUFTKISSENBOOT

BYPASS-TRIEBWERKE
Bei einem Bypass-Triebwerk, auch als Mantelstromtriebwerk bezeichnet, ist der Propeller oder Ventilator von einem Zylinder umgeben, Mantel genannt. Der Mantel erzeugt Sog und liefert dem Triebwerk zusätzlichen Schub.

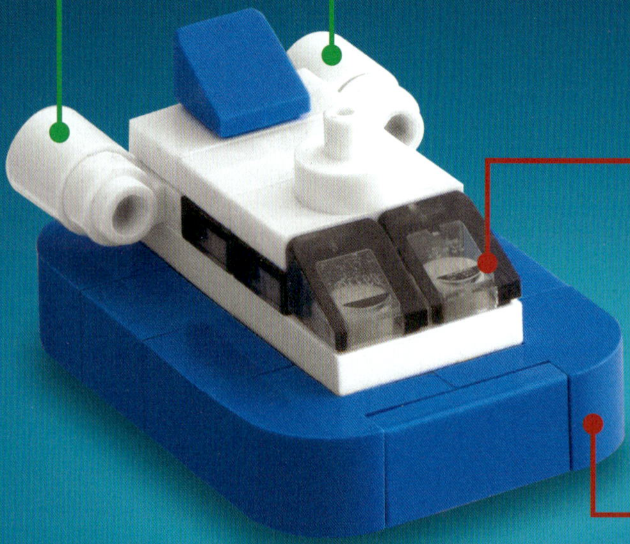

BRÜCKE
Große Personen-Luftkissenboote haben eine Kommandobrücke genau wie ein Schiff. Der Fahrer eines Luftkissenboots wird *Pilot* genannt.

SCHÜRZE
Die Schürze schließt Luft unter dem Luftkissenboot ein und erzeugt ein Kissen aus hoch verdichteter Luft.

2x
3023

2x
4081b

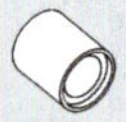

2x
18654

1x
54200

2x
54200

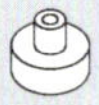

1x
20482

2x
22885

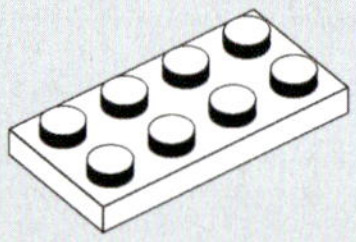

1x
3020

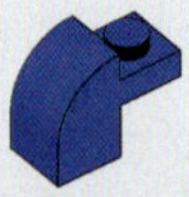

4x
6091

4x
3005

2x
15573

2x
3069b

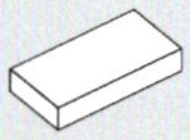

1x
3069b

1

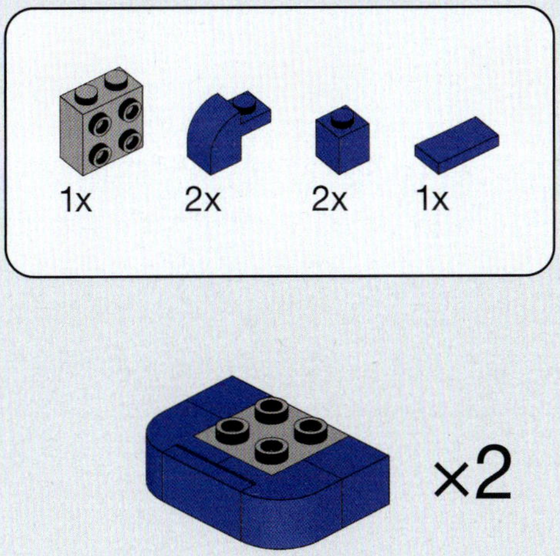

2

Ordne die zwei Baugruppen aus Schritt 1 einander gegenüber an.

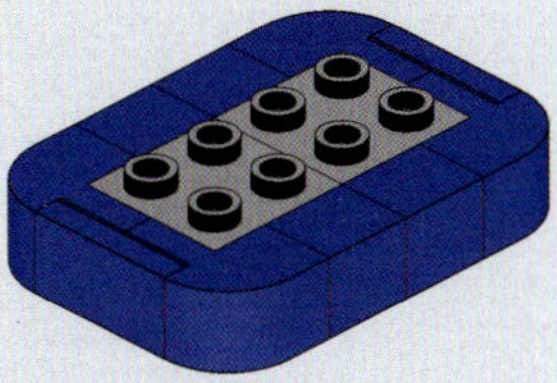

3

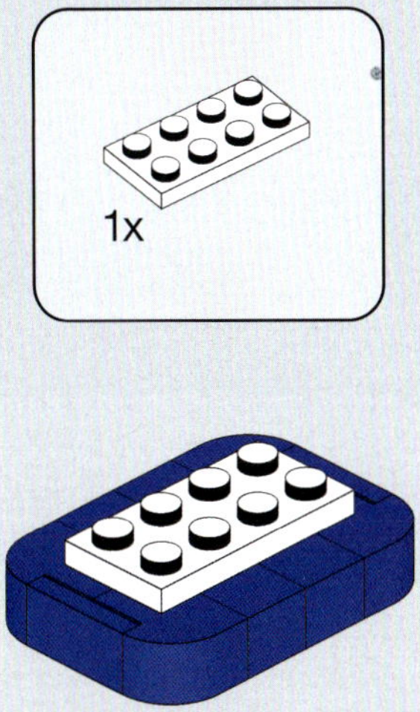

4

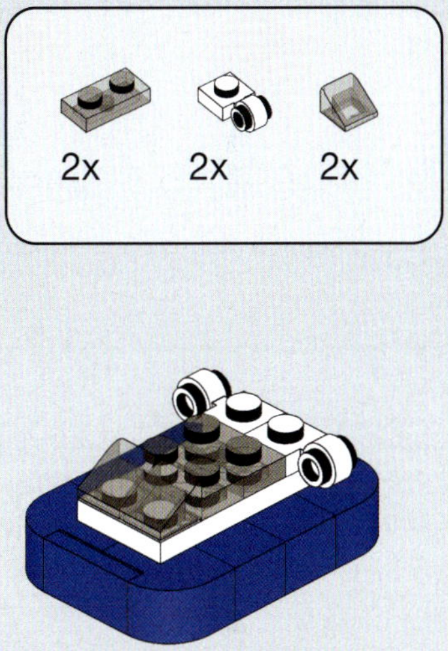

5

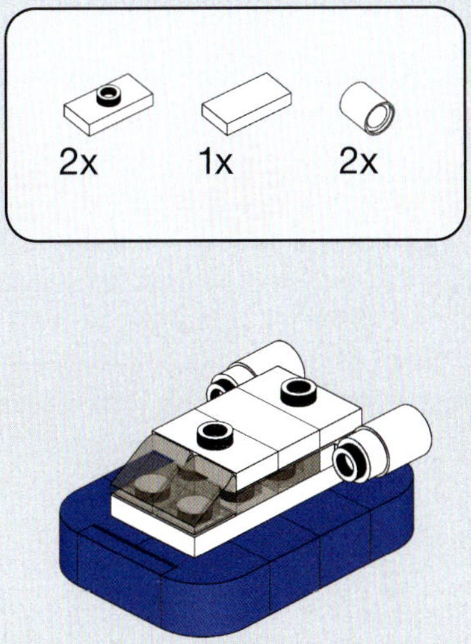

6

UNTERSEEBOOT

In diesem Bild bewegt sich ein U-Boot unter der Oberfläche eines kalten Gewässers.

Unterseeboote haben die zusätzliche technische Komplikation zu überwinden, dass man sie sowohl über als auch unter der Wasseroberfläche sicher navigieren können muss. Das Militär nutzt Unterseeboote für Geheimaufträge, Wissenschaftler nutzen sie für die Forschung und Touristen fürs Sightseeing.

WIE TAUCHEN UNTERSEEBOOTE AB?

Ballasttanks sind für den Betrieb eines Unterseeboots entscheidend. Das sind Behälter, die Wasser, Luft oder eine Kombination aus beidem enthalten. Unterseeboote haben oft Ballasttanks in verschiedenen Größen, wodurch sie Unterwassermanöver präziser ausführen können.

Die Ballasttanks eines aufgetauchten Unterseeboots sind mit Luft gefüllt, womit die Gesamtdichte des U-Boots geringer ist als die von Wasser. Ein Unterseeboot taucht ab, indem es Luft aus den Ballasttanks ablässt und sie stattdessen mit Wasser vollpumpt. Das zusätzliche Gewicht des Wassers erhöht die durchschnittliche Dichte des U-Boots über die des Wassers, sodass das U-Boot sinkt.

WARUM STÜRZEN UNTERSEEBOOTE NICHT AUF DEN MEERESBODEN?

Wenn es schwerer als Wasser ist, taucht ein Unterseeboot weiter ab, bis es auf den Meeresboden kracht. Um dieses Unglück zu vermeiden, werden die Ballasttanks teilweise wieder mit Luft gefüllt, während das U-Boot unter Wasser ist. Da in der Unterwasserwelt keine Luft bezogen werden kann, führen Unterseeboote Tanks mit Druckluft mit, die in die Ballasttanks freigesetzt werden kann. Durch die sorgfältige Abstimmung des Verhältnisses von Wasser zu Luft erzielt ein Unterseeboot *neutralen Auftrieb*.

WAS IST NEUTRALER AUFTRIEB?

Ein Objekt mit neutralem Auftrieb hat unter Wasser praktisch kein Gewicht. Das passiert mit einem Unterseeboot, wenn es genau dieselbe Dichte hat wie das umgebende Wasser. Die Dichte von Wasser ändert sich mit der Temperatur, sodass die Ballasttanks ständig angepasst werden müssen, um das U-Boot im Zustand des neutralen Auftriebs zu halten.

WIE BEWEGEN SICH UNTERSEEBOOTE BEI NEUTRALEM AUFTRIEB?

Während des neutralen Auftriebs bewegen sich Unterseeboote mit *Tiefenrudern* auf und ab, flossenähnlichen Vorsprüngen, die sich neigen, um den Wasserstrom um sie herum zu ändern. Wenn Wasser nach unten gedrückt wird, steigt das U-Boot auf, und umgekehrt. Die Höhenruder eines Flugzeugs nutzen dasselbe Prinzip (siehe Seite 125).

WIE TAUCHEN UNTERSEEBOOTE AUF?

Unterseeboote tauchen auf, indem sie ausreichend Druckluft in die Ballasttanks pumpen und das Wasser verdrängen. Wenn das schnell erfolgt, kann es zu einem effektvollen Auftauchen führen, das aussieht wie das plötzliche Auftauchen eines Wals.

WIE WIDERSTEHT EIN UNTERSEEBOOT DEM WASSERDRUCK?

Die beste Form des Widerstands gegenüber Druck von allen Seiten ist ein Kreis. Kreise verteilen den Druck gleichmäßig und haben keine Schwachpunkte. Aus diesem Grund sind die unter Druck stehenden Bereiche eines U-Boots von einem kreisrunden Rumpf umschlossen.

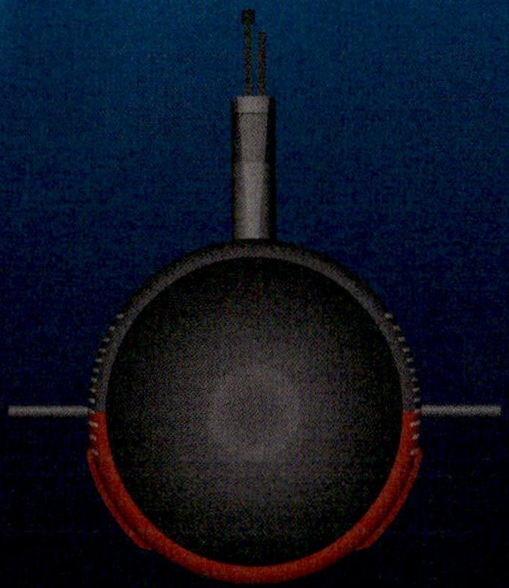

KREUZEN AN DER OBERFLÄCHE

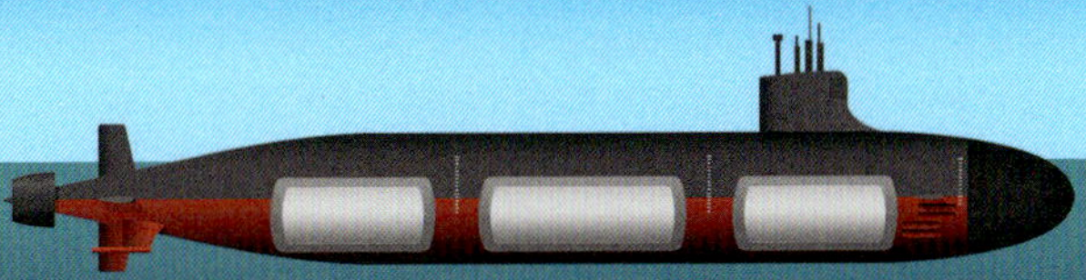

Die Ballasttanks sind mit Luft gefüllt und das Unterseeboot treibt an der Oberfläche.

TAUCHEN

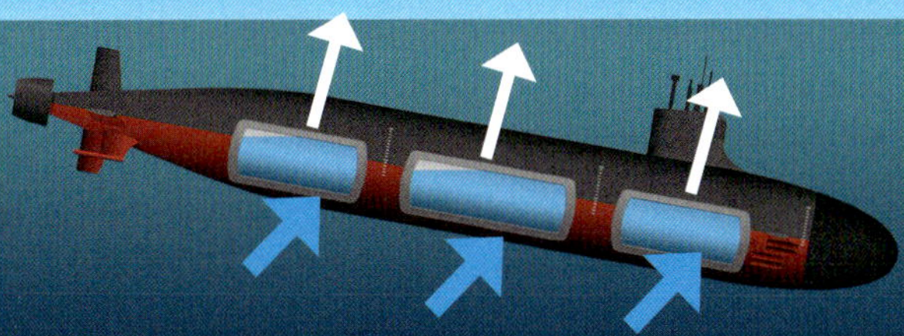

Die Ballasttanks werden mit Wasser gefüllt, während die Luft entweicht. Das U-Boot erreicht eine größere Dichte als Wasser und taucht unter die Oberfläche ab.

NEUTRALER AUFTRIEB

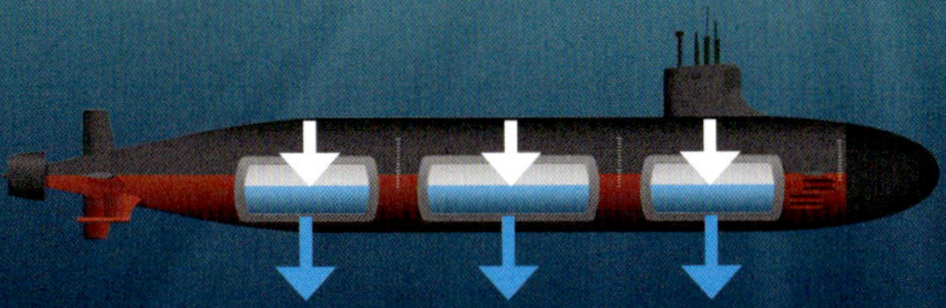

Luft mit geringem Druck ersetzt Wasser in den Ballasttanks, bis das U-Boot und das Wasser dieselbe Dichte haben.

AUFTAUCHEN

Druckluft verdrängt das Wasser aus den Ballasttanks, und das U-Boot, das nun leichter ist als Wasser, kommt an die Oberfläche.

BAUE EIN LEGO-UNTERSEEBOOT

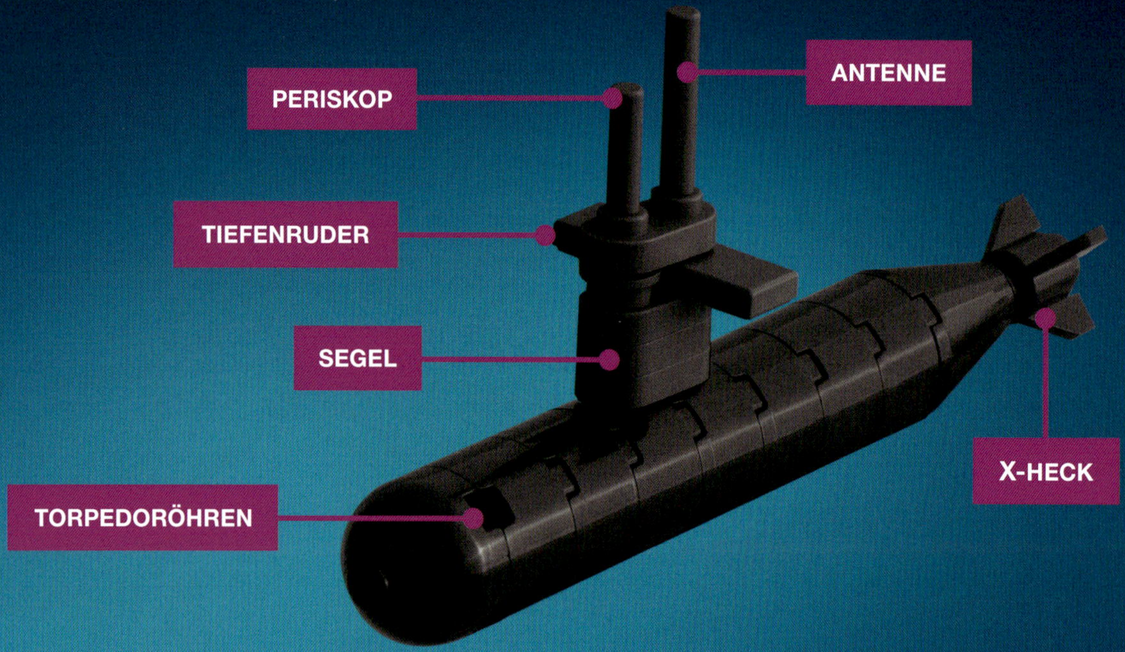

PERISKOP
Ein einziehbares Rohr, das zum Beobachten der Wasseroberfläche genutzt wird, während das U-Boot unter Wasser ist

TURM
Stabilisiert das U-Boot, unterstützt die Tiefenruder und ist der Ein- und Ausstieg für die Mannschaft

TORPEDORÖHREN
Werden zum Abfeuern von Torpedos verwendet

ANTENNE
Telekommunikationssender und -empfänger

TIEFENRUDER
Wird zum Manövrieren des U-Boots nach oben oder unten verwendet

X-HECK
Ein X-förmiger Satz von Rudern zum horizontalen und vertikalen Lenken

1x
63864

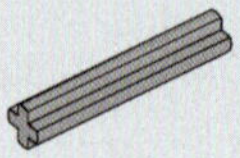
1x
4519

2x
87994

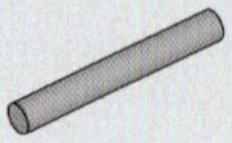
1x
87994

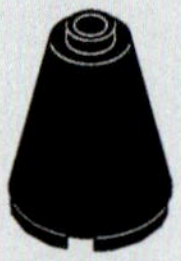
1x
3942c

1x
17485

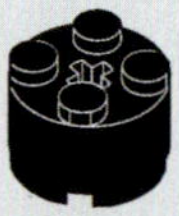
6x
3941

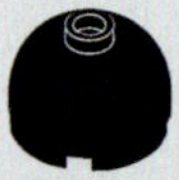
1x
553c

1x
4588

4x
35480

1x
4274

1x
85861

1

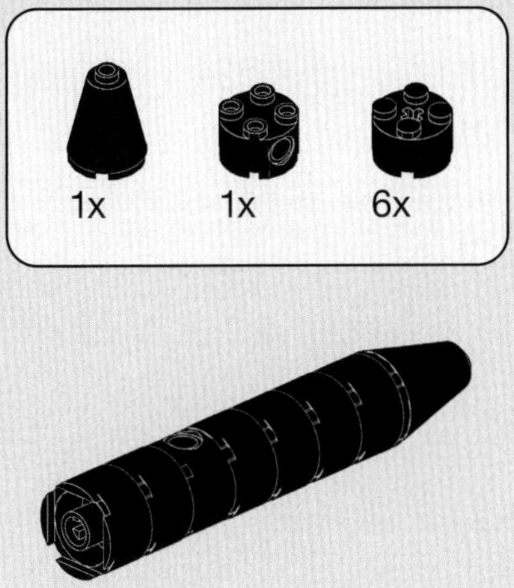

2

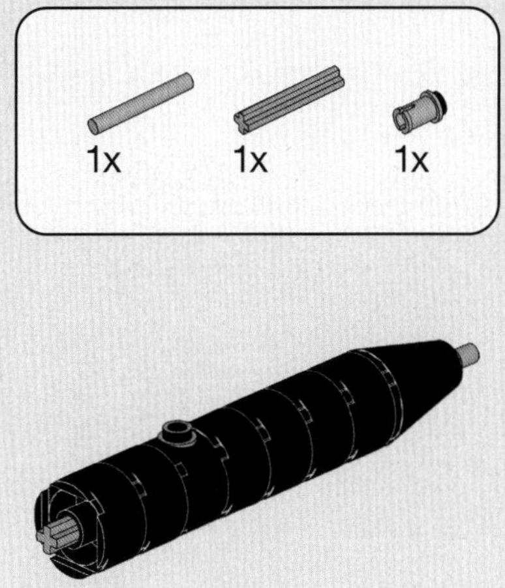

3

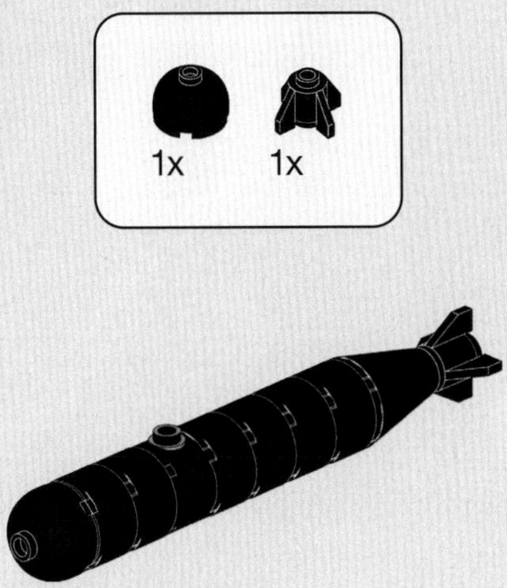

4

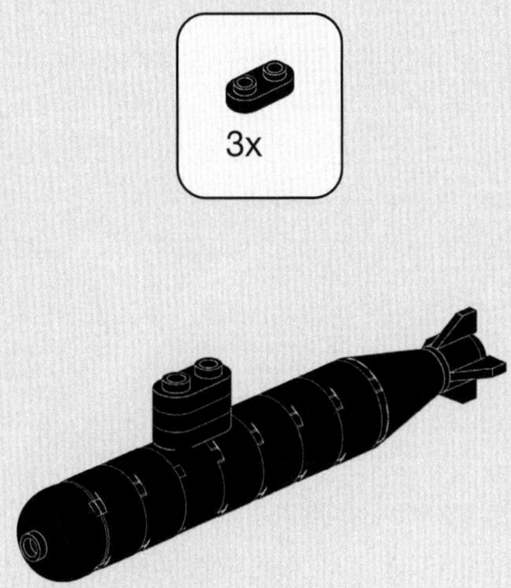

5

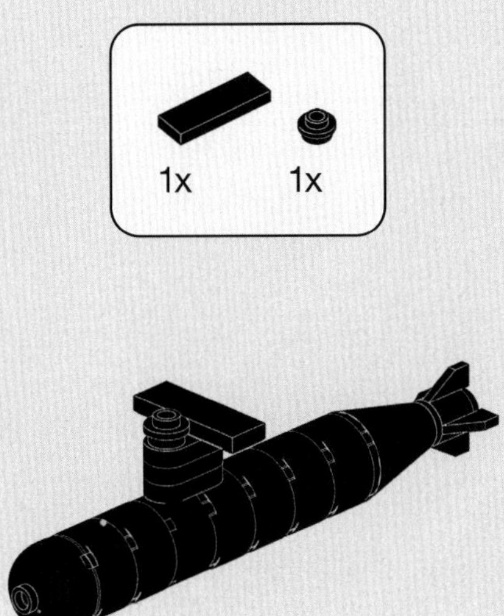

6

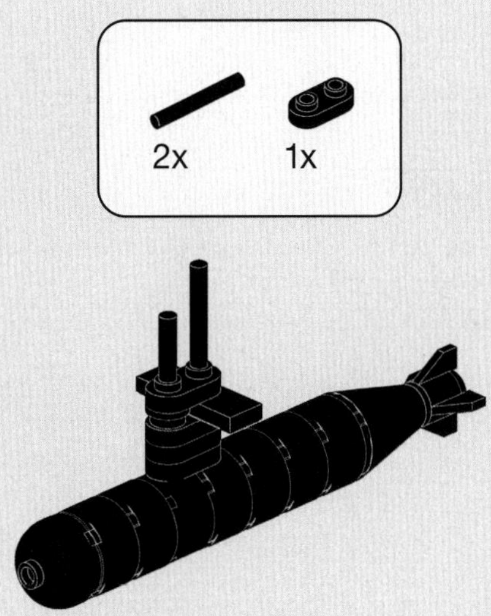

FLUG-MASCHINEN

Die Menschen haben die Erde schon immer mit geflügelten Geschöpfen geteilt. Der Idee, ihnen am Himmel Gesellschaft zu leisten, ist kaum zu widerstehen, weshalb Ingenieure, Erfinder und Bastler ständig von Flugmaschinen besessen gewesen sind.

Der Weg vom ersten motorisierten Flug der Gebrüder Wright im Jahre 1903 zum ersten Überschallflug von 1947 und darüber hinaus ist ein Zeugnis für die Leidenschaft von Flugzeugingenieuren für ihre Arbeit. Zweifellos wird der Himmel weiter im Fokus unserer technischen Ambitionen stehen.

LUFTSCHIFF

Ein Luftschiff ist mit Helium gefüllt, das leichter ist als Luft.

Der Traum vom Fliegen wurde zuerst in Heißluftballons realisiert, die mit dem Wind treiben, unabhängig von menschlichen Eingriffen. Der verständliche Wunsch nach der Kontrolle der Navigation führte 1852 zur Erfindung des Luftschiffs.

WARUM SCHWEBEN LUFTSCHIFFE?

Alles, was leichter ist als Luft, schwebt. Die Hülle eines Luftschiffs – die ballonähnliche Struktur, die ihre Form bestimmt – ist mit Helium gefüllt, was mit 0,16 Kilogramm pro Kubikmeter achtmal leichter ist als Luft. Luftschiffe nehmen ausreichend Helium auf, um das Gewicht ihrer Struktur auszugleichen, wodurch sie im Durchschnitt leichter als Luft werden.

WARUM HELIUM?

Frühe Luftschiffe nutzten zum Schweben Wasserstoff. Wasserstoff ist eines der leichtesten Elemente, es ist in Hülle und Fülle vorhanden und kostet weniger als Helium. Leider ist Wasserstoff auch sehr leicht entzündlich, und es gab viele tragische Unfälle, bei denen Luftschiffe aufgrund eines versehentlichen Funkens in Brand gerieten. Der Umstieg auf nicht brennbares Helium war für Ingenieure eine leichte Entscheidung.

WIE SINKEN LUFTSCHIFFE AB?

Die Hülle eines Luftschiffs enthält kleinere Luftbehälter, *Ballonetts* genannt. Zum Regeln der vertikalen Bewegung wird Luft in die und aus den Ballonetts gepumpt. Wenn ausreichend Luft hinzugefügt wird, wird das Luftschiff im Durchschnitt schwerer als Luft und sinkt ab. Mit der präzisen Regelung des Luftvolumens in den Ballonetts kann der Pilot den Grad des Absinkens steuern.

WIE WERDEN LUFTSCHIFFE GELENKT?

Luftschiffe verwenden für die Fortbewegung und zum Lenken senkrecht montierte Propeller. Die Propeller sind paarweise an den gegenüberliegenden Seiten des Cockpits montiert. Wenn beide Propeller mit derselben Drehzahl drehen, bewegt sich das Luftschiff auf einer geraden Linie. Zum Lenken des Luftschiffs rotieren die

Propeller mit unterschiedlichen Drehzahlen und erzeugen einen *asymmetrischen Schub*. Mehr Schub vom Propeller auf einer Seite dreht das Luftschiff zur gegenüberliegenden Seite.

IN DER HÜLLE

1. Die Hülle des Luftschiffs ist mit Helium gefüllt, das leichter ist als Luft.

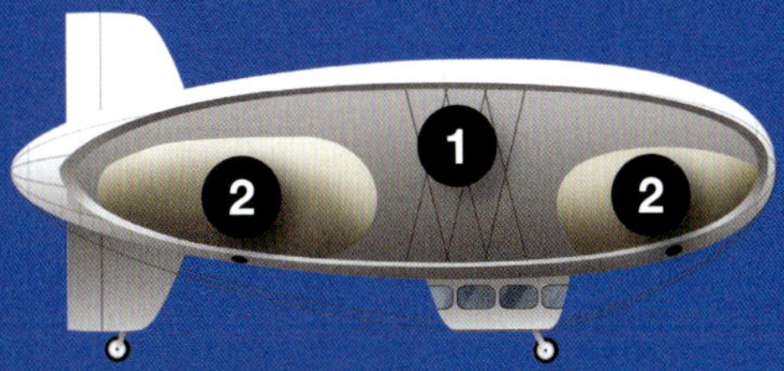

2. Luft wird in die und aus den Ballonetts gepumpt, um die Flughöhe durch Änderung des Gewichts zu steuern.

LENKEN EINES LUFTSCHIFFS

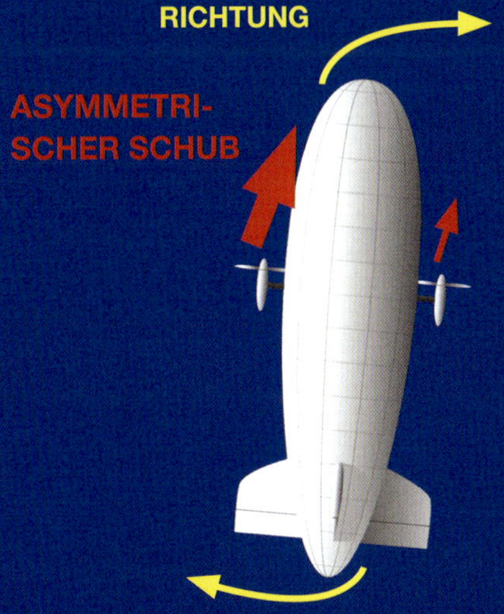

Mehr Schub vom Propeller auf einer Seite dreht das Luftschiff zur gegenüberliegenden Seite.

Illustration eines futuristischen Luftschiffkonzepts.

BAUE EIN LEGO-LUFTSCHIFF

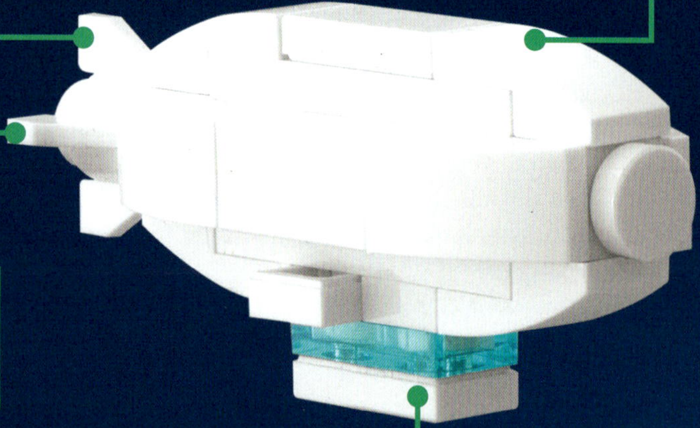

1x
4588

1x
4733

4x
3005

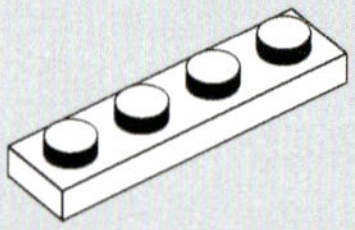
4x
3710

1x
3023

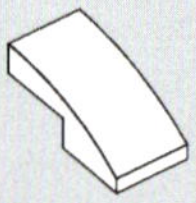
8x
11477

1x
15573

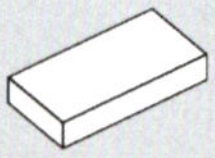
4x
3069b

1x
3024

1x
98138

1

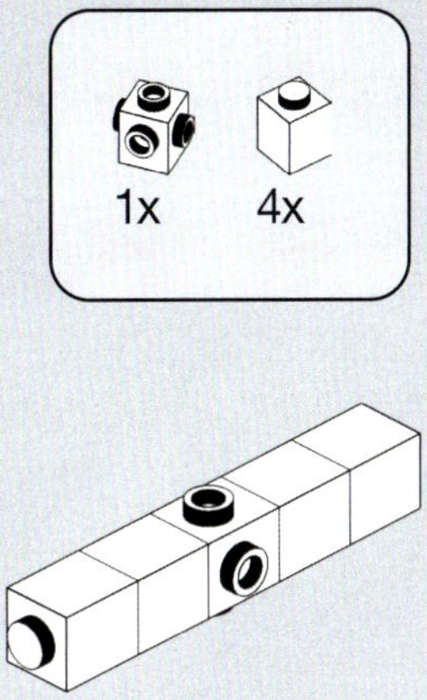

2

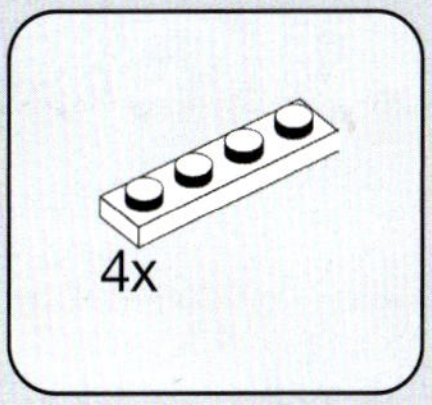

Montiere die Platten am Mittelpunkt.

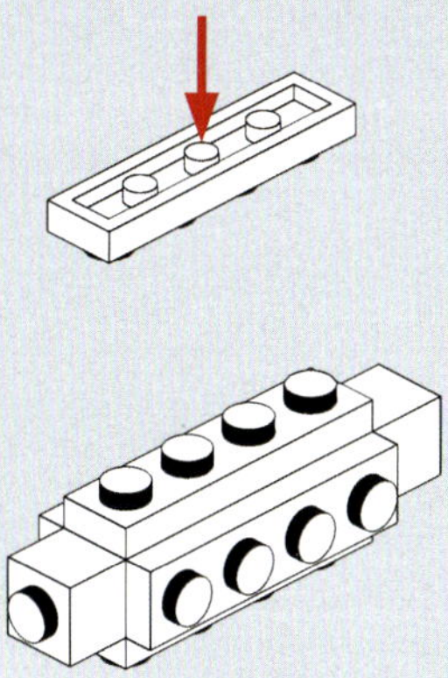

3

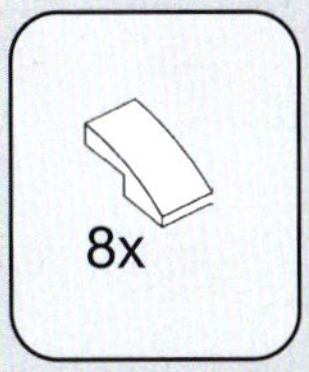

Montiere die Dachsteine an allen vier Seiten auf gleiche Weise.

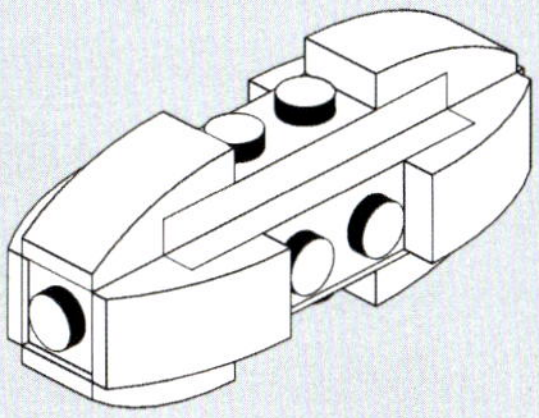

4

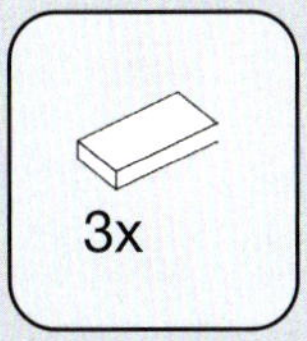

Montiere die Fliesen an beiden Seiten und unten, lasse die Oberseite offen.

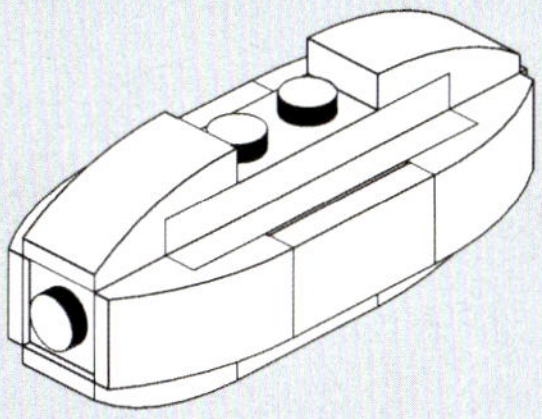

5

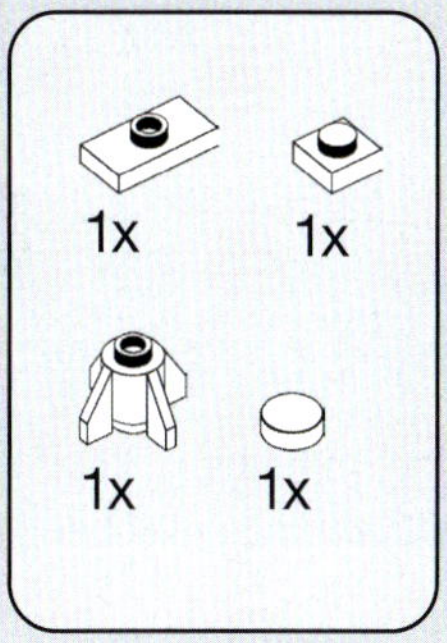

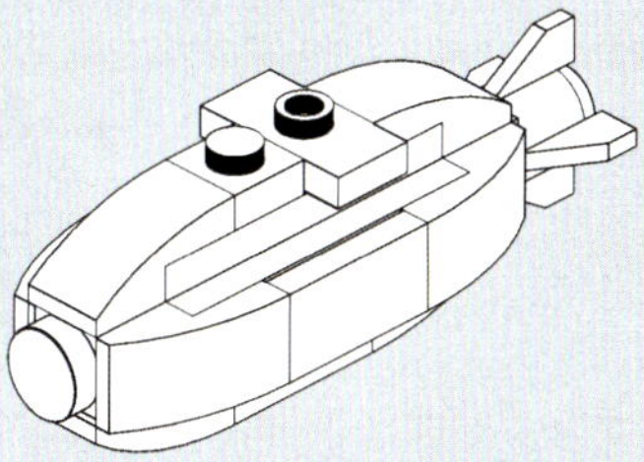

6

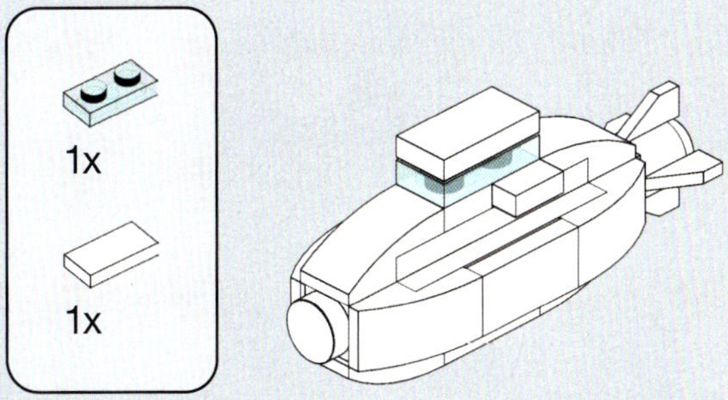

7

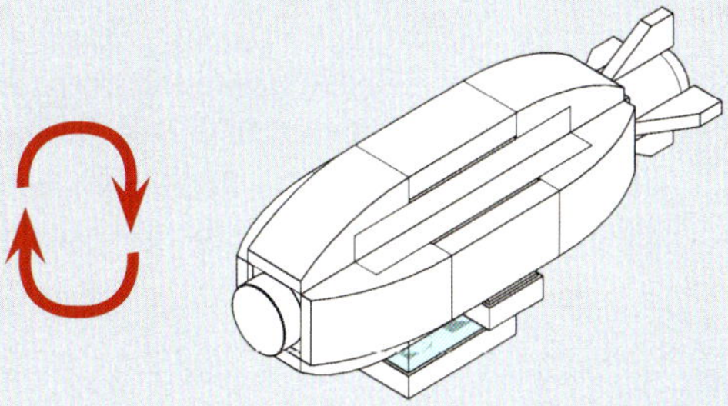

FLUGZEUG

Flugzeuge führen Kunstflugmanöver aus.

Luftschiffe ließen den gelenkten Flug zur Realität werden, aber sie bewegten sich langsam, wie schwerfällige Himmel-Flusspferde. Ingenieure, sowohl geschulte als auch Autodidakten, malten sich den Vögeln gleiche Kunstflugeigenschaften aus und konzentrierten sich weiterhin auf den Bau mit Flügeln versehener Flugmaschinen. 1903 stellten die Gebrüder Wright das erste erfolgreiche Flugzeug vor, und binnen eines Jahrzehnts flogen Menschen so flink wie Rauchschwalben.

WARUM FLIEGEN FLUGZEUGE?

Flugzeuge fliegen, weil ihre Flügel Auftrieb mit mehr Kraft erzeugen als die abwärts ziehende Schwerkraft. Flügel benötigen Luftbewegung, um Auftrieb zu erzeugen, weshalb Flugzeuge sich selbst durch die Luft bewegen müssen, damit sie funktionieren. Luftbewegungen lenken zudem das Flugzeug. Bewegliche Querruder, Höhenruder und Seitenruder verändern den Luftstrom und lassen ein Flugzeug auf und ab bewegen, von einer Seite zur anderen lenken und sich um seine Mittelachse (eine gedachte Linie von der Nase bis zum Heck) rollen.

GRUNDLEGENDE FLUGZEUGTEILE

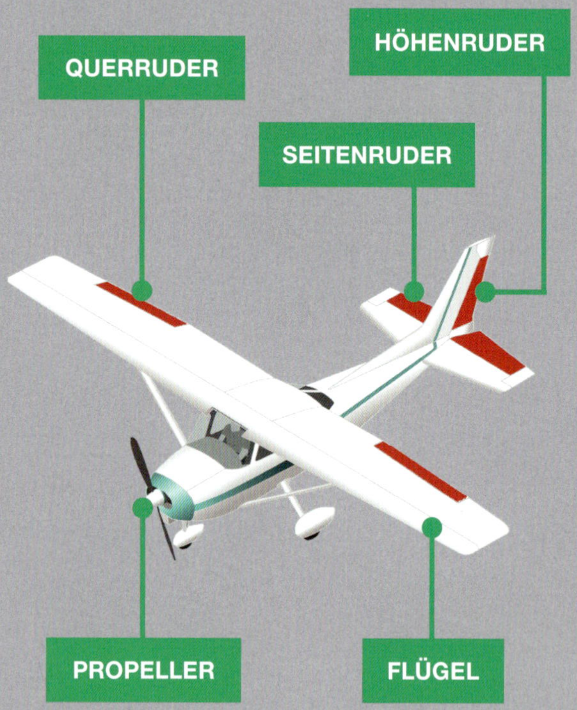

WIE ERZEUGEN FLÜGEL AUFTRIEB?

Im Profil betrachtet, hat ein Flugzeugflügel eine gekrümmte Form, die sich Tragfläche nennt. Diese Form zwingt Luft, die sich über den Flügel bewegt, schneller zu sein als Luft entlang der Unterseite des Flügels. Schnell strömende Luft hat einen geringeren Luftdruck als langsam strömende Luft. Der Druckunterschied über und unter dem Flügel erzeugt Auftrieb. Flügel können zusätzlichen Auftrieb erzeugen, indem sie Luft nach unten ablenken, was das Flugzeug aufwärtsbewegt.

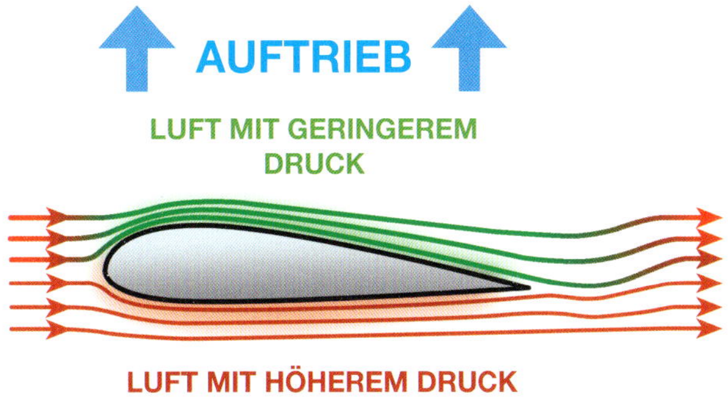

WIE BEWEGEN PROPELLER EIN FLUGZEUG VORWÄRTS?

Die Propellerblätter eines Flugzeugs haben eine Tragflächenform, wie die Flügel. Wie bei den Flügeln teilt der sich drehende Propeller die Luft in Bereiche mit höherem und geringerem Luftdruck, aber mit einer senkrechten Teilung statt einer waagerechten. Der Druckunterschied erzeugt Auftrieb, der das Flugzeug nach vorn zieht.

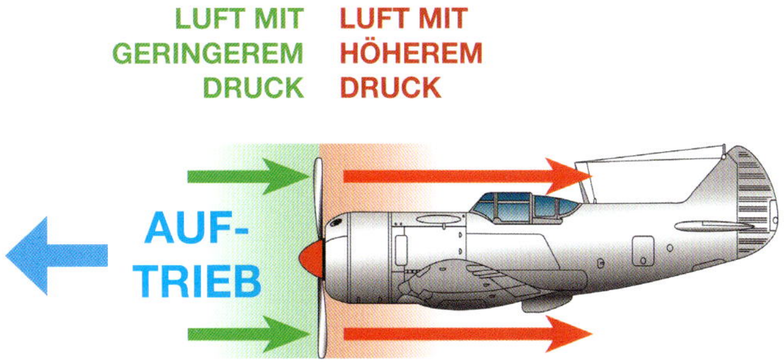

WIE WIRD EIN FLUGZEUG GESTEUERT?

Nicken ist die Auf- und Ab-Bewegung eines Flugzeugs.

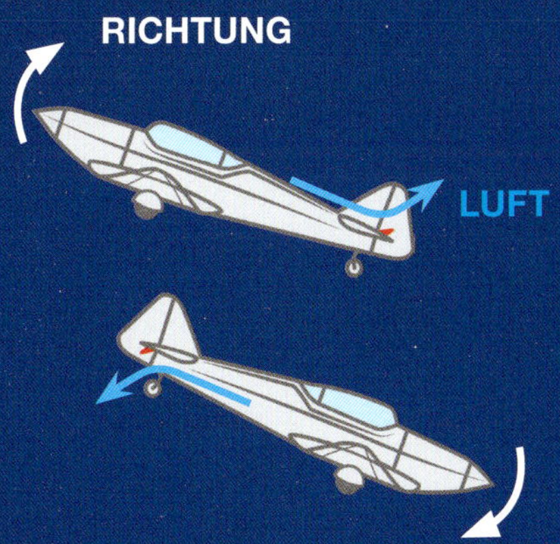

Ein Auf- oder Ab-Bewegen der Höhenruder lenkt die Luft um und hebt oder senkt das Heck des Flugzeugs. Wie bei einer Wippe macht die Nase die entgegengesetzte Bewegung.

Rollen ist die kreisförmige Bewegung eines Flugzeugs um seine Mittelachse.

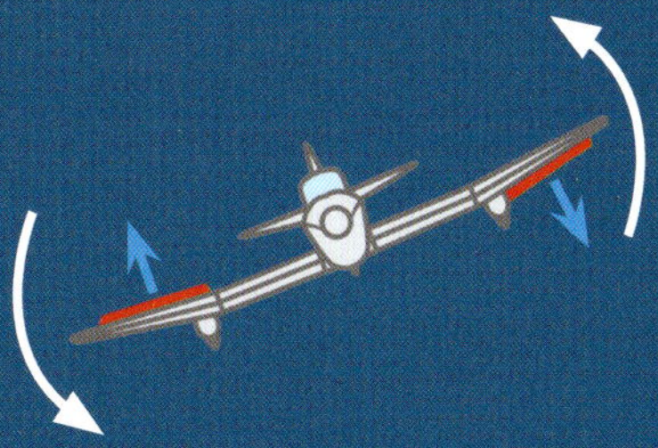

Ein Rollen wird durch Neigen der Querruder in entgegengesetzte Richtungen erzielt, eines auf-, das andere abwärts. Das erhöht den Auftrieb an einem Flügel und senkt ihn am anderen, wodurch sich das Flugzeug entlang der Mittelachse dreht.

Gieren ist die Bewegung der Nase eines Flugzeugs nach links oder rechts.

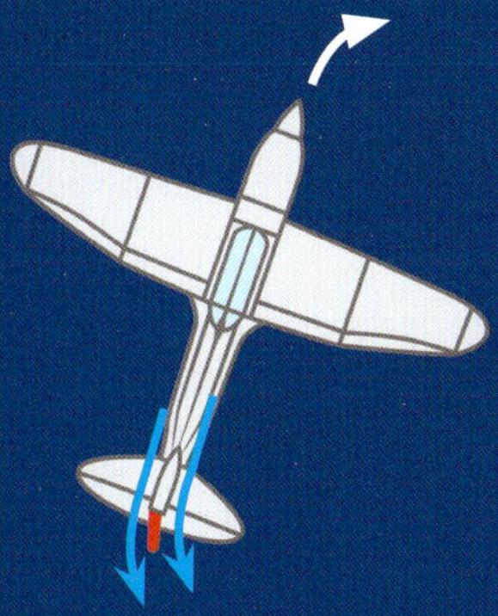

Das Seitenruder lenkt Luft nach links oder rechts um. Das Heck schwingt zu einer Seite, und die Nase zeigt in die entgegengesetzte Richtung. Das Seitenruder arbeitet normalerweise gemeinsam mit den Querrudern, um das Flugzeug zu drehen.

BAUE EIN LEGO-FLUGZEUG

Flugzeuge, die Kunstflugmanöver durchführen, verwenden Rauchöl, um hinter dem Flugzeug eine Rauchwolke zu erzeugen. Rauchöl wird in den heißen Auspuff des Flugzeugs gespritzt, wo es sich entzündet und dicken Qualm erzeugt.

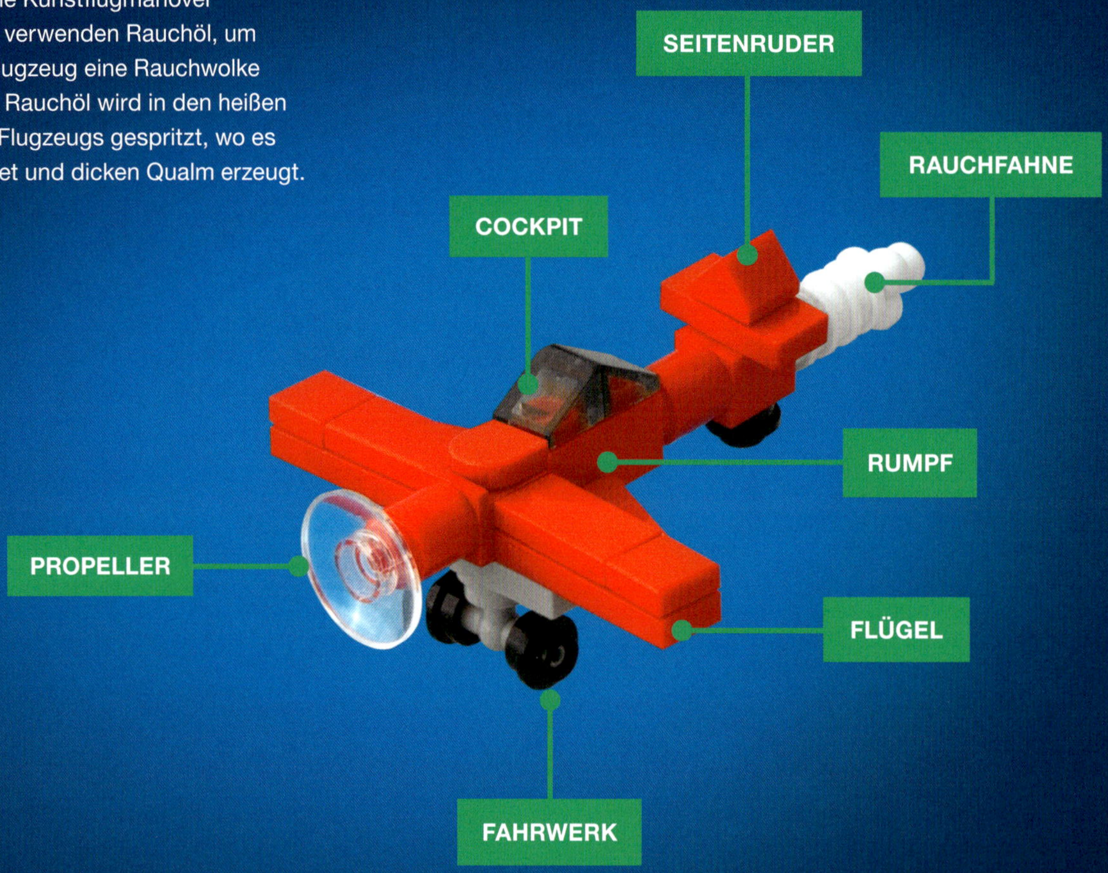

1x 3623 · 1x 15573 · 2x 3069b · 1x 35464 · 2x 3070b · 1x 24246 · 2x 85861 · 1x 4073 · 1x 85861 · 3x 4073

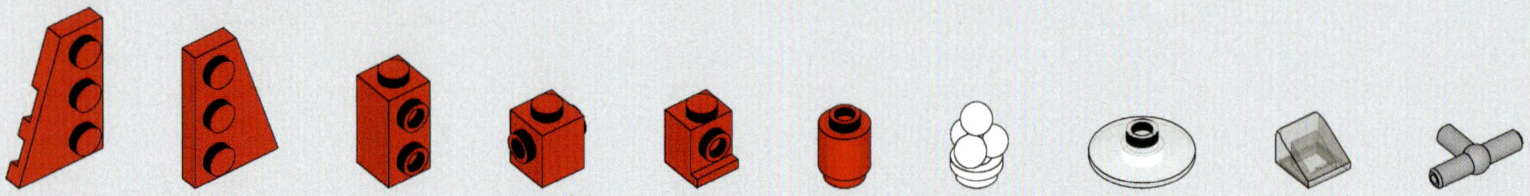

1x 43723 · 1x 43722 · 1x 32952 · 1x 47905 · 1x 4070 · 2x 3062b · 1x 6254 · 1x 4740 · 2x 54200 · 1x 4697b

1

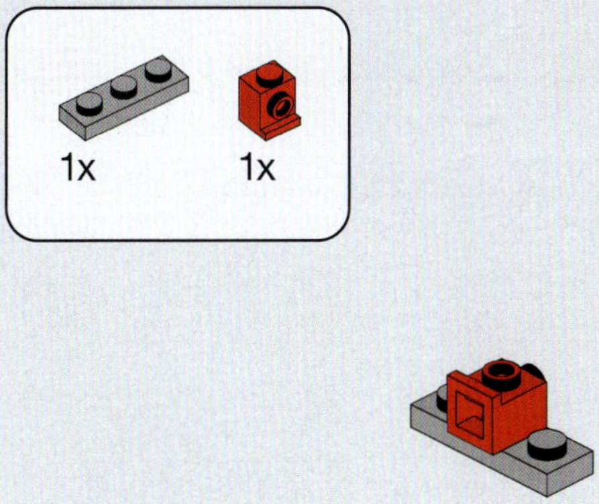

2

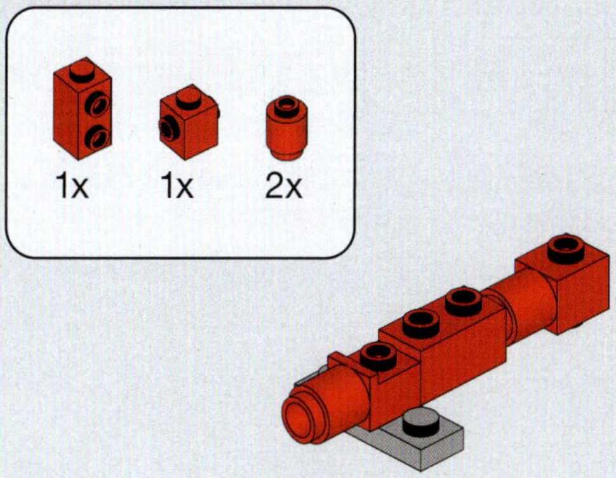

3

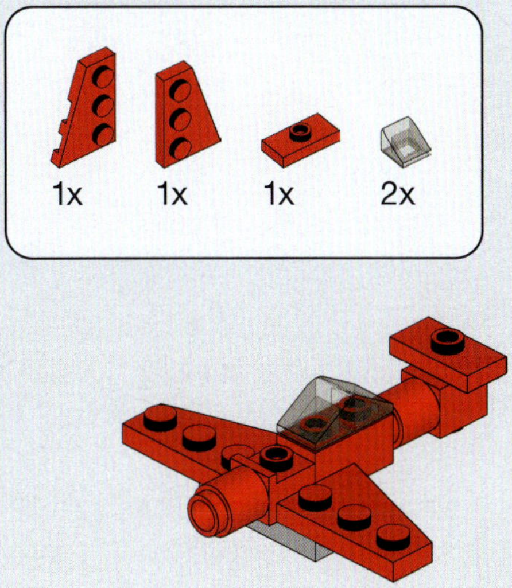

4

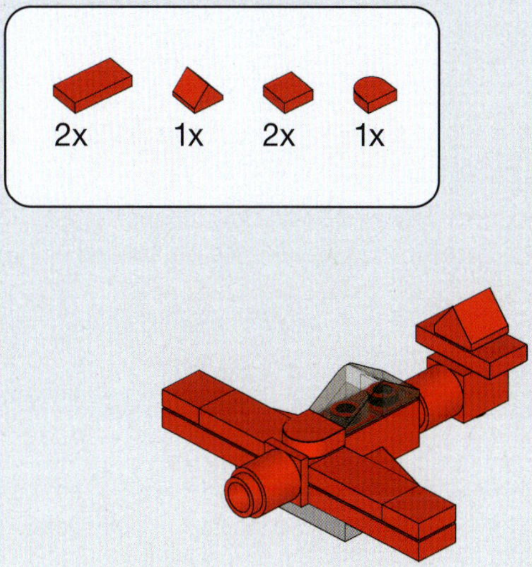

5

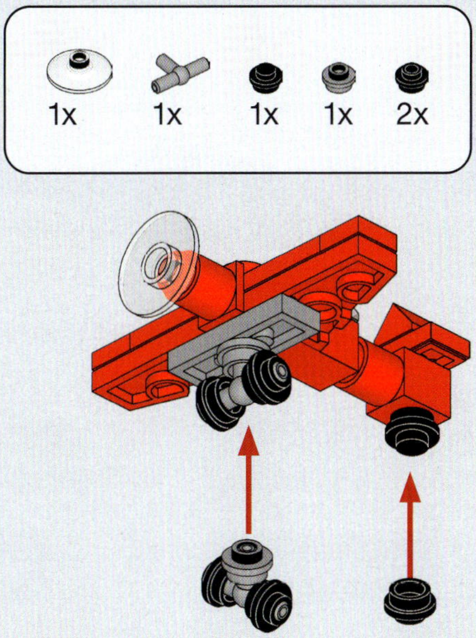

6

HUBSCHRAUBER

Die zwei drehenden Rotoren eines Hubschraubers arbeiten in entgegengesetzter Richtung zueinander.

Komplexe Technik verleiht Hubschraubern größere Bewegungsmöglichkeiten als bei normalen Flugzeugen. Die beiden Rotoren des Hubschraubers – der Hauptrotor oben und der Heckrotor hinten – sind präzise ausgesteuert gegenläufig, wodurch das Luftfahrzeug senkrecht starten und landen, auf der Stelle schweben und sich seitwärts bewegen kann.

WIE STARTEN HUBSCHRAUBER?

Der Hauptrotor eines Hubschraubers ist wie ein waagerecht montierter Flugzeugpropeller. Hinreichend schnelles Drehen der tragflächenförmigen Blätter des Hauptrotors erzeugt Auftrieb, der der Schwerkraft entgegenwirkt. Piloten regeln die senkrechte Geschwindigkeit durch schnelleres oder langsameres Drehen des Rotors oder durch Einstellen des *Nick*winkels der Blätter. Ein steilerer Nickwinkel erzeugt mehr Auftrieb, aber zu viel Nicken lässt die Blätter überziehen. Das Schweben auf einer Stelle ist möglich, wenn die Auftriebskraft des Rotors genau gegensätzlich zur abwärts ziehenden Schwerkraft ist.

SENKRECHTE HUBSCHRAUBERBEWEGUNG

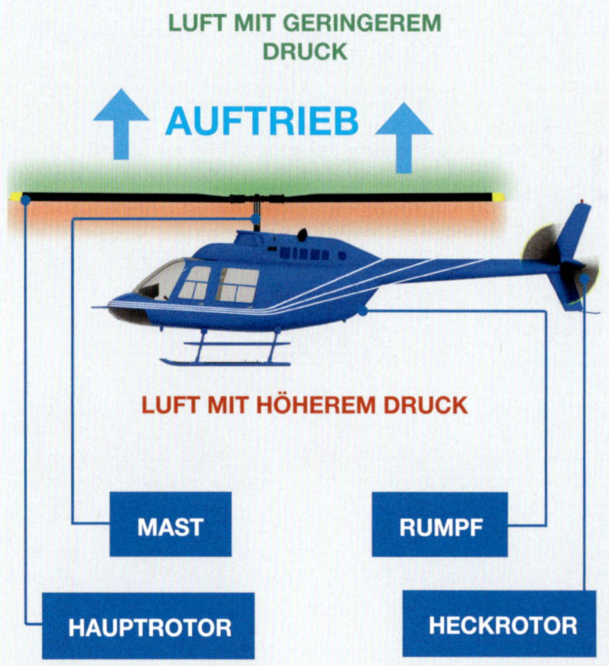

WIE LENKT MAN EINEN HUBSCHRAUBER?

Der Nickwinkel jedes Blatts am Hauptrotor kann an jedem Punkt seiner Umdrehung unabhängig eingestellt werden. Für eine Vorwärtsbewegung werden die Nickwinkel der Blätter so eingestellt, dass sie hinter dem Mast mehr Auftrieb erzeugen als vor ihm. Der unterschiedliche Auftrieb vor und hinter dem Rotor zieht den Hubschrauber nach vorn. Die Bewegung nach rechts, links oder hinten funktioniert genauso. Wenn man auf einer Seite des Rotors mehr Auftrieb erzeugt, bewegt sich der Hubschrauber in die entgegengesetzte Richtung.

KÖNNEN HUBSCHRAUBER SO SCHNELL FLIEGEN WIE FLUGZEUGE?

Die Rotoren eines Hubschraubers erzeugen erheblichen Widerstand, eine Kraft, die der Bewegung des Hubschraubers entgegenwirkt. Das schränkt das Flugtempo eines Hubschraubers ein. Der Geschwindigkeitsrekord für Hubschrauber liegt bei 400 km/h, während Flugzeuge mit Überschallgeschwindigkeit fliegen können.

HORIZONTALE HUBSCHRAUBERBEWEGUNG

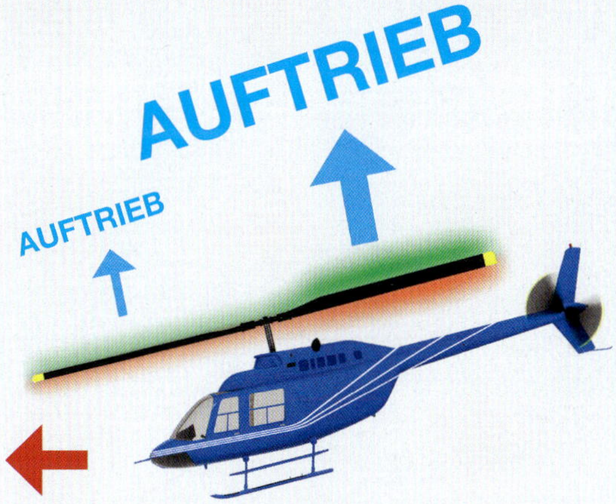

ASYMMETRISCHER AUFTRIEB

Für eine Vorwärtsbewegung werden die Nickwinkel der Blätter so eingestellt, dass sie hinter dem Mast mehr Auftrieb erzeugen. Das Ungleichgewicht beim Auftrieb neigt den Hubschrauber nach vorn und bewegt ihn in diese Richtung.

WOZU DIENT DER HECKROTOR?

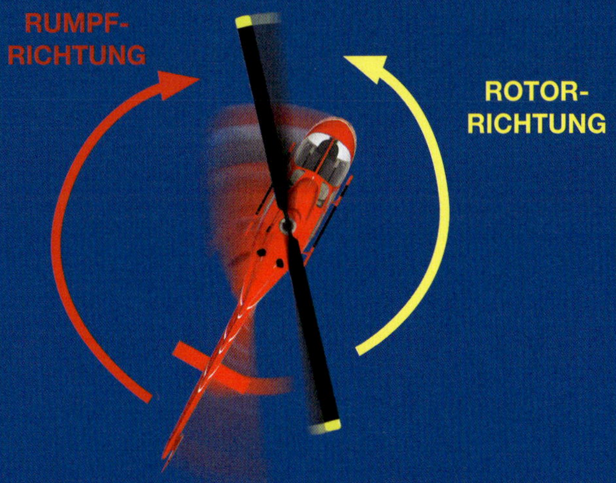

Ohne einen Heckrotor würde das Drehmoment des Hauptrotors den Rumpf in die der Drehrichtung des Rotors entgegengesetzte Richtung drehen. Der Hubschrauber würde außer Kontrolle geraten und abstürzen.

Der Heckrotor erzeugt Auftrieb, der der Drehkraft des Hauptrotors entgegenwirkt und den Rumpf stabil hält. Ein Anpassen der Auftriebskraft des Heckrotors wendet die Nase des Hubschraubers nach links oder rechts.

BAUE EINEN LEGO-HUBSCHRAUBER

Hubschrauber haben zwischen zwei und acht Hauptrotorblätter. Mehr Blätter bedeuten mehr Auftrieb, aber auch mehr Gewicht. Bei mehr Rotorblättern können Ingenieure jedes Blatt kürzer machen und dennoch dieselbe Auftriebskraft beibehalten wie bei weniger, aber längeren Blättern. Die kürzeren Blätter erzeugen weniger Widerstand und ermöglichen ein höheres Tempo.

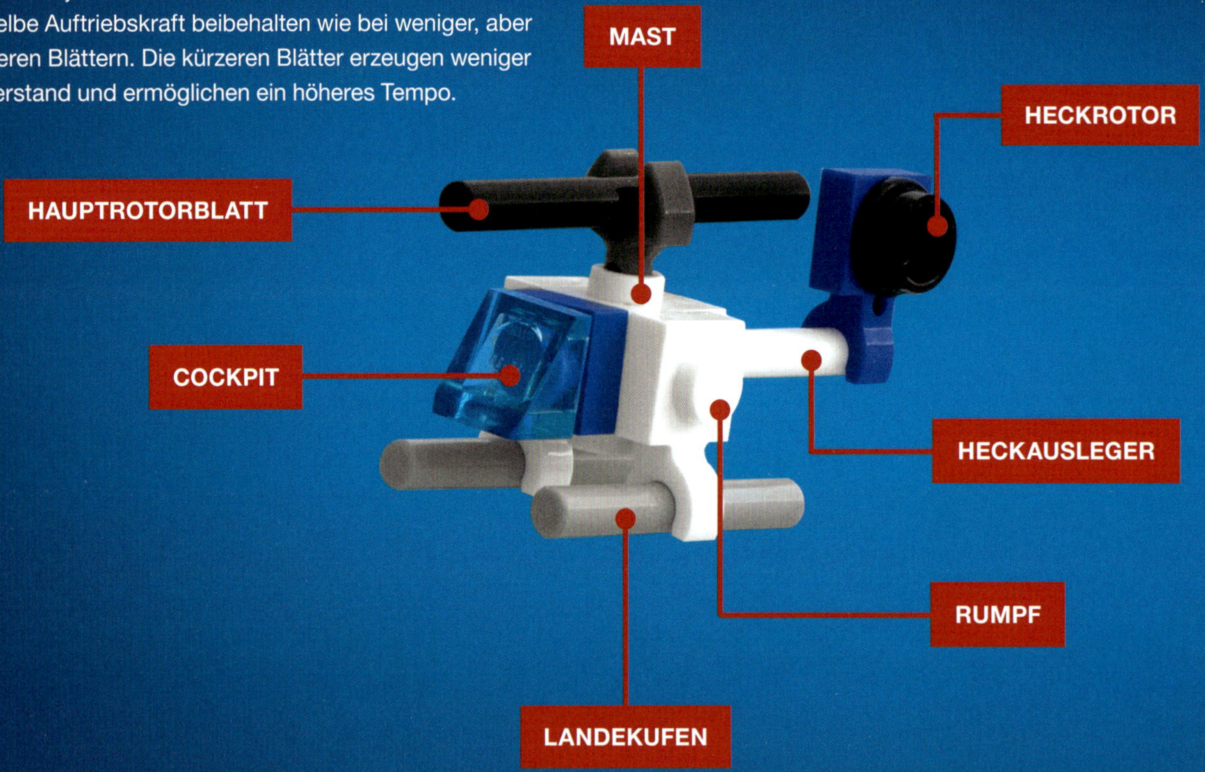

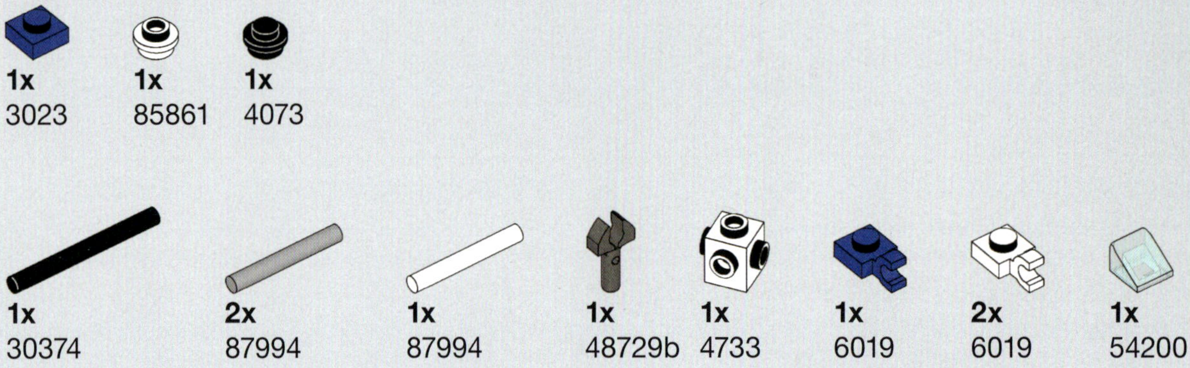

1

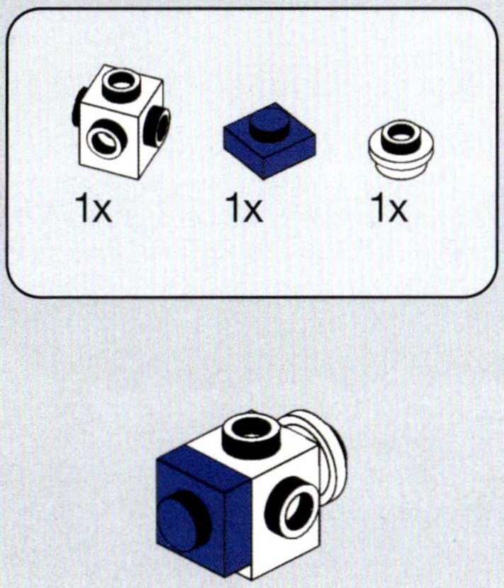

2

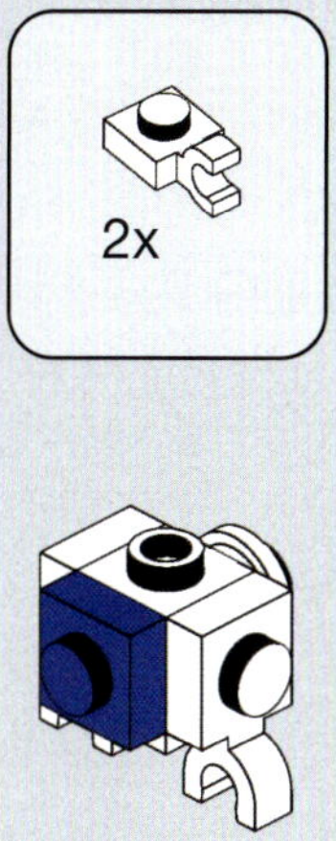

3

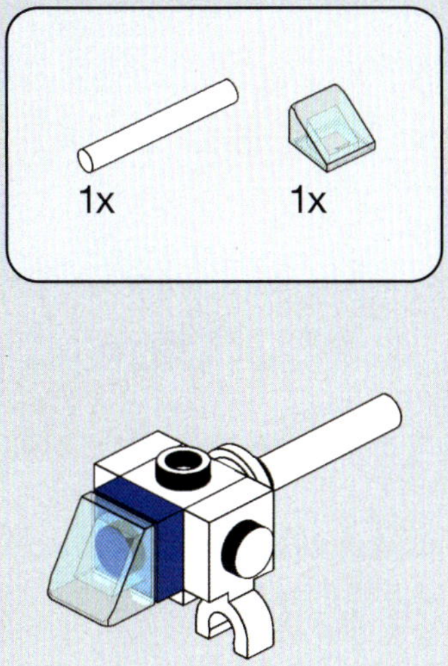

4

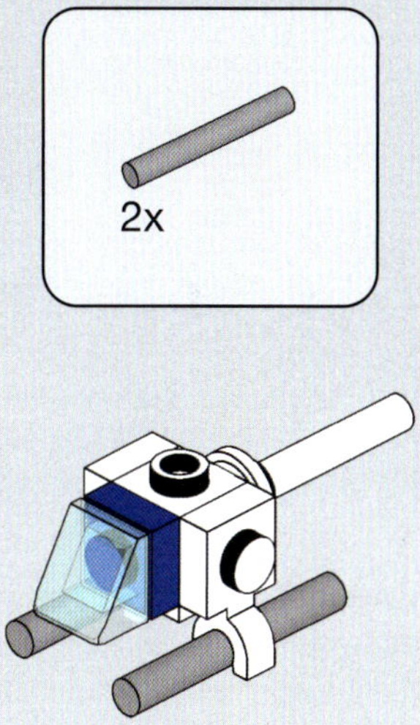

5

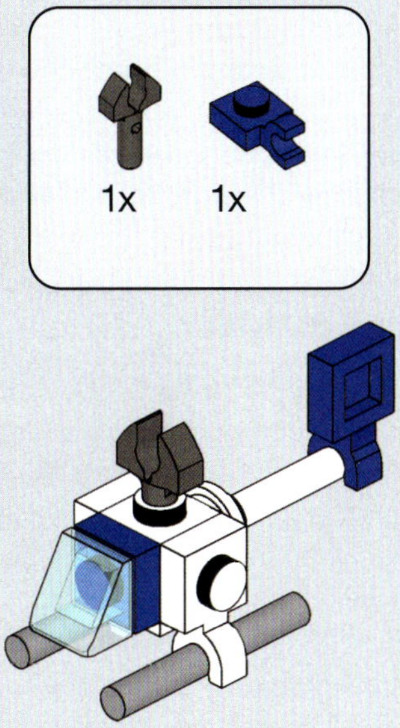

6

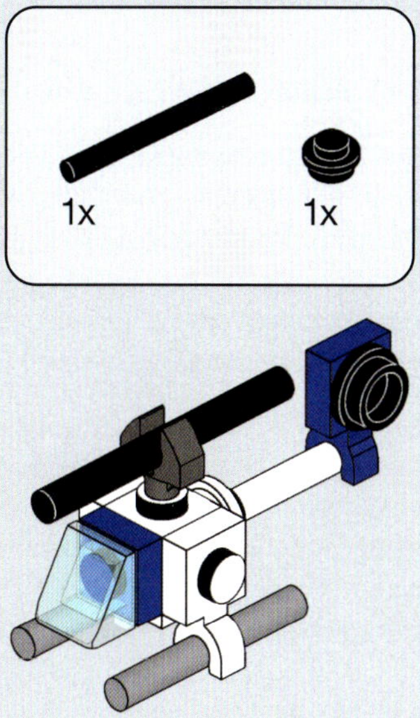

DÜSENFLUGZEUG

Düsentriebwerke bewegen eine 187 Tonnen wiegende Boeing 747-400 mit einer Reisegeschwindigkeit von 930 km/h durch die Luft.

Ingenieure lieben es, Fahrzeuge schneller zu machen. Manchmal können sie eine vorhandene Technologie verfeinern, und ein anderes Mal ist für höhere Geschwindigkeiten eine neue Erfindung gefragt. Der einem Propeller innewohnende Widerstand schränkt sein Flugtempo ein, weshalb Ingenieure einen völlig neuen Antrieb entwickelten, um Flugzeuge schneller zu machen: das Düsentriebwerk.

WIE FUNKTIONIERT EIN DÜSENTRIEBWERK?

Ein Düsentriebwerk bewegt ein Objekt voran, indem es einen Flüssigkeits- oder Gasstrahl nach hinten auswirft. Diese Methode, *Strahlantrieb* genannt, beruht auf dem dritten Newtonschen Gesetz der Wechselwirkung: Jede Handlung (Aktion) hat eine gleiche und eine entgegengesetzte Wirkung (Reaktion).

Um einen Strahlantrieb zu erzielen, zieht ein Düsentriebwerk Luft an, verdichtet sie und erhitzt dann die verdichtete Luft, damit sie schnell expandiert. Die heiße Hochdruckluft entweicht mit enormer Kraft durch eine rückwärtige Ausstrahldüse und erzeugt Schub. Unterschiedliche Düsentriebwerktypen arbeiten nach demselben Grundprinzip und weisen nur diverse Modifikationen im Design auf. Die Turbofan-Triebwerke von Verkehrsflugzeugen sind für Unterschallgeschwindigkeiten optimiert, während Turbojets und Ramjets besser für Überschallflugzeuge geeignet sind.

WAS IST ÜBERSCHALLGESCHWINDIGKEIT?

Schallwellen bewegen sich mit 1.235,98 km/h fort. Ein Objekt, das diese Geschwindigkeit übertrifft, trägt die Bezeichnung »Überschallobjekt«. Die Schallgeschwindigkeit wird auch *Mach 1* genannt. *Mach 2* ist die doppelte Schallgeschwindigkeit und so weiter.

WARUM HABEN ÜBERSCHALLFLUGZEUGE DREIECKIGE FLÜGEL?

Dreieckige Flügel, oder *Delta-Flügel*, erzeugen mit einem schlankeren Profil als herkömmliche Flugzeugflügel Auftrieb. Sie müssen nicht so weit vom Rumpf abstehen, was bei Überschallgeschwindigkeit weniger Widerstand erzeugt. Allerdings sind Delta-Flügel bei niedrigen Geschwindigkeiten weniger stabil.

TURBOFAN-TRIEBWERK

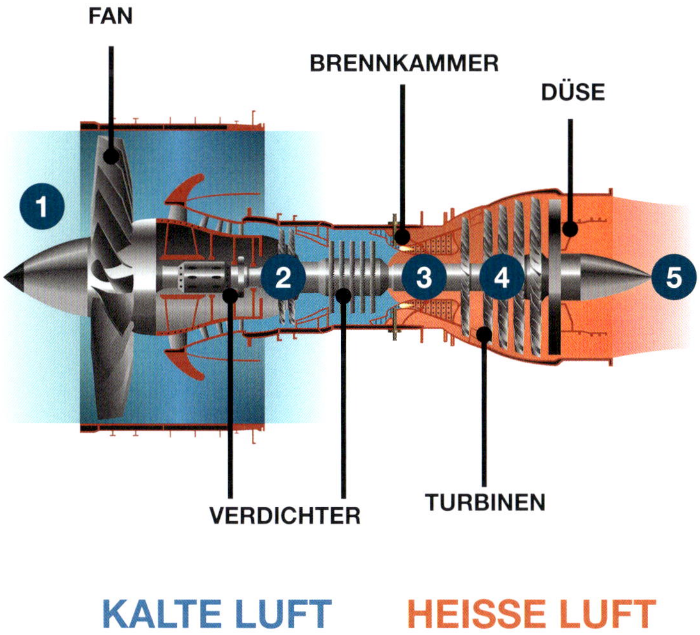

1. Luft tritt ein und wird vom Fan beschleunigt. Ein Teil der Luft wird in den Verdichter geleitet, und die restliche Luft zieht am Triebwerk vorbei und kühlt es.

2. Verdichter erhöhen den Luftdruck.

3. Die verdichtete Luft wird in der Brennkammer von brennendem Treibstoff erhitzt.

4. Die erhitzte Luft treibt die Turbinen an, die den Fan bewegen.

5. Die heiße Hochdruckluft entweicht mit hoher Geschwindigkeit durch die Abgasdüse und erzeugt Schub.

Ein auf der Concorde, die 2003 aus dem Dienst schied, basierendes Konzept für ein Überschall-Passagierflugzeug.

BAUE EIN LEGO-DÜSENFLUGZEUG

TURBOJET-TRIEBWERK
Passagierflugzeuge verwenden normalerweise Turbofan-Triebwerke, aber ihre großen Fans erzeugen zu viel Widerstand für Überschallgeschwindigkeiten. Dieses Flugzeug ist für Überschallgeschwindigkeiten ausgelegt, weshalb es Turbojet-Triebwerke nutzt, die sich für die Luftzufuhr auf schnelle Fortbewegung statt auf Fans verlassen.

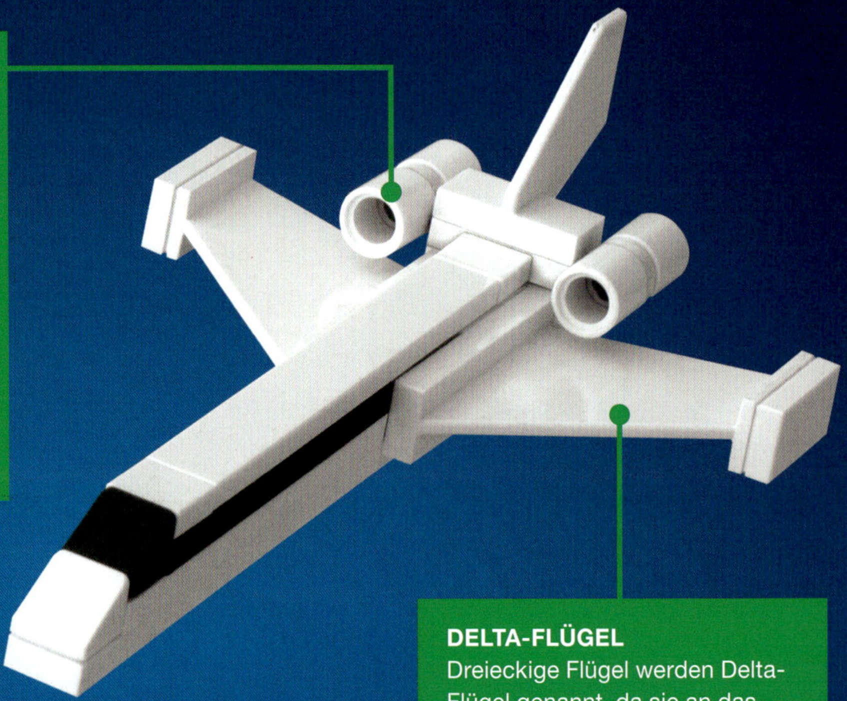

Dieses Modell ist ein Konzept eines Überschall-Passagierflugzeugs. Es basiert auf der Concorde, einem Überschall-Passagierflugzeug, das mit 2,04 Mach beziehungsweise 2.519 km/h flog. Die Concorde war von 1976 bis 2003 im Einsatz.

DELTA-FLÜGEL
Dreieckige Flügel werden Delta-Flügel genannt, da sie an das Symbol für den griechischen Buchstaben Delta erinnern: Δ.

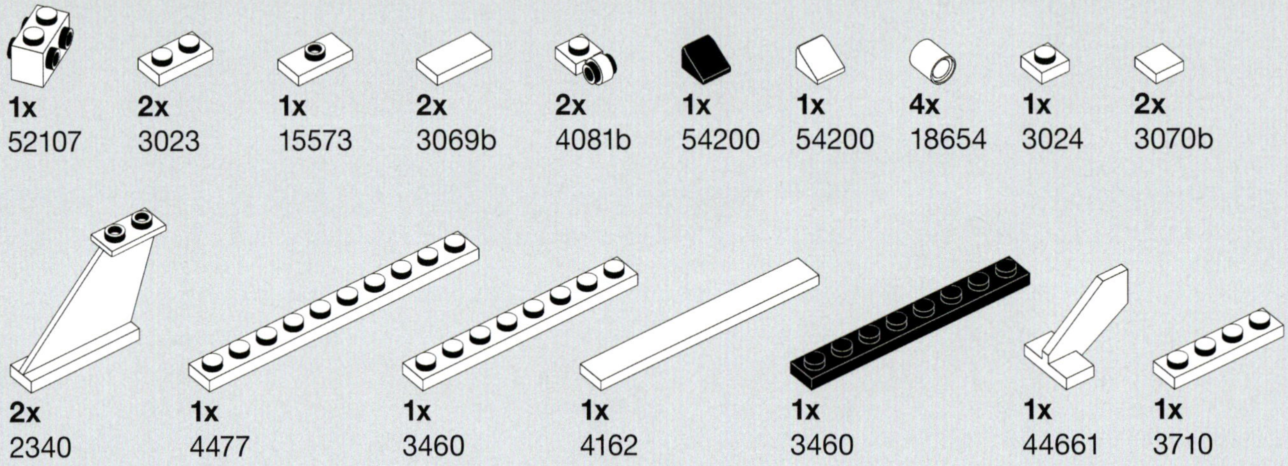

1

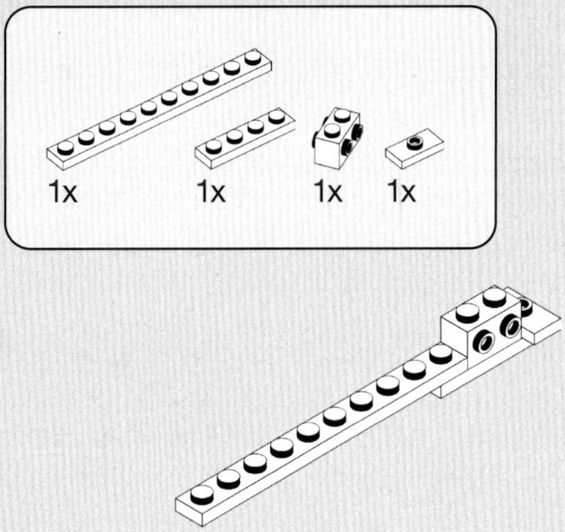

2

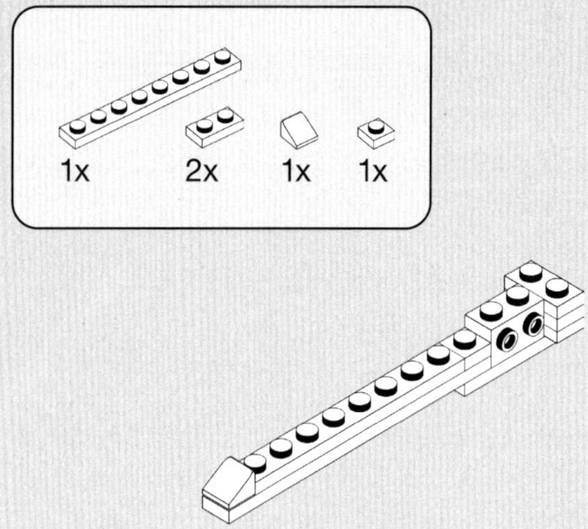

3

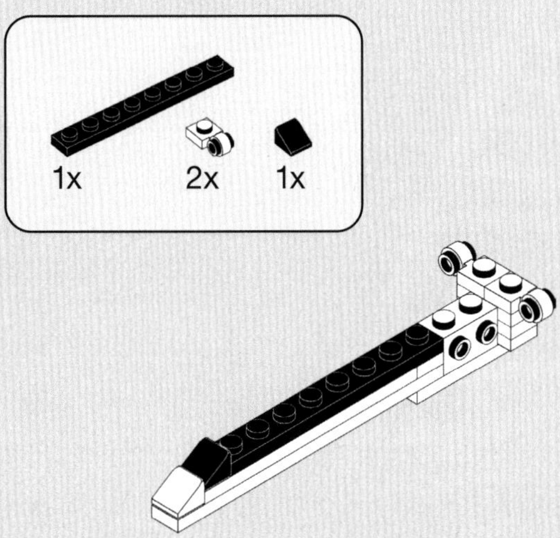

4

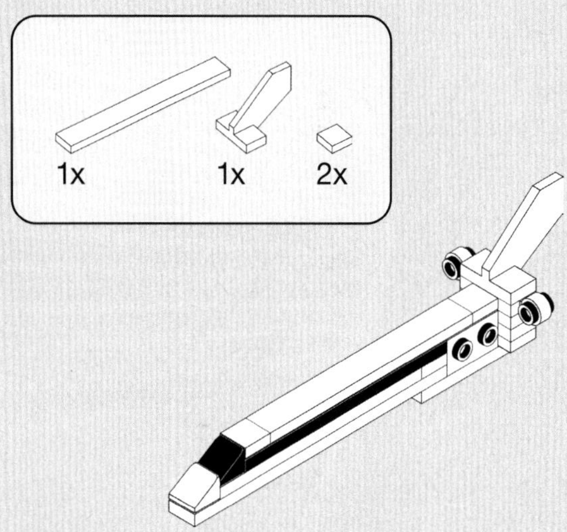

5

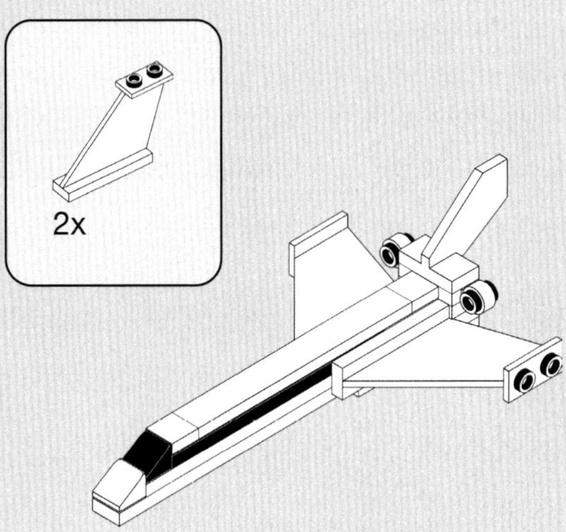

6

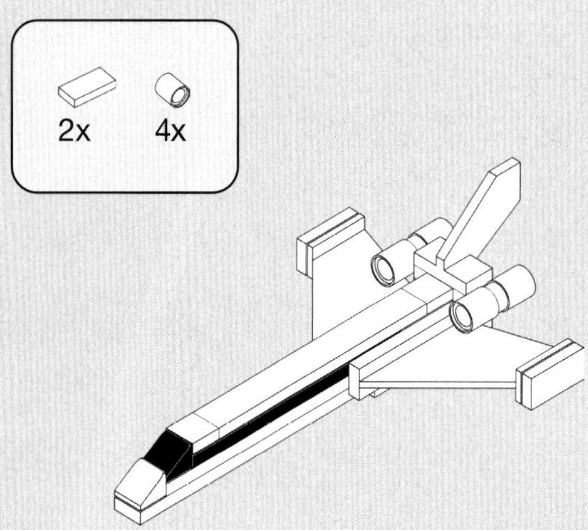

BEEIN-DRUCKENDE GEBÄUDE

Von Holzklötzen über »Lincoln Logs« (amerikanisches Holzspielzeug, 1916/17 erfunden von John Lloyd Wright, dem Sohn des berühmten Architekten Frank Lloyd Wright; Anm. d. Ü.) zu LEGO – der Drang, Türme zu bauen, scheint bei Kindern zum Instinkt zu gehören. Bei manch einem hört dieser Drang nie auf.

Mithilfe hochentwickelter Design-Software und moderner Baumaterialien wie Beton, Stahl, Titan und Glas schaffen Bauingenieure von heute Hightech-Monumente in den Skylines der ganzen Welt. Sei es durch innovative Designs oder einfach durch schiere Höhe – Ingenieure sind immer bestrebt, beim Bau neuer Gebäude bisherige Grenzen zu überschreiten.

VERDREHTER WOLKEN-KRATZER

Das Hochhaus namens Turning Torso im schwedischen Malmö brachte den Trend zu verdrehten Wolkenkratzern ins Rollen.

Santiago Calatrava ist Ingenieur, Architekt und Künstler. Er vereinte diese Fähigkeiten und entwarf den Turning Torso. 2015 fertiggestellt, setzte das Gebäude einen weltweiten Trend zu verdrehten Wolkenkratzern in Gang. Während solche Gebäude meistens aufgrund ihrer glatten und glänzenden Ästhetik Aufmerksamkeit erregen, ist ihr einzigartiges Design in einem praktischen bautechnischen Nutzen verwurzelt.

WAS IST DER VORTEIL EINES VERDREHTEN WOLKENKRATZERS?

Wolkenkratzer sind im Boden verankert, aber sie werden von Aerodynamik beeinflusst, wie alles andere am Himmel auch. Leider sind herkömmliche, eckige Wolkenkratzer nicht sonderlich aerodynamisch. Große Windkräfte auf ebenen Fassaden können ein Gebäude ins Wanken bringen, was zu strukturellen Schäden und Rissen in Fenstern führen kann. Der Winddruck wird durch die *Kármánschen Wirbelstraße* verstärkt, der Erzeugung von Wirbelwinden rund um das Gebäude, was das Gebäude in Vibrationen versetzen kann. Bauingenieure begegnen diesen Windkräften mit schweren Stahlrahmen und Betonkernen.

Die gewölbte Form eines verdrehten Wolkenkratzers hat den Vorteil, dass der Luftstrom rundherum von seinen Oberflächen abgelenkt wird. Das mindert die Windbelastung auf das Gebäude in großem Maße. Ingenieure haben zum Beispiel ermittelt, dass die verdrehte Form des Shanghai Tower die Windbelastung gegenüber einem ähnlich großen, eckigen Gebäude um 24 Prozent reduziert. Weniger Wind bedeutet, dass weniger Gebäudestruktur erforderlich ist, um diesem zu begegnen. Dank seiner Form wurde der Bedarf an Baumaterial für den Shanghai Tower um 20.000 Tonnen Stahl reduziert, eine Kostenersparnis von rund 55 Millionen Euro.

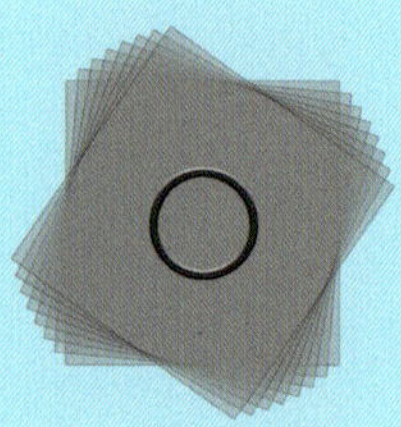

Eine Draufsicht zeigt, wie sich die Deckenplatten eines verdrehten Wolkenkratzers um einen zentralen Betonkern drehen.

WAS IST EINE KÁRMÁNSCHE WIRBELSTRASSE?

Luftwirbel entstehen, wenn Wind an den Seiten eines Wolkenkratzers entlang weht. Je nach Windgeschwindigkeit und Gebäudeform können sich die Wirbel in einem abwechselnden Muster bilden, ein Phänomen mit dem Namen Kármánsche Wirbelstraße. Die Fluktuationen des Luftdrucks können zu Vibrationen des Gebäudes führen, was wiederum bauliche Schäden hervorrufen kann.

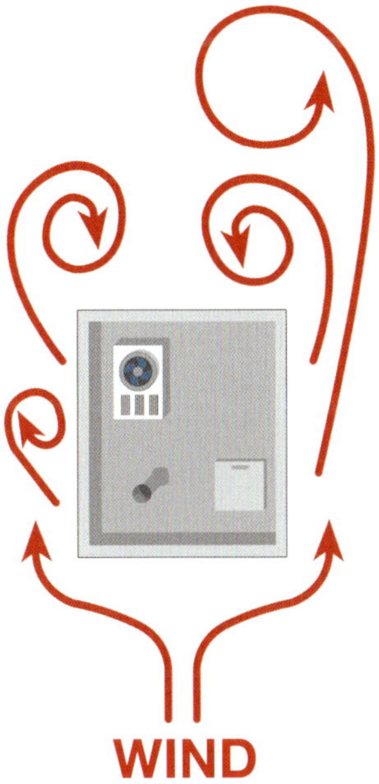

Ein verdrehter Wolkenkratzer lässt die Luft um ihn herum strömen, schwächt damit Luftdruck und das Phänomen der Kármánschen Wirbelstraße.

Die verdrehte Form des Shanghai Tower reduziert die Windbelastung um 24 Prozent, was zu einem geringeren Bedarf an Baumaterial wie Stahl und Beton führte.

Um seine Drehung zu erzielen, ist jede Etage des Cayan Tower in Dubai um 1,2 Grad um einen zylindrischen Fahrstuhl- und Servicekern gedreht.

BAUE EINEN VERDREHTEN LEGO-WOLKENKRATZER

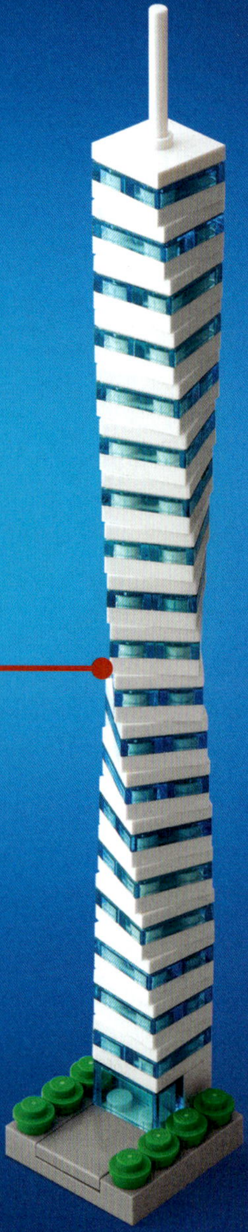

FLEXIBLES DESIGN

Die Drehung dieses Modell-Wolkenkratzers wird durch Drehen jeder Etage um 5 Grad erzielt. Du kannst den Grad der Drehung deines Wolkenkratzers in jedem von dir gewünschten Winkel vornehmen. Diese Drehung muss nicht von Etage zu Etage gleich sein. Füge mehr oder weniger Etagenplatten ein, um die Höhe des Gebäudes zu ändern.

38x
3023

8x
4073

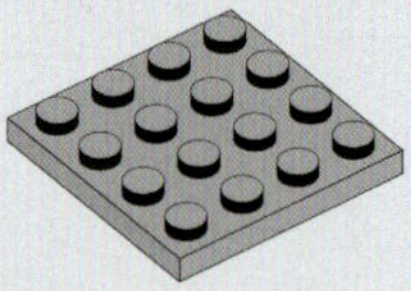

1x
3031

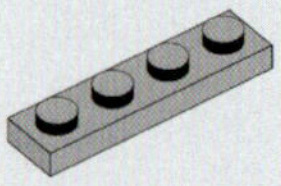

2x
3710

1x
3065

1x
3004

20x
3022

19x
87580

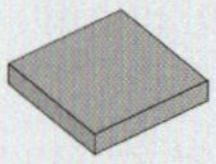

1x
3068b

1x
87994

1

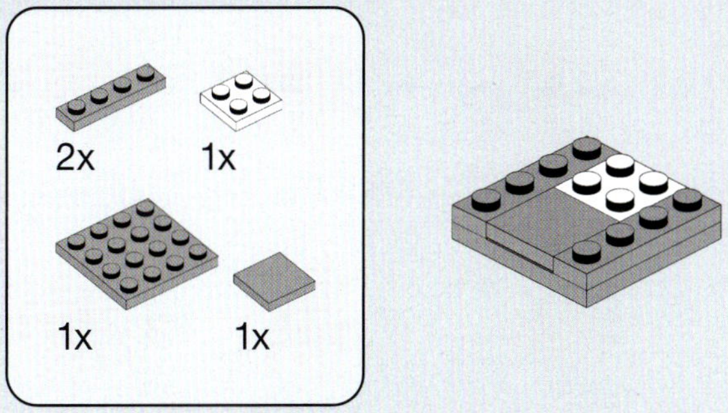

2

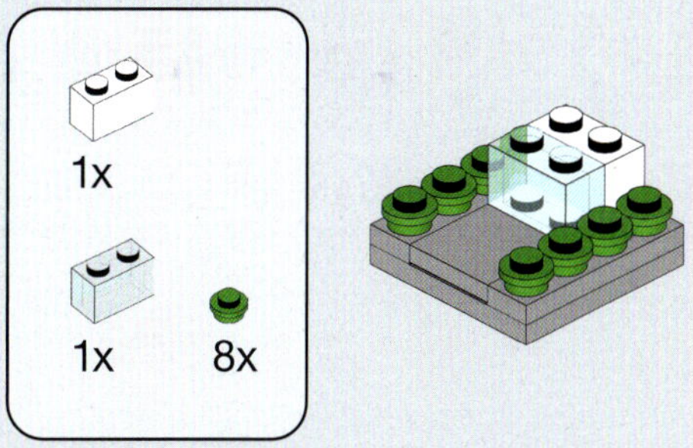

3

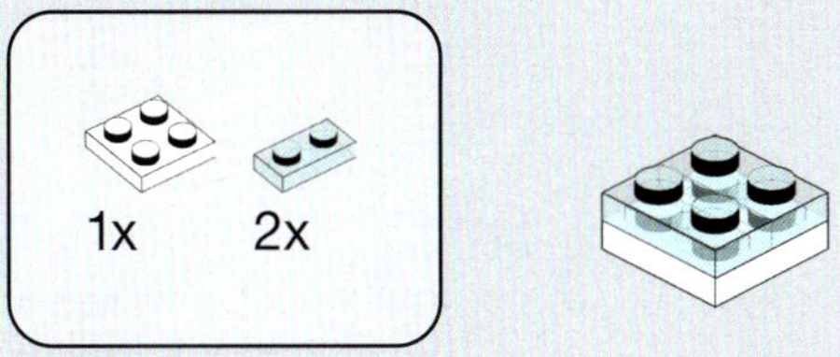

4

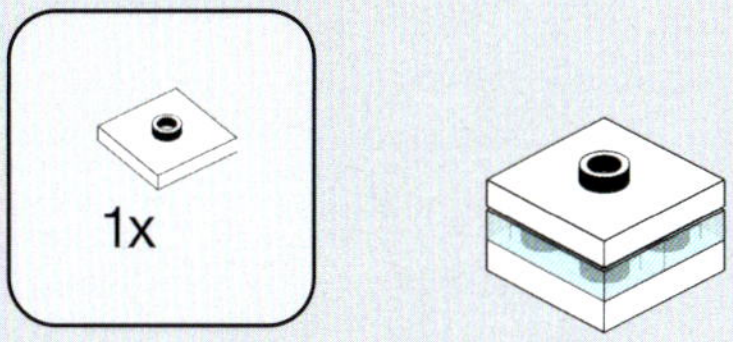

×19

5

Stapel die 19 Baugruppen aus Schritt 4 und verleihe jeder Einheit auf deinem Weg nach oben eine Drehung um 5 Grad.

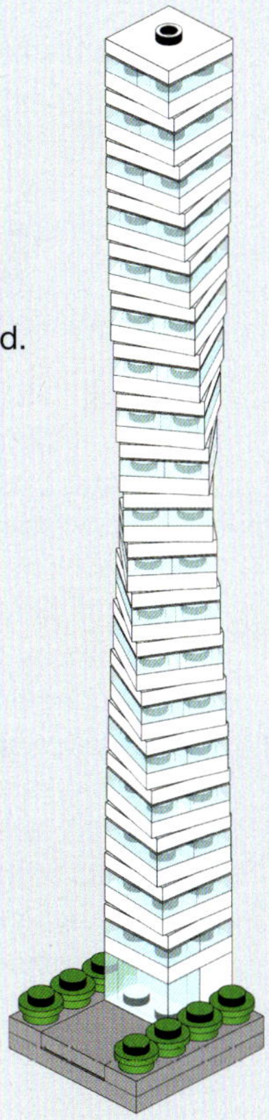

6

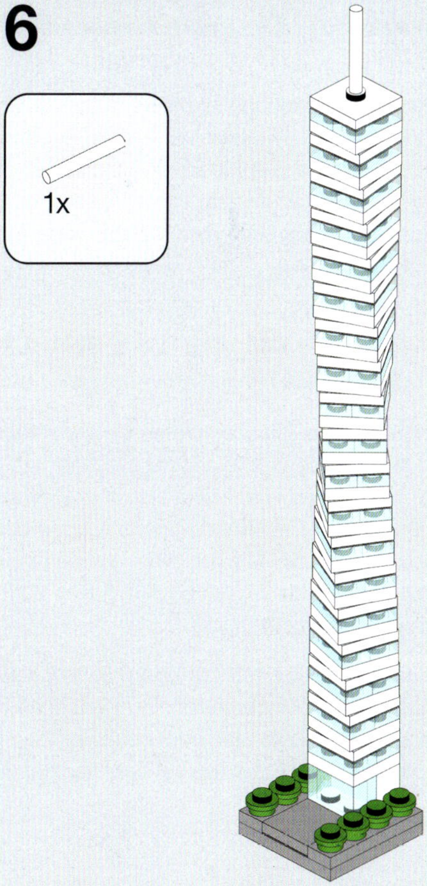

BEGRÜNTES GEBÄUDE

Bosco Verticale im italienischen Mailand enthält in seinen beiden Türmen mehr als 900 Bäume.

Begrünte Gebäude sind eine moderne Version eines technischen Wunders der Antike: die Hängenden Gärten von Babylon. Senkrechte Wälder in den Betondschungel zu bringen, schafft echte Vorteile für die Umwelt, erfordert aber auch eine Menge moderner technischer Innovationen.

WAS SIND DIE VORTEILE BEGRÜNTER GEBÄUDE?

Bäume und Pflanzen bieten eine kostengünstige Methode, Giftstoffe aus der Stadtluft zu filtern, und Kohlendioxid wird in Sauerstoff umgewandelt. Eine Studie des Bauunternehmens Arup förderte zutage, dass die Luftbelastung zwischen den beiden begrünten Bosco-Verticale-Gebäuden in Italien 20 Prozent unter der der Umgebung lag.

Senkrechte Gärten verringern zudem sowohl Außen- als auch Innentemperaturen. Ein Bedecken von Gebäudeoberflächen mit Blattwerk bekämpft den Effekt der *städtischen Hitzeinsel*, bei dem nackter Beton und andere Materialien die Hitze der Sonne speichern und Städte heißer als deren Umland machen. Darüber hinaus filtern Blätter das Sonnenlicht, das durch die Fenster des Gebäudes einfällt, was die Kosten für den Betrieb von Klimaanlagen senkt.

WIE BAUT MAN EINEN SENKRECHTEN WALD?

Pflanzen und ihr Nährmedium fügen einem Gebäude beträchtliches Gewicht zu. Um diesem Gewicht zu begegnen, werden bei Bosco Verticale Balkone mit 27,5 cm starkem Stahlbeton eingesetzt. Die Vegetationsbarriere unter dem Nährmedium verhindert, dass Wurzeln das Bauwerk schädigen. Auch der Einfluss des Winds muss berücksichtigt werden. Große Bäume müssen sicherheitshalber mit Drähten gesichert werden, und Stahlkäfige schützen exponierte Wurzelballen vor Böen. Die Pflanzen erfordern zudem ein Bewässerungssystem, damit sie gedeihen können. Bosco Verticale ist technisch so ausgelegt, dass es weitestgehend unabhängig ist und recyceltes Regenwasser im Bewässerungssystem verwendet.

WIE BEEINFLUSSEN GEBÄUDE DIE UMGEBUNGSTEMPERATUR?

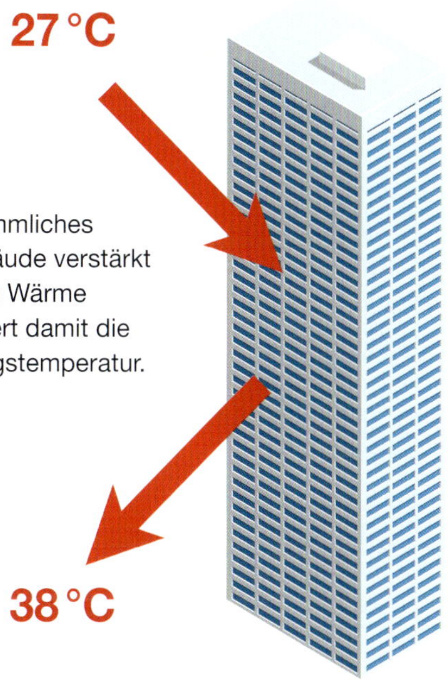

Ein herkömmliches Betongebäude verstärkt und strahlt Wärme aus, steigert damit die Umgebungstemperatur.

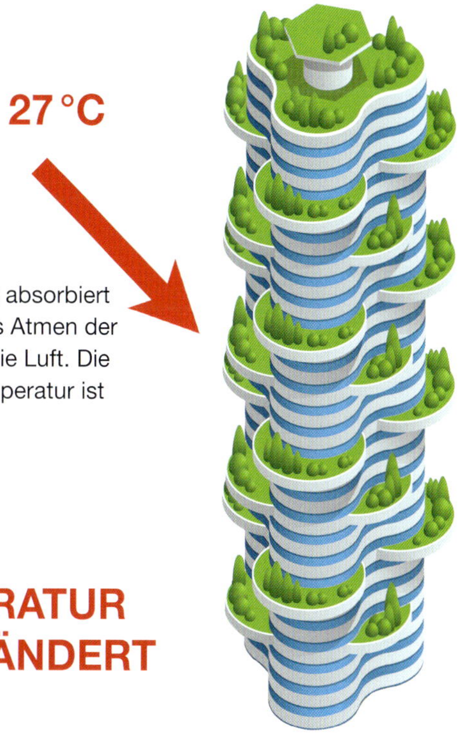

Volles Blattwerk absorbiert Wärme, und das Atmen der Pflanzen kühlt die Luft. Die Umgebungstemperatur ist unverändert.

TEMPERATUR UNVERÄNDERT

BESTANDTEILE EINES BEGRÜNTEN GEBÄUDES

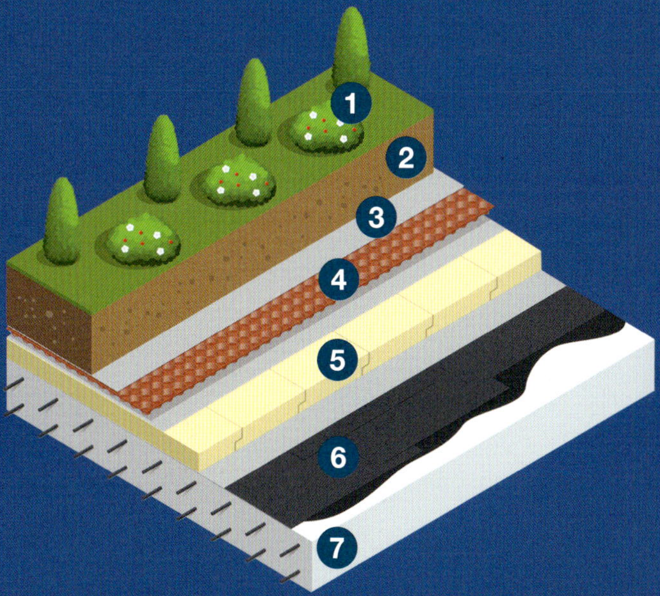

1. PFLANZEN
So gewählt, dass sie dem örtlichen Klima angepasst sind

2. NÄHRMEDIUM
Erde, Dünger und Kompost

3. FILTERMEMBRAN
Verhindert, dass die Vegetation durchdringt

4. DRAINAGE UND WASSERSPEICHERUNG
Entwässert das Dach und speichert überschüssiges Wasser in Behältern

5. THERMISCHE ISOLIERUNG
Schützt das Gebäude vor Hitze und Kälte

6. WASSERABDICHTUNG
Hält Wasser und Wurzeln vollständig ab, um das Gebäude zu schützen

7. GEBÄUDEDECKE
Stahlbeton, der das Mehrgewicht trägt

BAUE EIN BEGRÜNTES LEGO-GEBÄUDE

Pflanzen befreien die Luft von Schadstoffen, verhindern, dass das Gebäude Wärme ausstrahlt, und filtern das Sonnenlicht, um den Energieverbrauch von Klimaanlagen zu reduzieren.

Balkone erfordern eine zusätzliche Verstärkung, um das Gewicht der Pflanzen und ihrer Nährmedien zu tragen.

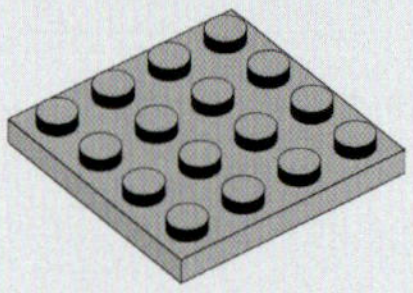

1x
3031

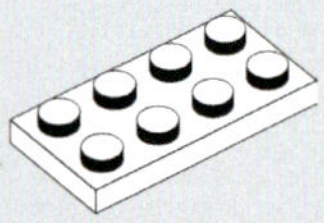

3x
3020

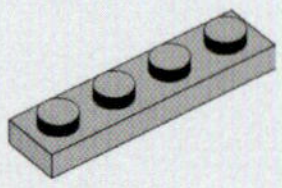

2x
3710

10x
3065

5x
3022

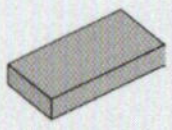

2x
3069b

4x
3024

13x
33183
9x
24866
16x
4073
13x
24866
9x
4073

1

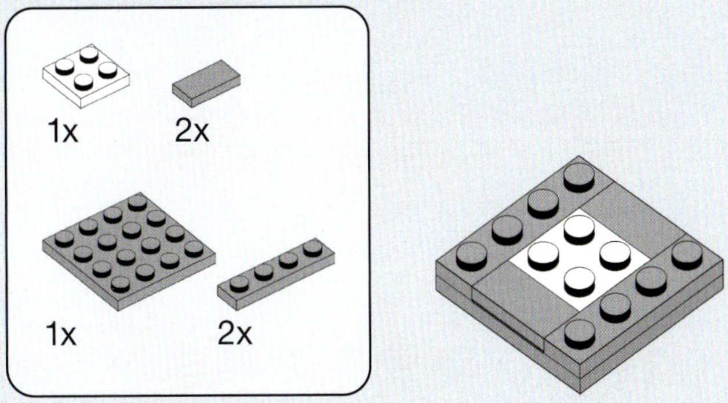
1x
2x
1x
2x

2

4x
2x
2x

3

2x
4x

4

2x
2x
1x
1x

5

2x
2x

6

2x
2x

7

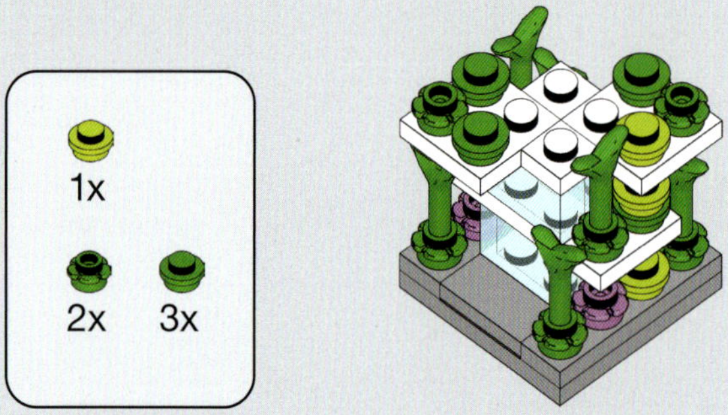

8

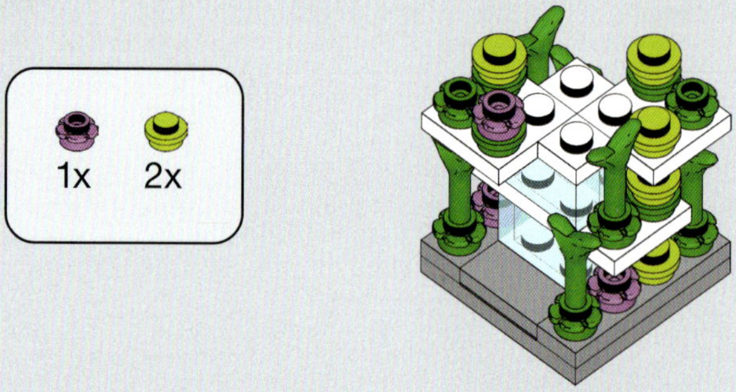

9

10

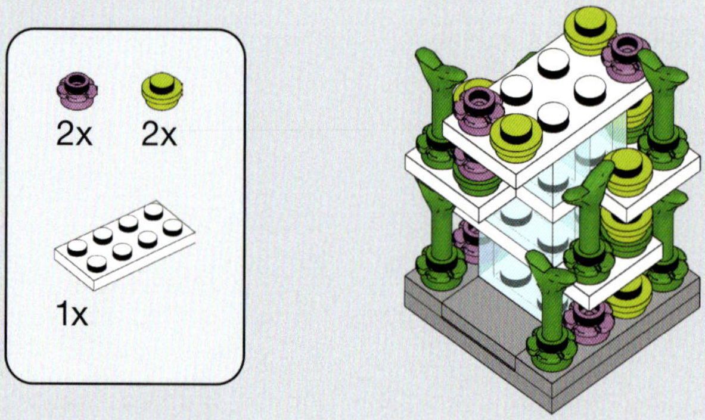

11

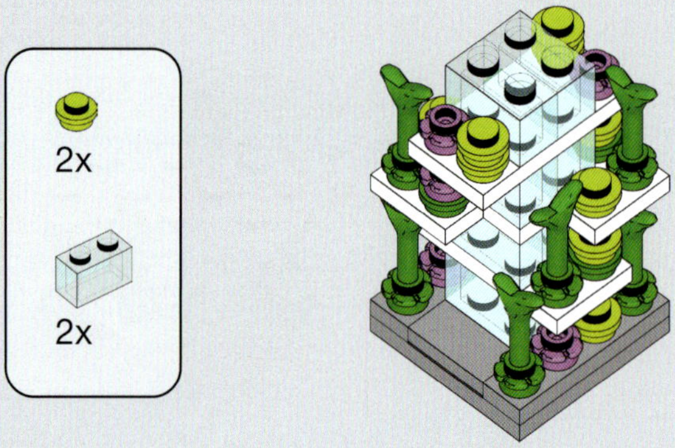

12

13

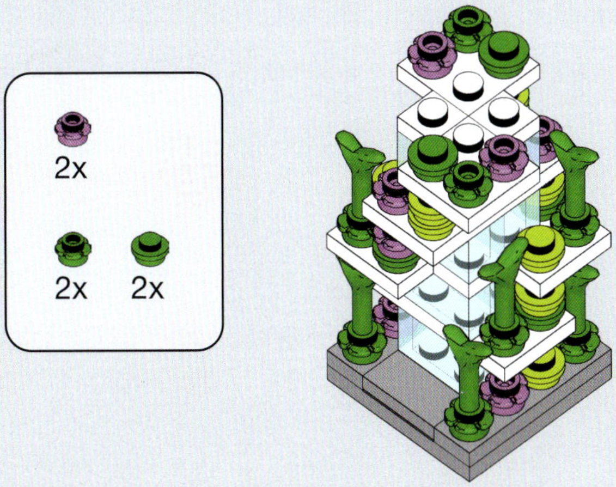

14

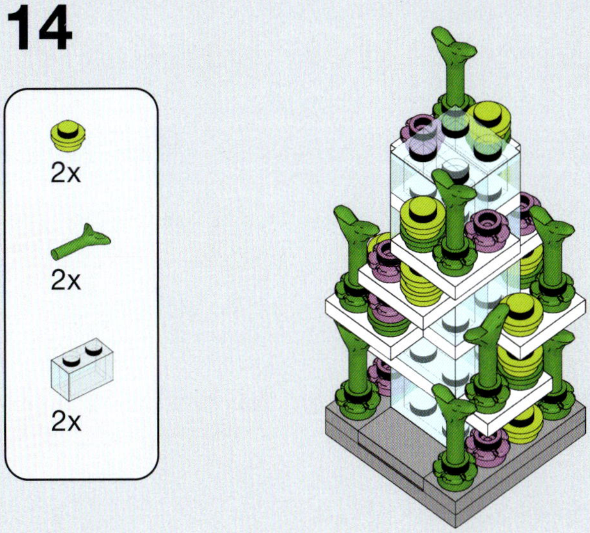

15

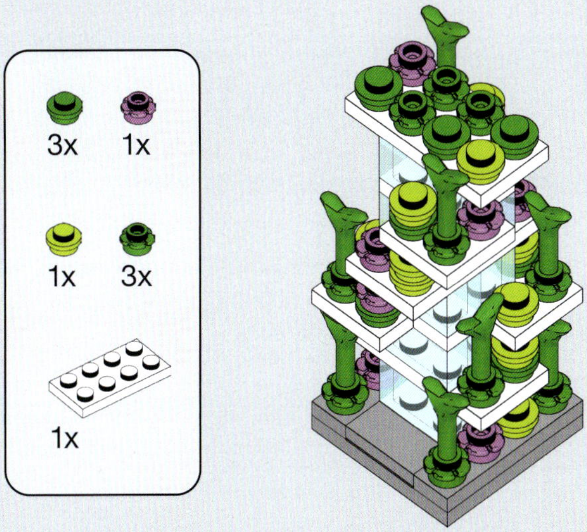

16

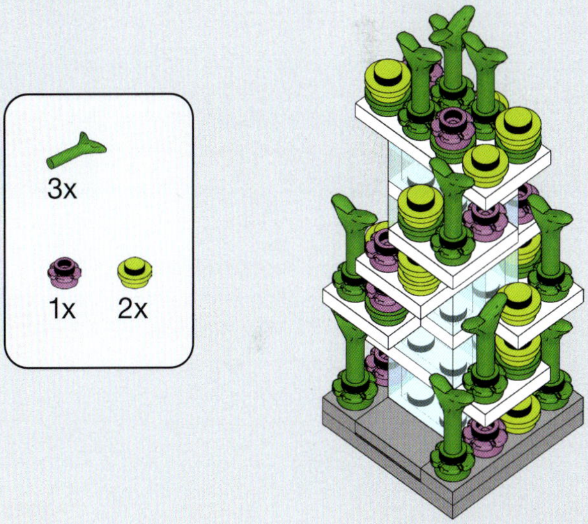

Gestalte den Bewuchs deines begrünten Gebäudes nach deinen Vorstellungen. Hier sind ein paar gute Steine, die du ausprobieren kannst.

PENCIL TOWER

Beim Wolkenkratzer 432 Park Avenue in New York handelt es sich um einen sogenannten Pencil Tower, ein Gebäude, das mindestens zehnmal höher ist, als es an seiner Basis breit ist.

In Metropolen wie New York und Hongkong hat eine Kombination aus hohen Immobilienpreisen und beschränktem Raum für Neubauten für eine Zunahme von *Pencil Towers* geführt, superschlanken Gebäuden, die mindestens zehnmal höher sind als ihre Breite an der Basis. Manche gehen noch viel weiter: 111 West 57th Street in New York, derzeit der schlankeste Turm der Welt, hat ein Höhe-zu-Breite-Verhältnis von 24:1.

WAS SIND DIE TECHNISCHEN HERAUSFORDERUNGEN EINES PENCIL TOWER?

Pencil Tower stellen für Bauingenieure eine besondere Herausforderung dar. Wie wir auf Seite 138 erfahren haben, sind hohe Gebäude windanfällig, und je höher das Gebäude ist, desto mehr Windbelastungen erfährt es. Winddruck kann nicht nur zu strukturellen Schäden an einem Wolkenkratzer führen, sondern auch während des Schwankens des Gebäudes bei seinen Bewohnern zur Bewegungskrankheit führen.

Die Form eines Gebäudes kann die Windlast verringern, wie wir bei den verdrehten Wolkenkratzern erfuhren, aber aus ästhetischen oder praktischen Gründen will nicht jeder Bauherr ein verdrehtes Gebäude haben.

Um traditionell geformte Pencil Towers aufrecht zu halten, verwenden Ingenieure offene Etagen, Schwingungstilger und Flüssigkeitsdämpfer.

WIE FUNKTIONIEREN OFFENE ETAGEN?

Zwischen jeweils zwölf belegten Etagen im 432 Park Avenue, einem Pencil Tower in New York, haben die Designer zwei zusätzliche, offene Etagen eingefügt. In diesen ungenutzten Etagen, in denen sich Gebäudeanlagen befinden, wurden die Fensteröffnungen offengelassen, sodass der Wind einfach hindurchwehen kann. Die offenen Etagen senken die Windbelastung auf das Gebäude um 10 bis 15 Prozent.

WAS IST EIN SCHWINGUNGSTILGER?

Ein *Schwingungstilger* ist ein enormes Gewicht, das kurz unterhalb der Spitze eines Wolkenkratzers an Seilen aufgehängt ist und wie ein Pendel frei schwingen kann. Wenn das Gebäude in eine Richtung schwankt, bewegt sich das Gewicht in die entgegengesetzte Richtung und erzeugt eine Gegenkraft, die die Bewegungen und Vibrationen des Gebäudes dämpft. Schwingungstilger können neben Wind auch von Erdbeben verursachte Bewegungen mindern.

EIN SCHWINGUNGSTILGER FÜR TOURISTEN

Taipei 101, mit 508 Metern eines der höchsten Gebäude der Welt, hat seinen Schwingungstilger in eine Sehenswürdigkeit für Touristen verwandelt. Der Dämpfer besteht aus 41 zusammengeschweißten Stahlplatten und wiegt 660 Tonnen. Mit einem Durchmesser von 5,5 Metern hängt er zwischen dem 92. und 87. Stock.

WAS IST EIN FLÜSSIGKEITSDÄMPFER?

Ein Volumen eingeschlossenen Wassers nahe an der Spitze eines Gebäudes wirkt wie ein Schwingungstilger. Wenn sich ein Gebäude in eine Richtung bewegt, verursacht es eine Welle, die in die entgegengesetzte Richtung schwappt. Das Gewicht des Wassers dämpft die Bewegungen des Gebäudes.

REDUZIERTE WINDBELASTUNG

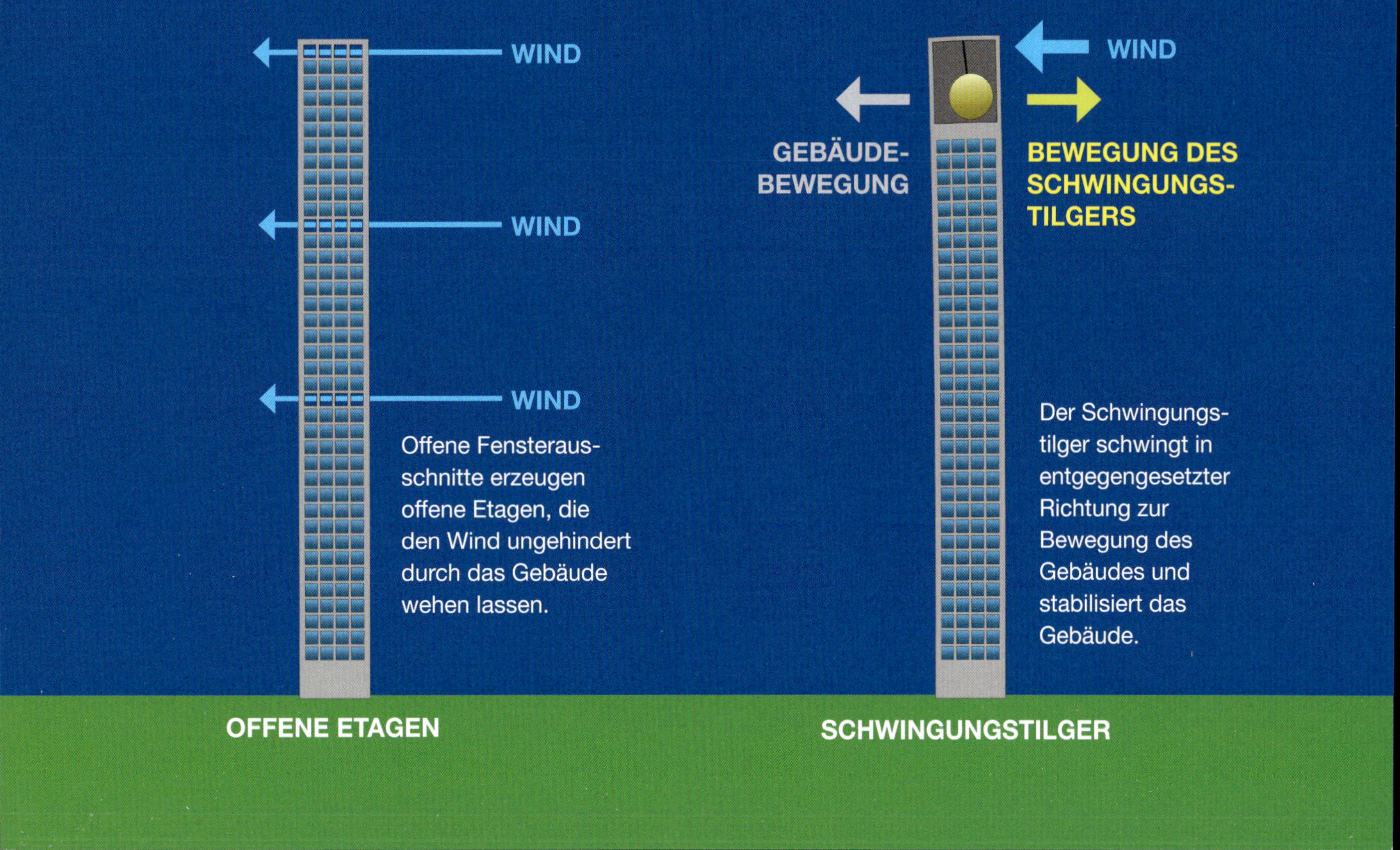

BAUE EINEN LEGO-PENCIL-TOWER

Offene Etagen lassen den Wind durch sie hindurchwehen, was den Winddruck auf das Gebäude um 10 bis 15 Prozent mindert.

Du kannst die Zahl der offenen Etagen erhöhen, um ein windbeständigeres Gebäude zu erhalten, was aber auf Kosten wertvoller Immobilienfläche geht.

Dieses Modell eines Pencil Tower ist elfmal höher als die Breite seiner Basis.

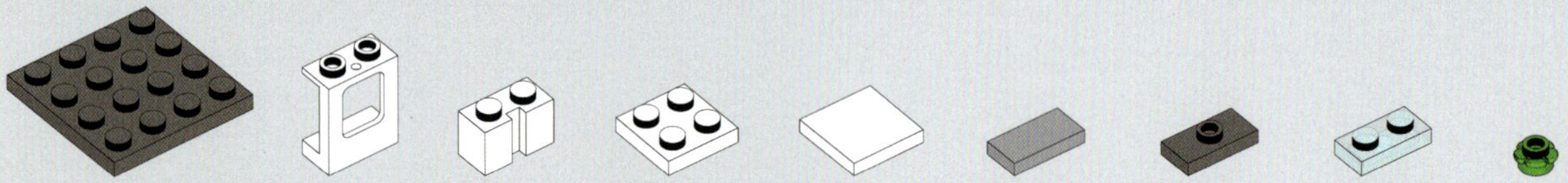

1x 3031

6x 60032

2x 4216

25x 3022

1x 3068b

2x 3069b

4x 15573

48x 3023

4x 24866

1

2

3

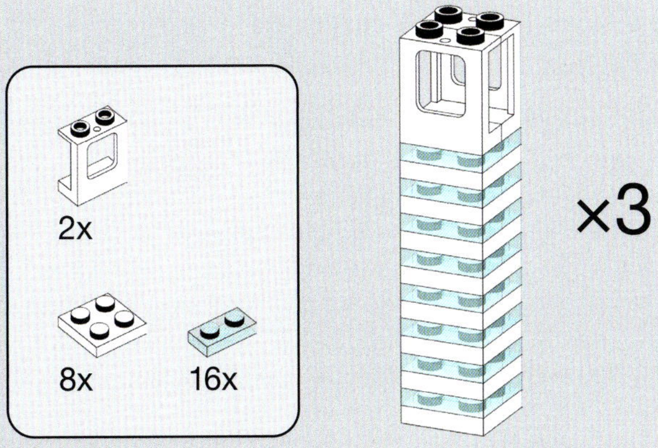

4

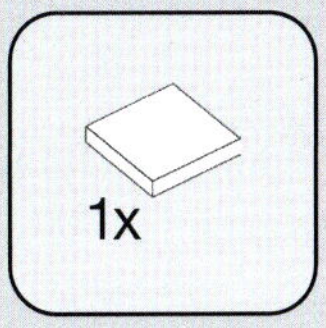

Stapel die drei Baugruppen aus Schritt 3 auf der Basis von Schritt 2. Ergänze die 2x2-Fliese auf der Spitze.

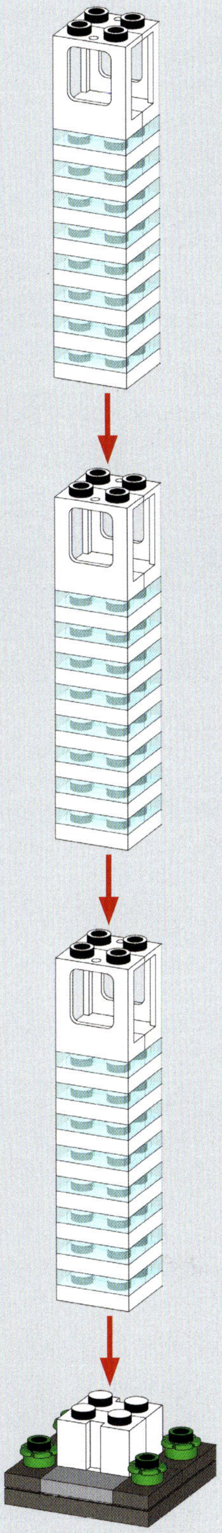

DAS INTERLACE

Das Interlace ist ein preisgekröntes, von Architekten entworfenes Appartementgebäude in Singapur.

Das Interlace in Singapur erfindet die städtische Landschaft neu, greift sich 31 Gebäude, die auch separat stehen könnten, und stapelt sie, wie beim Spiel Jenga, in einem scheinbar prekären Arrangement aufeinander. Bei näherer Betrachtung entdeckt man eine sorgfältig konstruierte Struktur, die für eine natürliche Belüftung ihr eigenes Mikroklima erschafft.

WAS IST DIE TECHNISCHE LOGIK DES INTERLACE-LAYOUTS?

Um das heiße, feuchte Klima von Singapur zu lindern, studierten Ingenieure die vorherrschenden Winde am Interlace-Standort und wandten beim Entwurf des Appartement-Komplexes das Gelernte an. Durch sorgfältige Anordnung der Gebäude und der landschaftlichen Merkmale schufen sie ein passives Freiluft-Klimaanlagensystem, eines, das weder mechanischen Betrieb noch Eingriffe erfordert.

Das Arrangement des Interlace leitet die vorherrschenden Winde durch Tunnel und enge Öffnungen, beschleunigt deren Tempo. Keine Sackgasse hindert den Luftstrom zwischen den Gebäuden. Wasserflächen sind strategisch angelegt und kühlen die Luft beim Vorbeiwehen. Außerdem kühlt Schatten der darüberliegenden Gebäude den Luftzug weiter ab. Der beschleunigte, abgekühlte Wind wird von den winkligen Wänden der Gebäude abgelenkt und bildet ein angenehmes Mikroklima innerhalb jedes der sechseckigen Höfe des Komplexes.

WIE WIDERSTEHEN DIE GESTAPELTEN INTERLACE-GEBÄUDE DEM ABSACKEN?

Die gestapelten Blöcke des Interlace bauen auf Gewicht tragenden Transferdecks aus Stahlbeton (Beton mit darin eingebettetem Stahlrahmen) auf. Transferdecks sind dazu vorgesehen, senkrechte Lasten über leeren Flächen hin zu abgestützten Bereichen auf jeder Seite umzuleiten. Die Transferdecks des Interlace können das Gewicht von zehn Airbus A380, die jeweils bis zu 560 Tonnen wiegen, tragen, ohne einzuknicken.

SCHAFFUNG VON MIKROKLIMATA

Das Interlace nutzt die vorherrschenden Winde vorteilhaft zum Kühlen seiner Außenbereiche. Wind wird durch enge Öffnungen und Tunnel verdichtet und beschleunigt. Wasserflächen auf dem Weg des Winds und Schatten der darüberliegenden Gebäude kühlen die Luft. Der auf natürliche Weise klimatisierte Wind wird von den sechseckigen Hofwänden abgelenkt und erzeugt ein angenehmes Mikroklima.

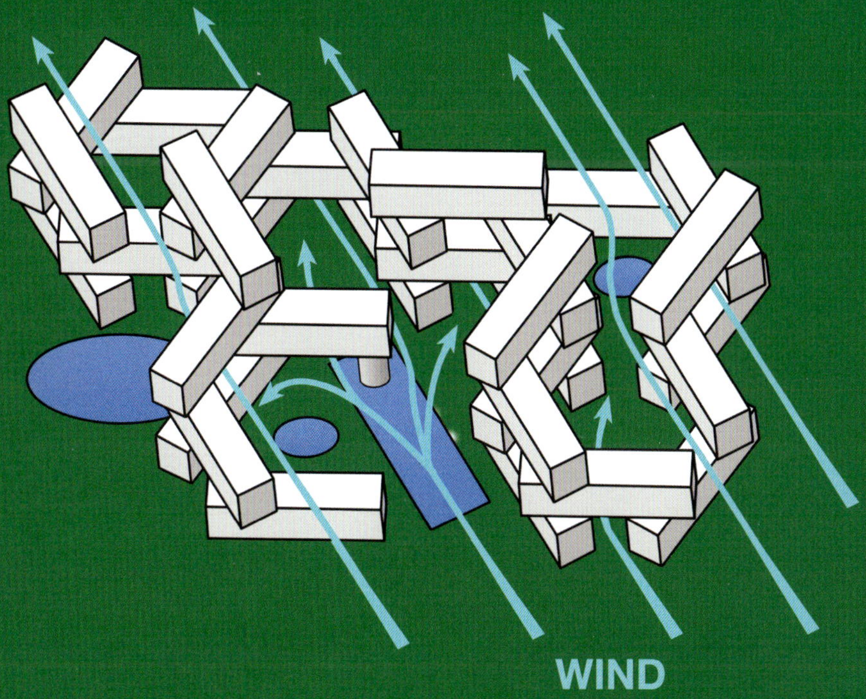

Gewicht tragende Transferdecks stützen die gestapelten Gebäude des Interlace.

BAUE EIN LEGO-INTERLACE

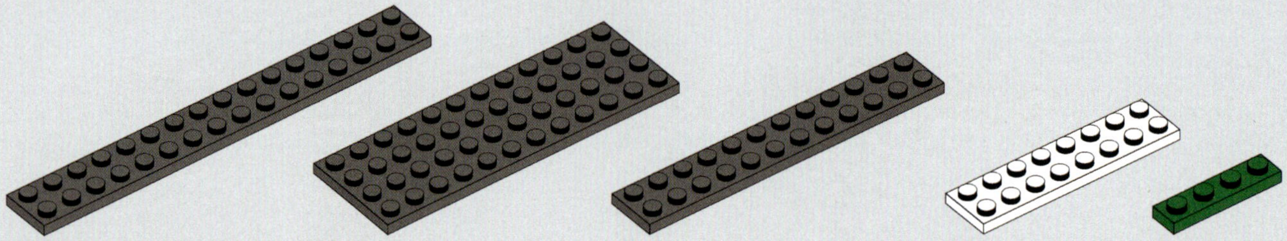

3x 4282

5x 3029

2x 2445

16x 3034

6x 3710

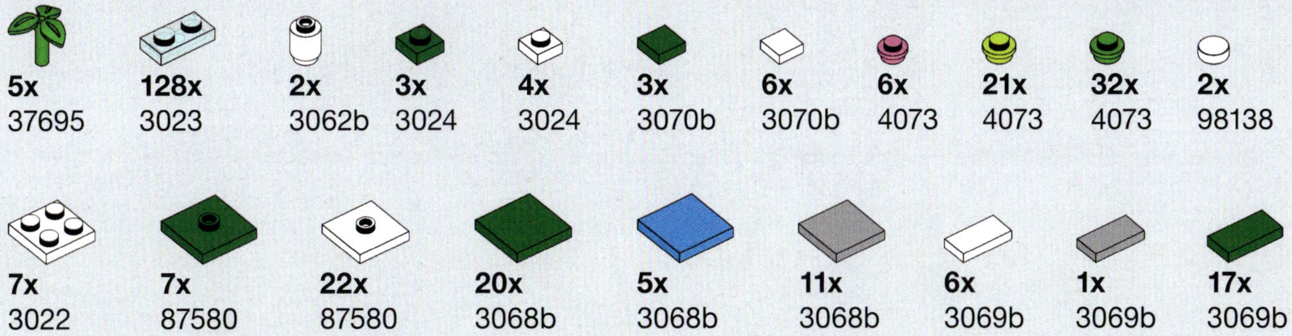
5x
37695
128x
3023
2x
3062b
3x
3024
4x
3024
3x
3070b
6x
3070b
6x
4073
21x
4073
32x
4073
2x
98138
7x
3022
7x
87580
22x
87580
20x
3068b
5x
3068b
11x
3068b
6x
3069b
1x
3069b
17x
3069b

1

3x
2x

2

5x

3

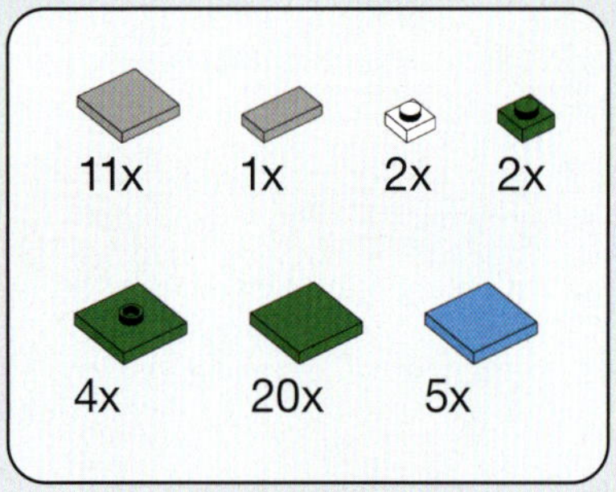

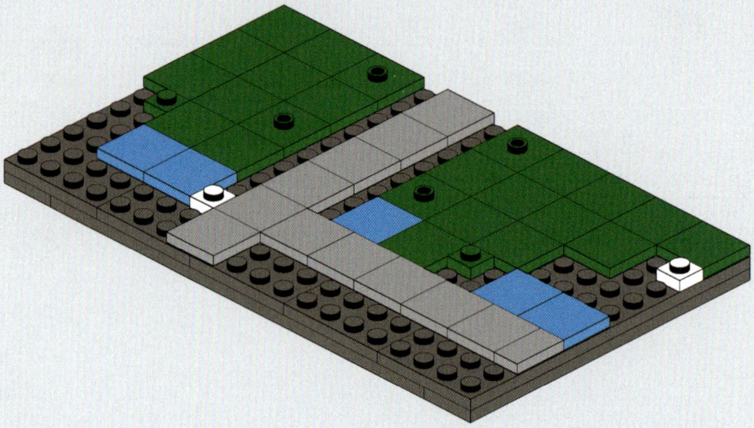

4

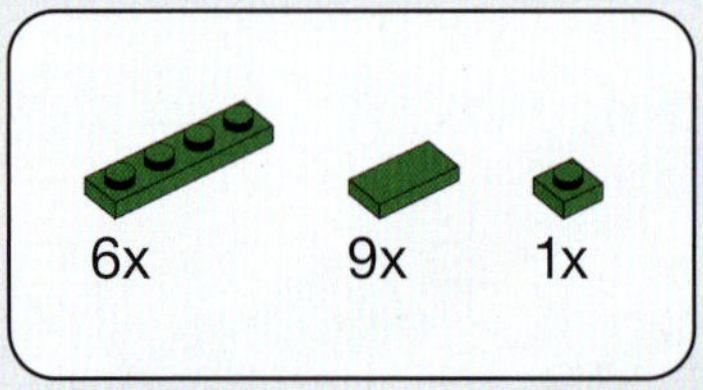

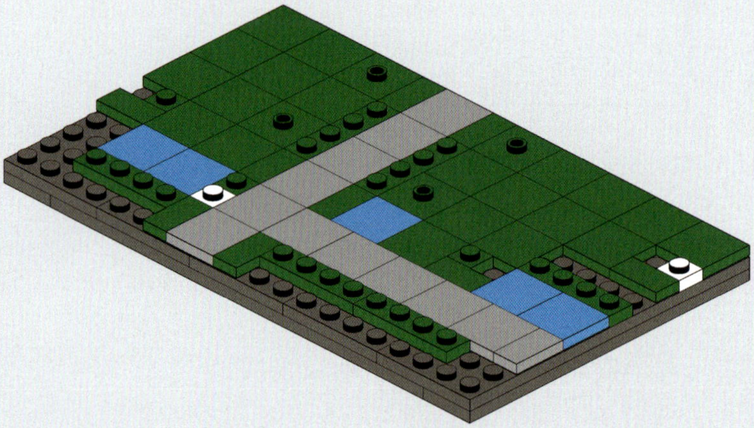

5

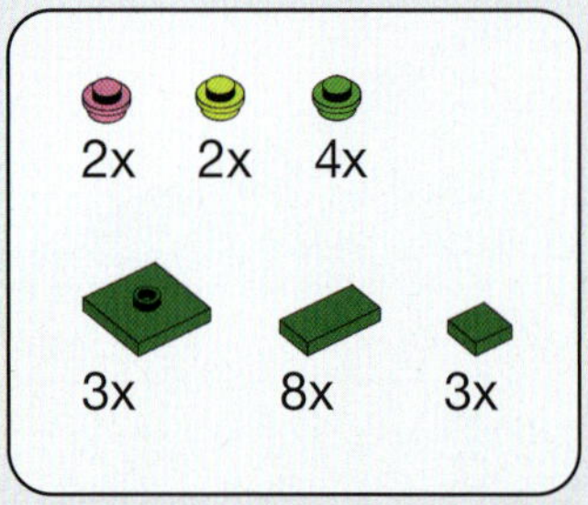

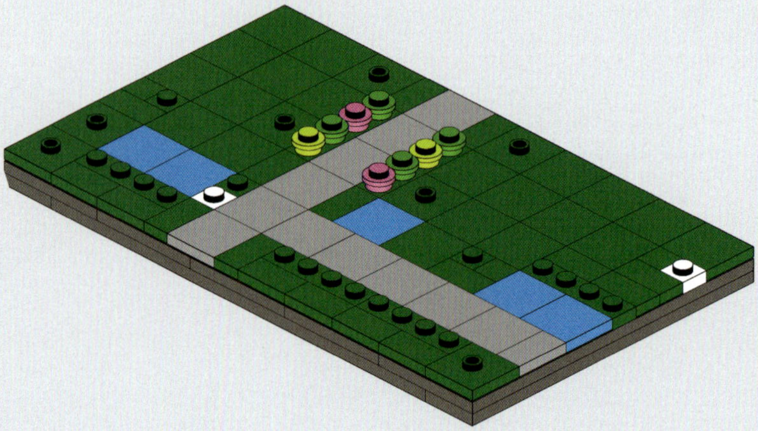

6

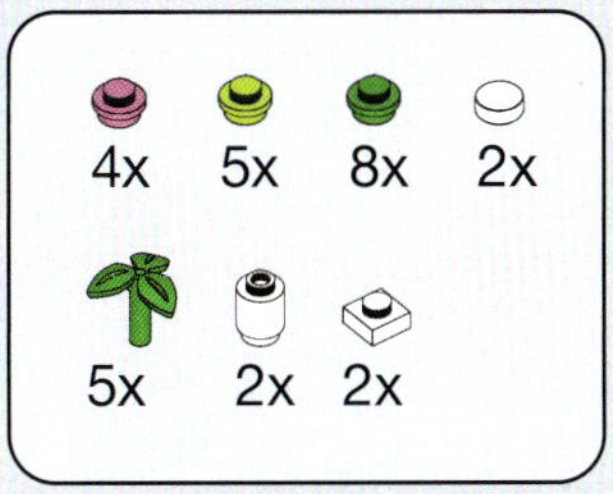

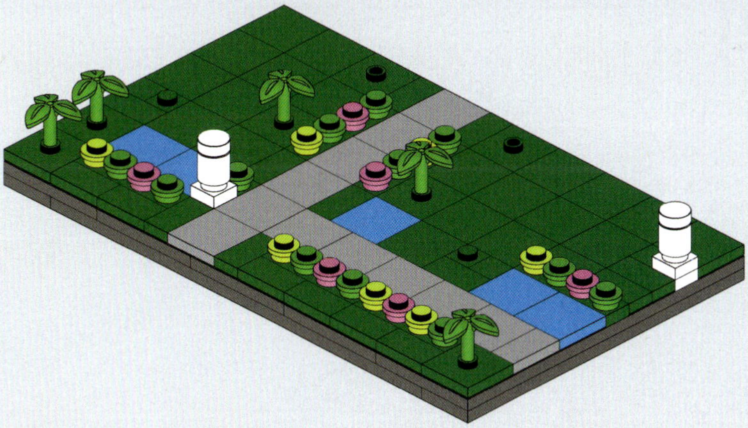

7

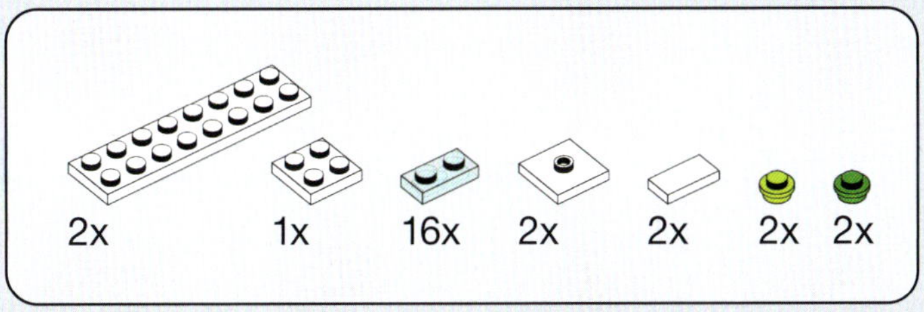

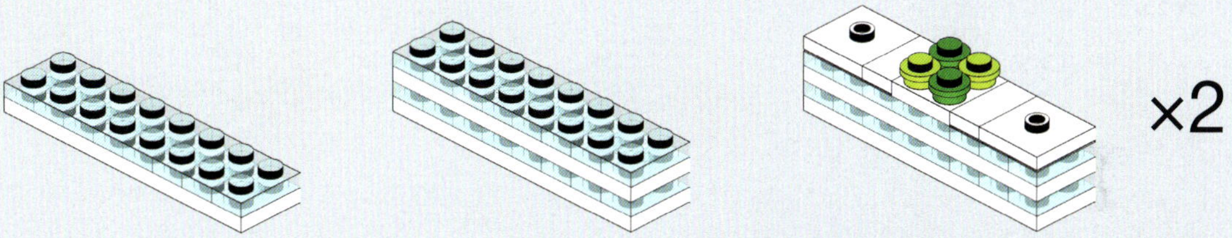

8

Platziere die zwei Baugruppen aus Schritt 7, wie dargestellt.

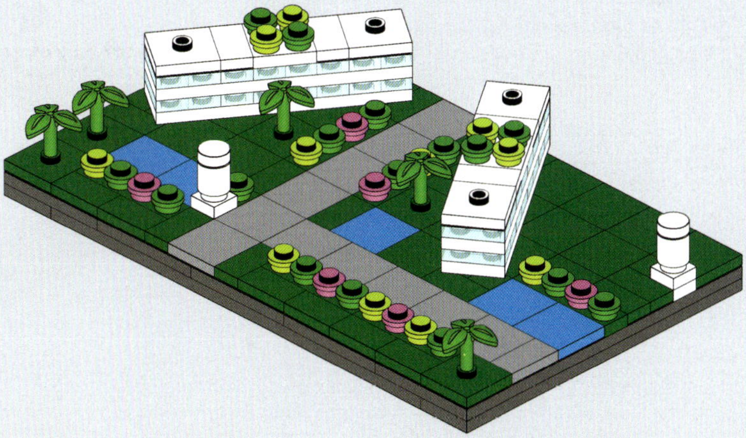

9

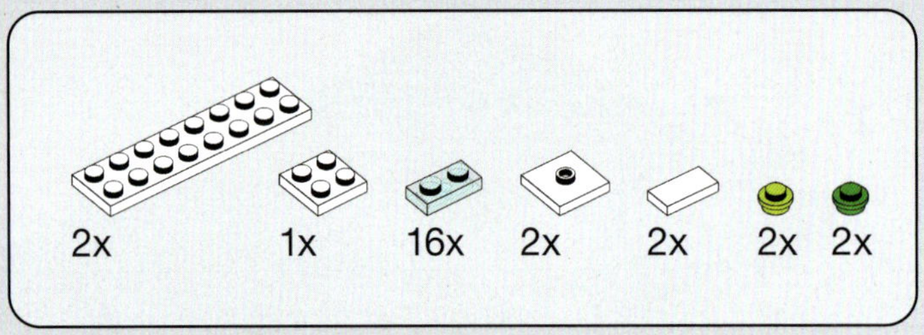

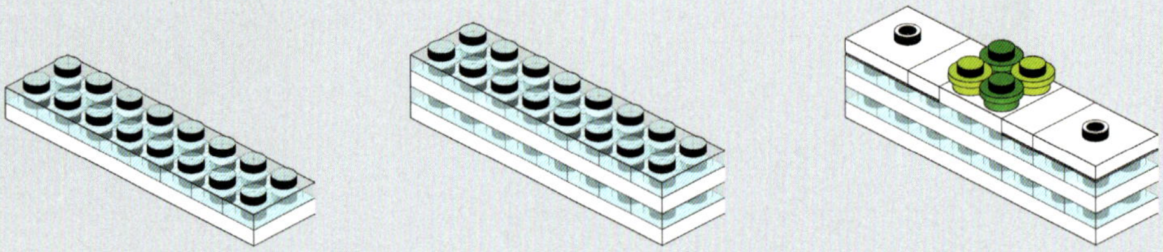

10

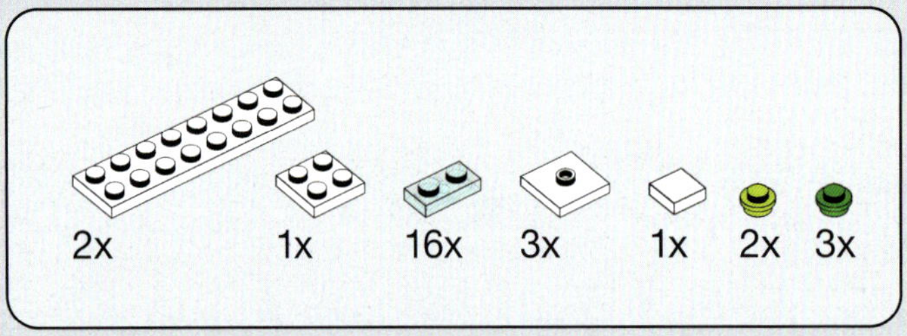

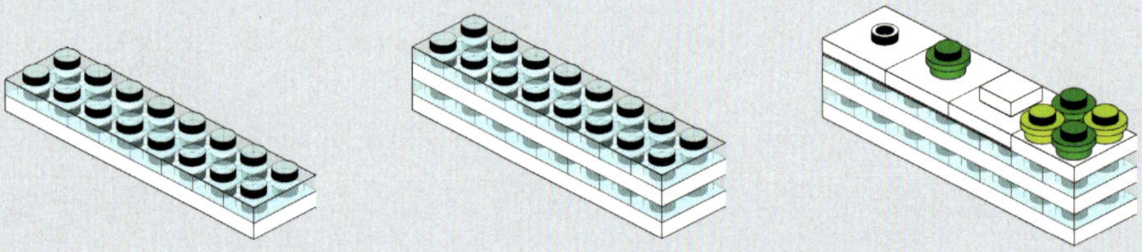

11

Platziere die Baugruppe aus Schritt 9 und die zwei Baugruppen aus Schritt 10, wie dargestellt.

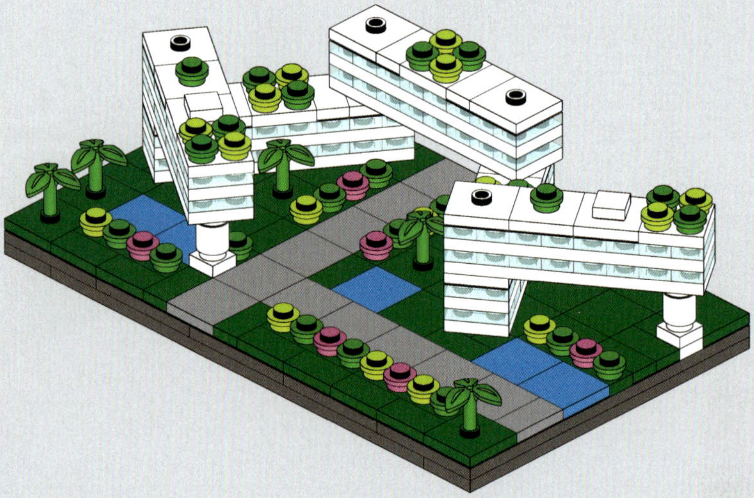

12

Platziere die zwei verbleibenden Baugruppen aus Schritt 10, wie dargestellt.

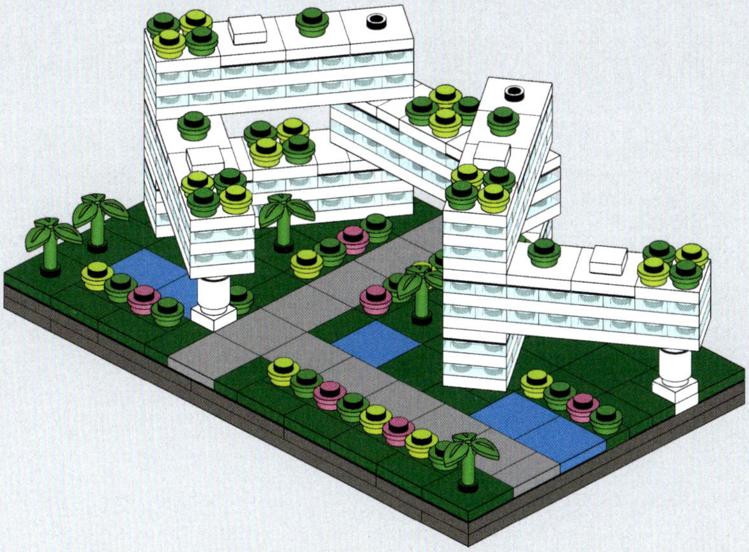

13

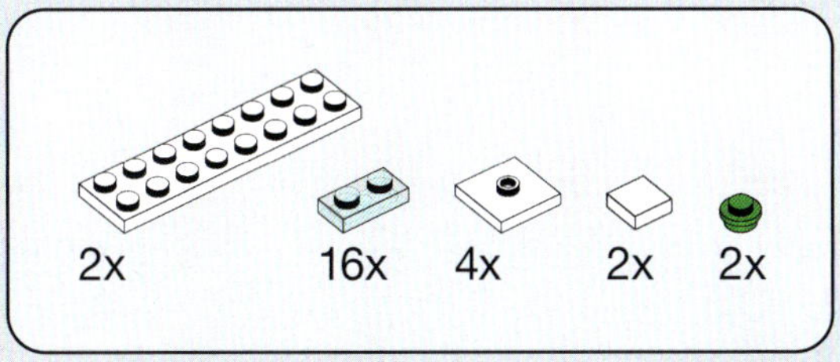

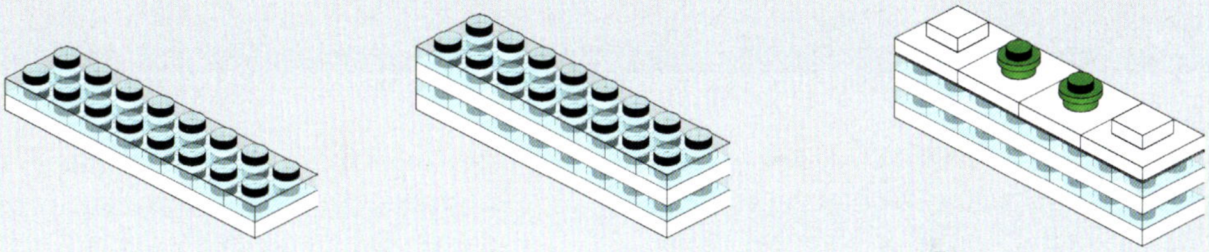

14

Ordne die Baugruppe aus Schritt 13 wie abgebildet an.

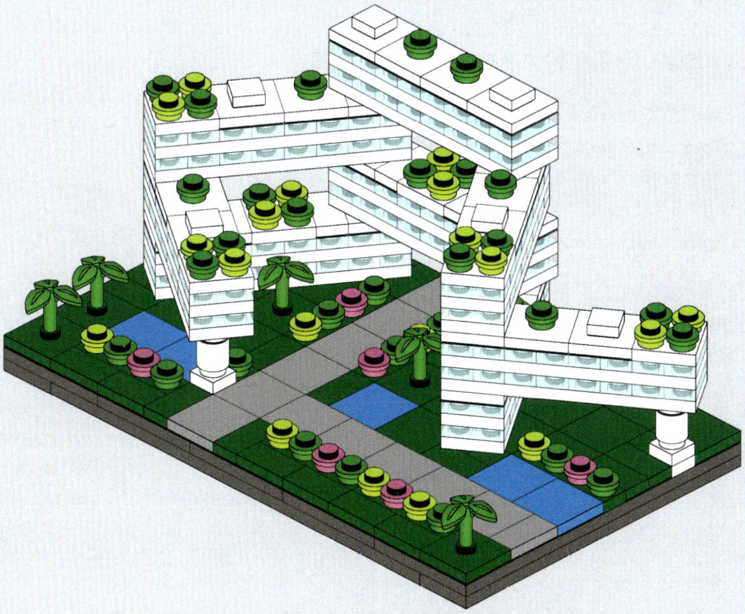

TURMDREHKRAN

Turmdrehkrane sind für den Bau hoher Gebäude vorgesehen.

Turmdrehkrane sind die sicherste und effizienteste Maschine für die senkrechte Beförderung schwerer Lasten. Ingenieure sind von ihnen beim Bau hoher Wolkenkratzer abhängig. Genau wie die Gebäude, bei deren Errichtung sie helfen, sind Turmdrehkrane selbst ebenfalls eine technische Meisterleistung.

WIESO KIPPEN KRANE NICHT UM?

Eine Kranabstützplatte aus Beton ist auf der Baustelle das Fundament für die Stabilität eines Krans. Die Kranabstützplatte ist in der Regel 100 m^2 groß, 1,2 m stark und wiegt rund 180 Tonnen. Große Ankerbolzen sichern die Basis des Krans auf der Platte.

Die senkrechte Struktur des Krans, *Mast* genannt, hat einen auf Dreiecken basierenden Stahlrahmen, wie eine Fachwerkbrücke. Der Rahmen muss extrem steif sein, da er die gesamte Last des Krans in den Boden leitet.

Die beiden waagerechten Arme des Krans sind ebenfalls Fachwerkstrukturen. Der längere Arm, *Ausleger* genannt, trägt die vom Kran bewegten Lasten. Der kürzere Arm, der *Gegenausleger*, ist mit großen Betonblöcken ausgestattet, die als Gegengewicht für die Last am Ausleger dienen. Die beiden Arme des Krans sind Ausleger, die über Seile am höchsten Punkt des Krans verbunden sind. Diese Arme gleichen sich gegenseitig aus und halten die Last des Krans über dem verankerten Mast zentriert.

WIE KÖNNEN KRANE SCHWERE LASTEN HEBEN?

Lasten werden senkrecht von der *Hakenflasche* bewegt, die an einer Laufkatze montiert ist und sich längs auf dem Ausleger bewegt. Die Stahlseile, die diese Teile miteinander verbinden, werden von einem sehr kräftigen Motor auf dem Gegenausleger bewegt. Die Belastung des Motors und der Struktur wird durch Führung der Seile durch ein Flaschenzugsystem reduziert. Eine einfache Riemenscheibe ändert die Richtung des Aufwands, der zum Heben einer Last notwendig ist. Eine Reihe verbundener Riemenscheiben senkt den Aufwand, der zum Heben einer Last notwendig ist.

BESTANDTEILE EINES TURMDREHKRANS

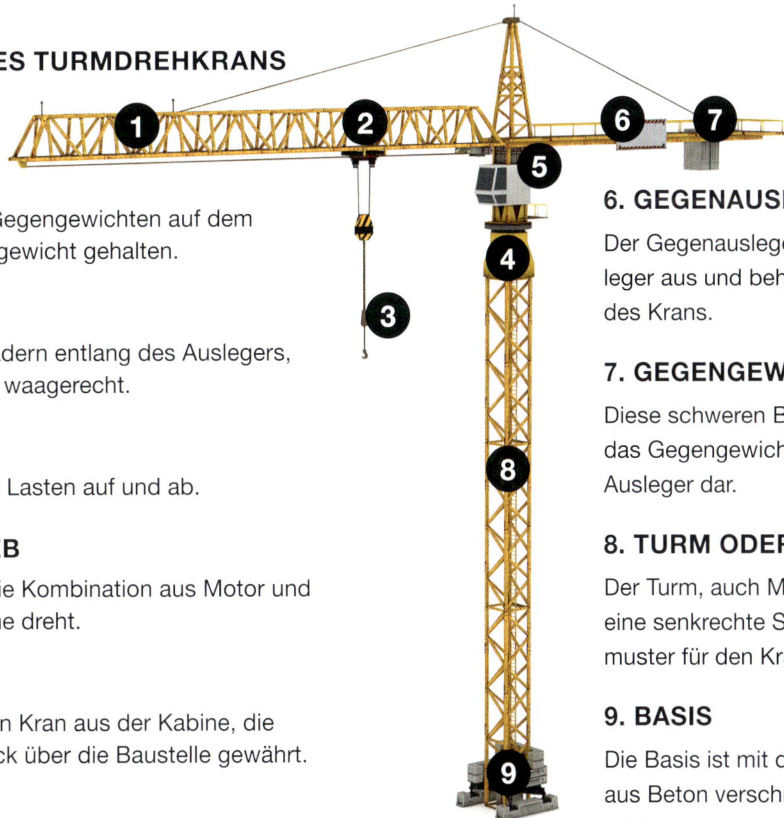

1. AUSLEGER

Der Ausleger trägt die vom Kran bewegte Last. Er wird von Beton-Gegengewichten auf dem Gegenausleger im Gleichgewicht gehalten.

2. LAUFKATZE

Die Laufkatze läuft auf Rädern entlang des Auslegers, bewegt die Hakenflasche waagerecht.

3. HAKENFLASCHE

Die Hakenflasche bewegt Lasten auf und ab.

4. SCHWENKANTRIEB

Der Schwenkantrieb ist die Kombination aus Motor und Getriebe, die die Kranarme dreht.

5. KABINE

Der Kranführer steuert den Kran aus der Kabine, die einen eindrucksvollen Blick über die Baustelle gewährt.

6. GEGENAUSLEGER

Der Gegenausleger gleicht den Ausleger aus und beherbergt die Motoren des Krans.

7. GEGENGEWICHT

Diese schweren Betonblöcke stellen das Gegengewicht für die Lasten am Ausleger dar.

8. TURM ODER MAST

Der Turm, auch Mast genannt, bildet eine senkrechte Stütze im Fachwerkmuster für den Kran.

9. BASIS

Die Basis ist mit der Kranabstützplatte aus Beton verschraubt, die den Kran trägt.

FLASCHENZUG

Eine einfache Riemenscheibe ändert die Richtung – aber nicht die Höhe – des Aufwands, die zum Heben einer Last notwendig ist. Eine Reihe verbundener Riemenscheiben senkt den Aufwand, der zum Heben einer Last notwendig ist, erhöht aber die Menge an Seil, die aufgerollt werden muss. Während jede Riemenscheibe die Menge des benötigten Seils verdoppelt, halbiert sie auch den erforderlichen Aufwand beim Ziehen: Mit zwei Riemenscheiben sind zum Beispiel 50 Kilogramm Aufwand zum Heben einer Last von 100 Kilogramm notwendig. Krane verwenden eine Reihe verbundener Riemenscheiben, Flaschenzug genannt, um die Belastung für ihre Motoren und ihre Stuktur zu reduzieren.

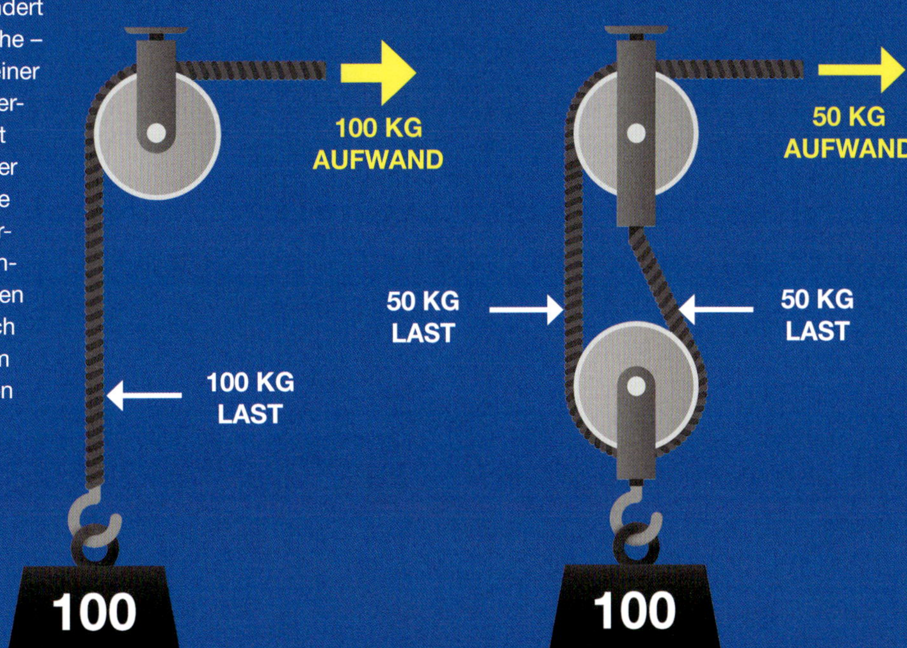

BAUE EINEN LEGO-TURMDREHKRAN

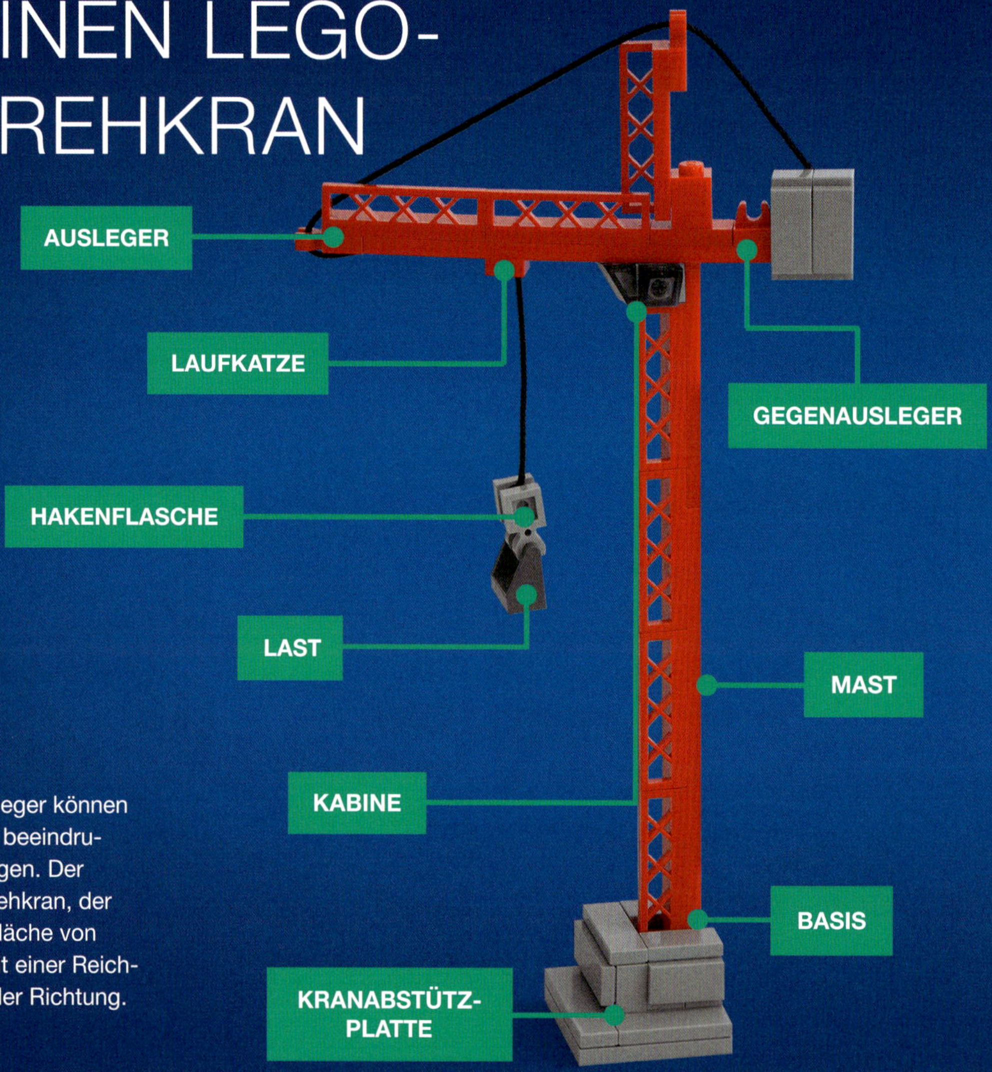

Dank der ausladenden Ausleger können Kranführer Lasten auf einer beeindruckend großen Fläche bewegen. Der größte freistehende Turmdrehkran, der Kroll K-10000, deckt eine Fläche von sechs Fußballfeldern ab, mit einer Reichweite von 100 Metern in jeder Richtung.

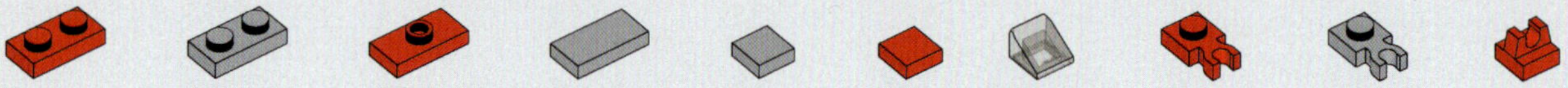

1x	1x	1x	9x	1x	1x	2x	3x	2x	1x
3023	3023	15573	3069b	3070b	3070b	54200	4085c	4085c	2555

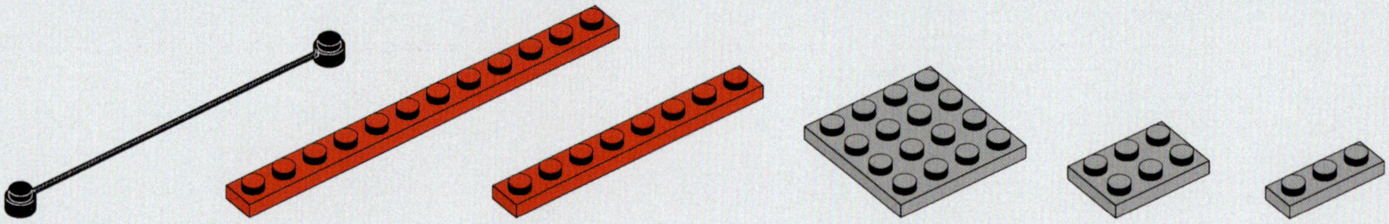

1x	1x	2x	1x	1x	1x
x127c31	60479	3460	3031	3021	3623

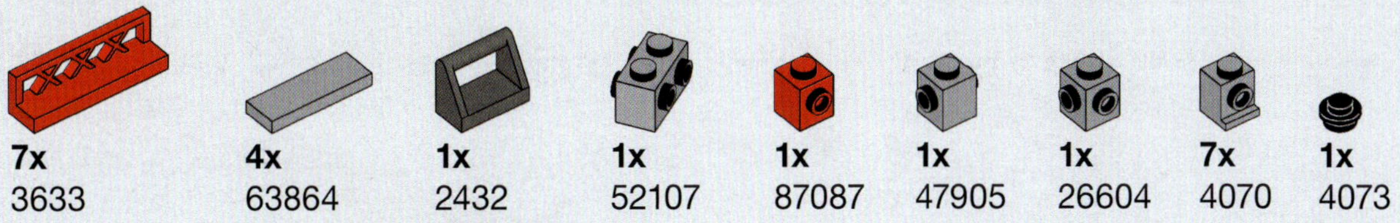
7x
3633
4x
63864
1x
2432
1x
52107
1x
87087
1x
47905
1x
26604
7x
4070
1x
4073

1

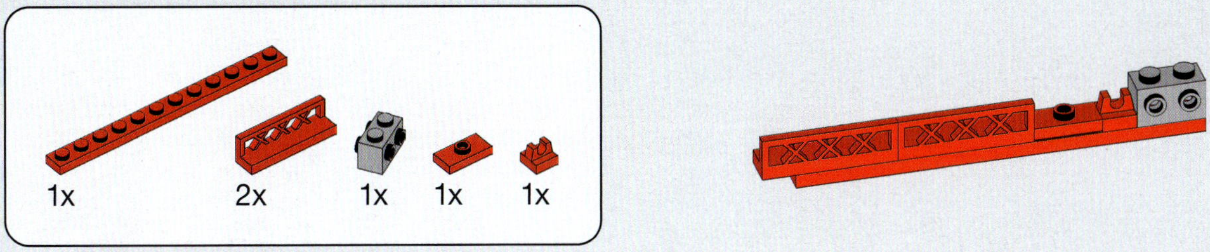
1x
2x
1x
1x
1x

2

1x
1x
2x
1x

3

1x
3x
1x

4

1x
1x
1x

5

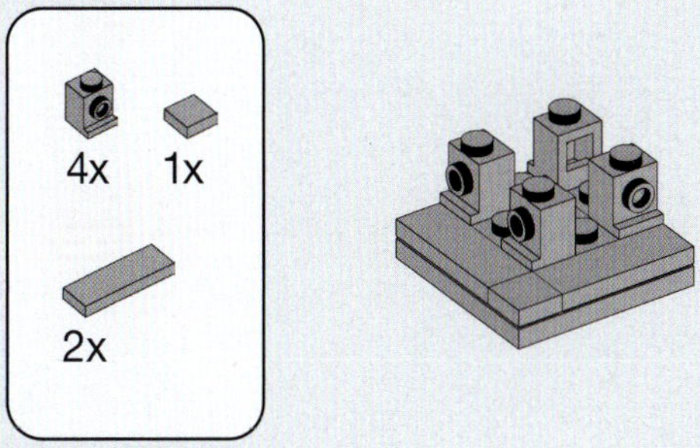
4x
1x
2x

6

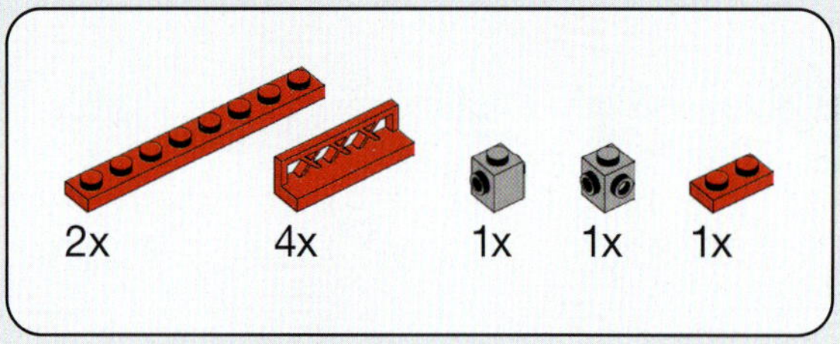

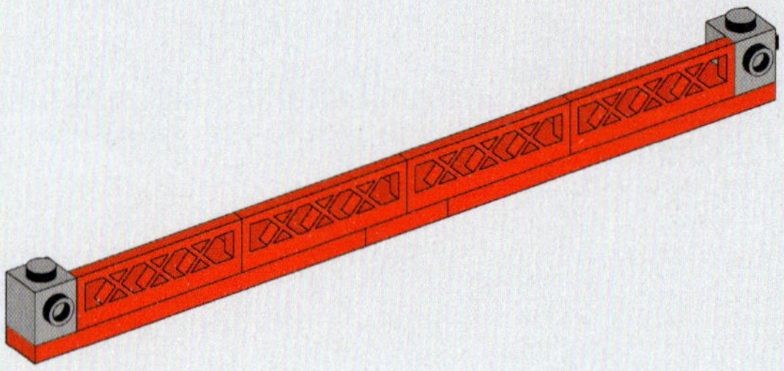

7

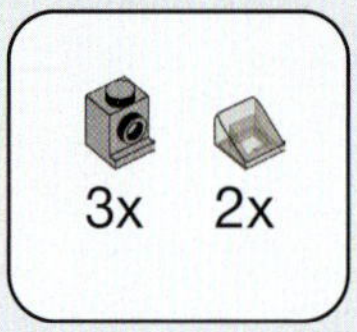

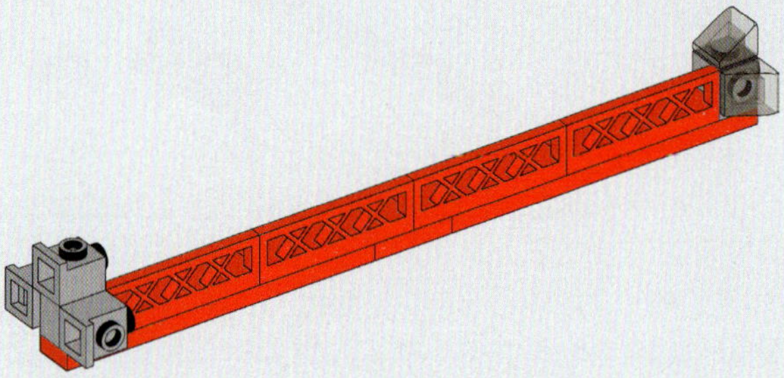

8

Montiere den Mast aus Schritt 7 an der Basis aus Schritt 5, wie dargestellt.

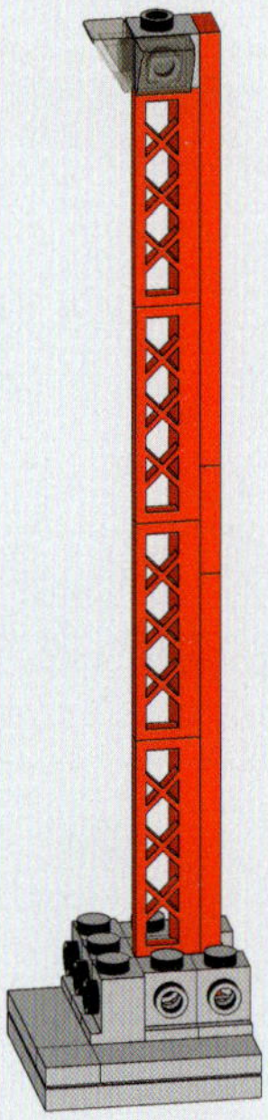

9

Montiere die Ausleger-Baugruppe aus Schritt 3, wie dargestellt.

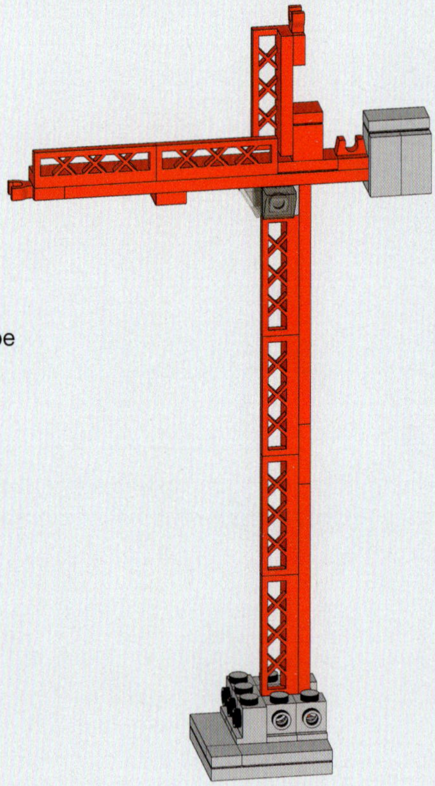

10

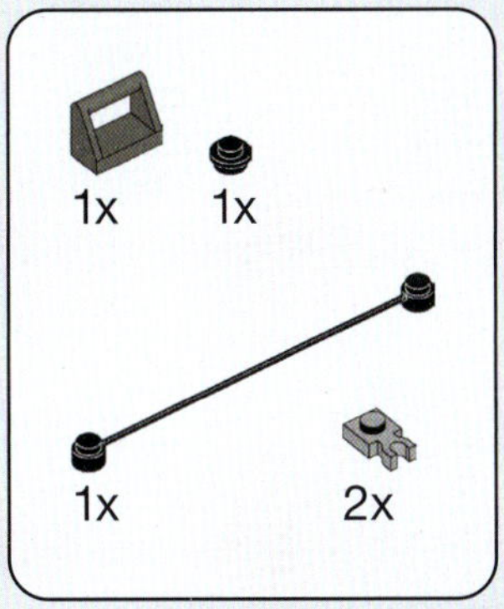

Wickle das Faden-Element wie dargestellt. Die 1x1-Clip-Platten halten den Faden fest.

11

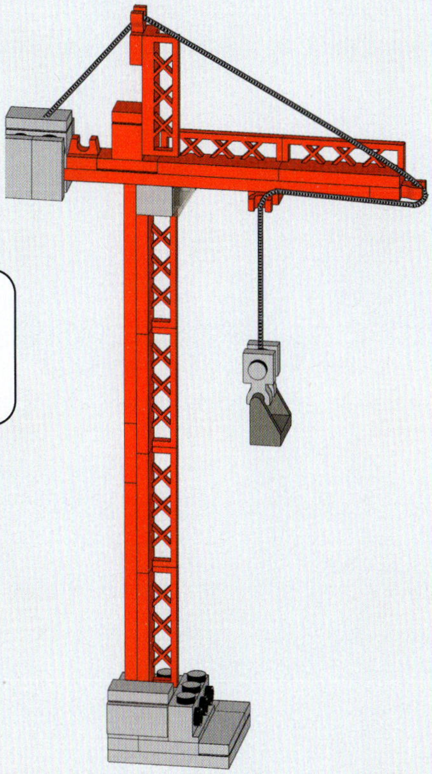

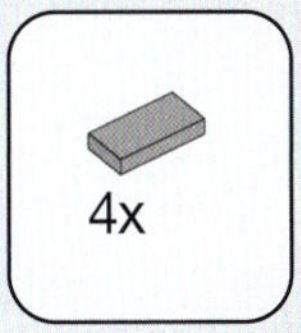

12

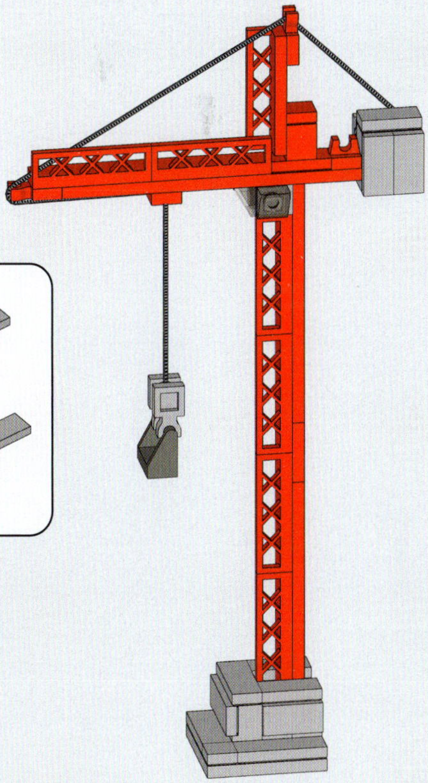

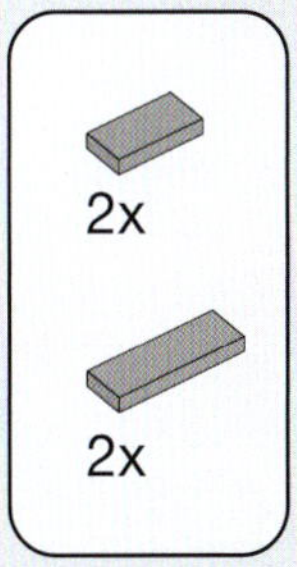

RAUMFAHRT

Der Geist des Fortschritts hat uns die Bogenbrücke und den Dampfzug gebracht, und das Luftschiff hat zu einer Zeit geführt, in der nicht alle Menschen auf dem Boden der Erde weilen. Genau in diesem Moment gehen Astronauten 408 Kilometer über dem Erdboden ihrer Arbeit in der Internationalen Raumstation nach. Technik ist für jeden einzelnen ihrer Atemzüge verantwortlich.

Raumfahrt beansprucht jeden Bereich der Technik und fördert technologische Fortschritte an allen Fronten. Jeder Raketenstart ist Beweis für den menschlichen Forscherdrang, aber nicht jede Forschung erfordert eine Reise. Du kannst neue Ideen und Innovationen auch in deinen Gedanken erkunden. Dort ist der Ort, an dem das Konstruieren seinen Anfang nimmt.

RAKETEN-ABSCHUSSRAMPE

Abschussrampensysteme sind für das Überleben einer Rakete entscheidend.

Inmitten des Spektakels eines Raketenstarts ist es leicht, die Bodensysteme zu übersehen, aber Ingenieure wissen, dass die Auslegung einer Abschussrampe ebenso wichtig für den Erfolg einer Mission ist wie die Konstruktion der Rakete selbst.

Abschussrampen bieten in den Weltraum fliegenden Maschinen Schutz sowie wesentliche Unterstützung. Der Turm neben der Rakete nennt sich *Versorgungsturm*. Er hält die Rakete aufrecht und verfügt über Plattformen, die Ingenieure zur sorgfältigen Inspektion der Rakete nutzen. Die treffend *Nabelschnüre* genannten Kabel versorgen Raketen vor dem Abheben mit elektrischem Strom, Treibstoffen und Tiefsttemperaturmedien. Die Tiefsttemperaturmedien halten Treibstoffe wie Wasserstoff in einem flüssigen Zustand, wozu Temperaturen um –250 °C nötig sind. Über dem Turm befinden sich *Blitzableiter*, die vor Blitzeinschlägen schützen. Beim Abheben schützen Abschussrampensysteme die Rakete vor der Selbstzerstörung.

WIE WIRD EINE RAKETE VOR BLITZEINSCHLAG GESCHÜTZT?

Die höchsten Strukturen auf jeder Abschussrampe sind Blitzableiter, die einzeln oder in Gruppen angeordnet sind. Sie sind mit Glasfaser-»Kerzen« versehen, die die leitenden Kabel in ihrem Inneren isolieren. Die Kabel sind isoliert, damit sie nicht den Versorgungsturm unter Strom setzen, sondern den Strom sicher in den Boden ableiten. Mit leitenden Kabeln zusammengeschnürte Gruppen von drei oder vier Blitzableitern bilden einen Schutzkäfig rund um die Rakete.

WARUM MUSS EINE RAKETE BEIM ABHEBEN VOR SICH SELBST GESCHÜTZT WERDEN?

Wenn Raketentriebwerke zünden, erzeugen sie zwei gefährliche Kräfte, die die Rakete ohne den Schutz der Abschussrampe zerstören würden. Eine Gefahr kannst du sehen: Abgasflammen von den Triebwerken, die die Rakete einhüllen könnten, wenn sie nicht abgeleitet würden. Die andere Gefahr kannst du hören: Das Getöse der Rakete erzeugt kraftvolle Schallwellen, die die Rakete zerbersten lassen würden, wenn ihnen nicht Einhalt geboten wird.

Raketen werden vor ihren heißen Abgasen geschützt, indem sie über einem angewinkelten Flammenschacht abheben, der die Abgase seitlich in einen Flammengraben ablenkt. Die Abgase ziehen seitlich durch den Graben, der mit flammensicheren Ziegelsteinen verkleidet ist, die 1.200 °C widerstehen können, und treten in sicherem Abstand zur Rakete aus.

Den von den Raketentriebwerken produzierten gefährlichen Schallwellen begegnet man mit dem Zündüberdruck- und Schallabsorptionssystem (IOP/SS). Wenn eine Rakete erstmals zündet, sprühen auf der Abschussrampe verteilte Ventile 1,5 Millionen Liter Wasser in Richtung der Abgase. Das Wasser dämpft das ohrenbetäubende Getöse der Rakete auf ein sicheres Niveau. Das IOP/SS-System ist der Grund, weshalb du nahe an der Startrampe einen Wasserturm siehst, und die voluminösen Wolken beim Abheben sind überwiegend Dampf vom IOP/SS-Wasser.

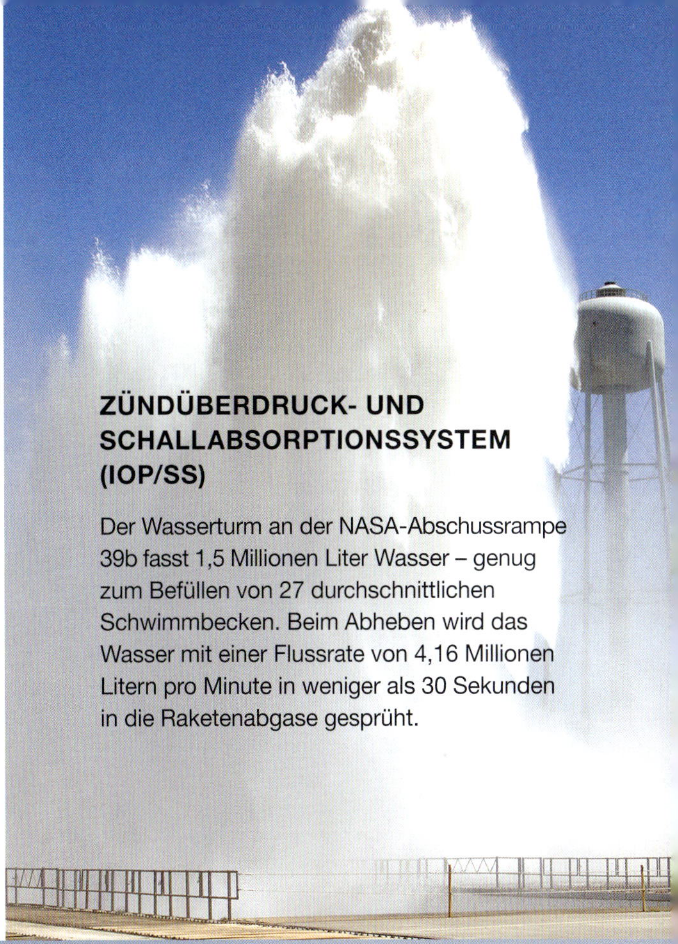

ZÜNDÜBERDRUCK- UND SCHALLABSORPTIONSSYSTEM (IOP/SS)

Der Wasserturm an der NASA-Abschussrampe 39b fasst 1,5 Millionen Liter Wasser – genug zum Befüllen von 27 durchschnittlichen Schwimmbecken. Beim Abheben wird das Wasser mit einer Flussrate von 4,16 Millionen Litern pro Minute in weniger als 30 Sekunden in die Raketenabgase gesprüht.

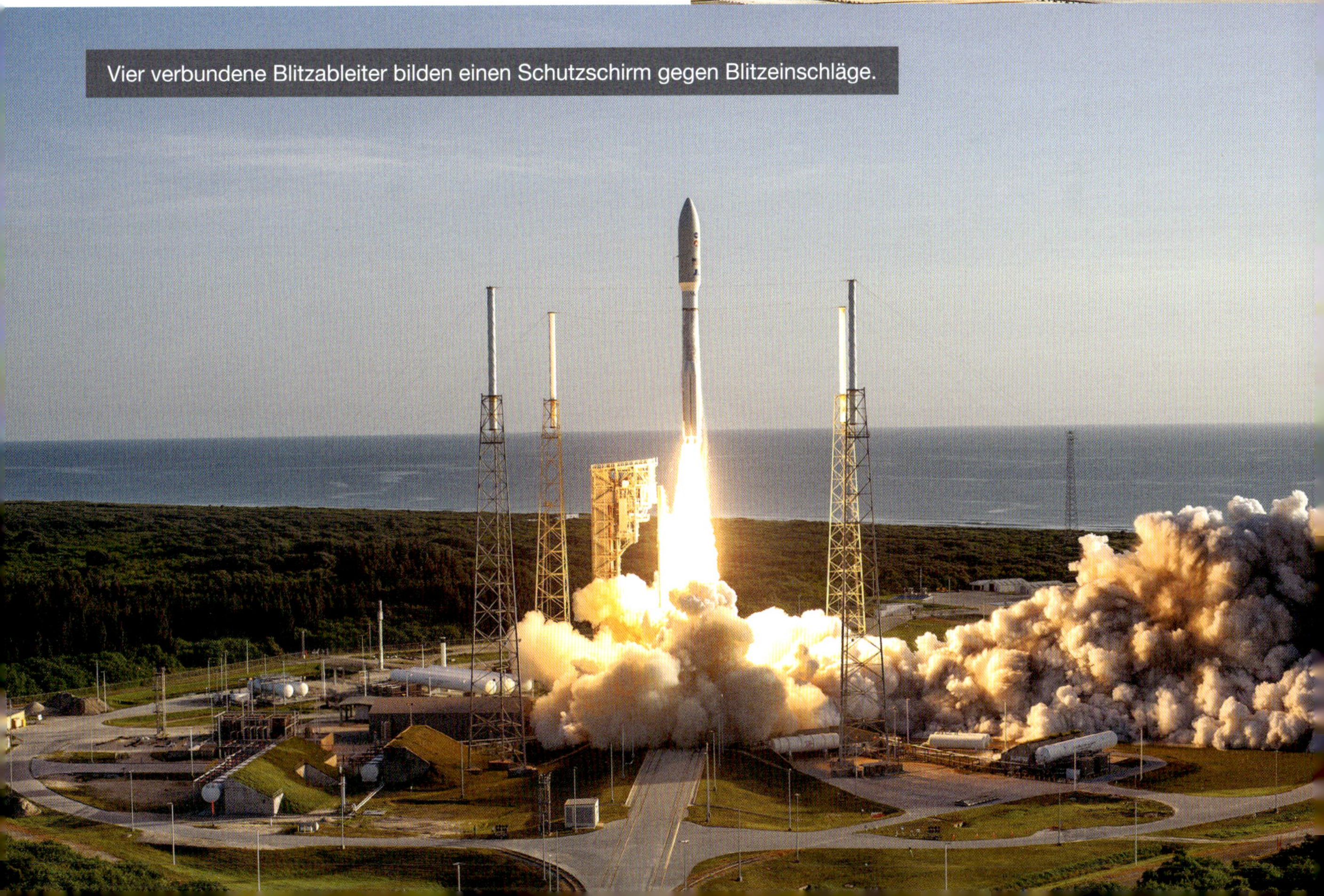

Vier verbundene Blitzableiter bilden einen Schutzschirm gegen Blitzeinschläge.

BAUE EINE LEGO-RAKETEN-ABSCHUSSRAMPE

Vervollständige deine Raketenabschussrampe mit einer Rakete. Die aus LEGO gebauten Modelle der Falcon Heavy und SLS auf den nächsten Seiten sind so ausgelegt, dass sie auf diese Startrampe passen.

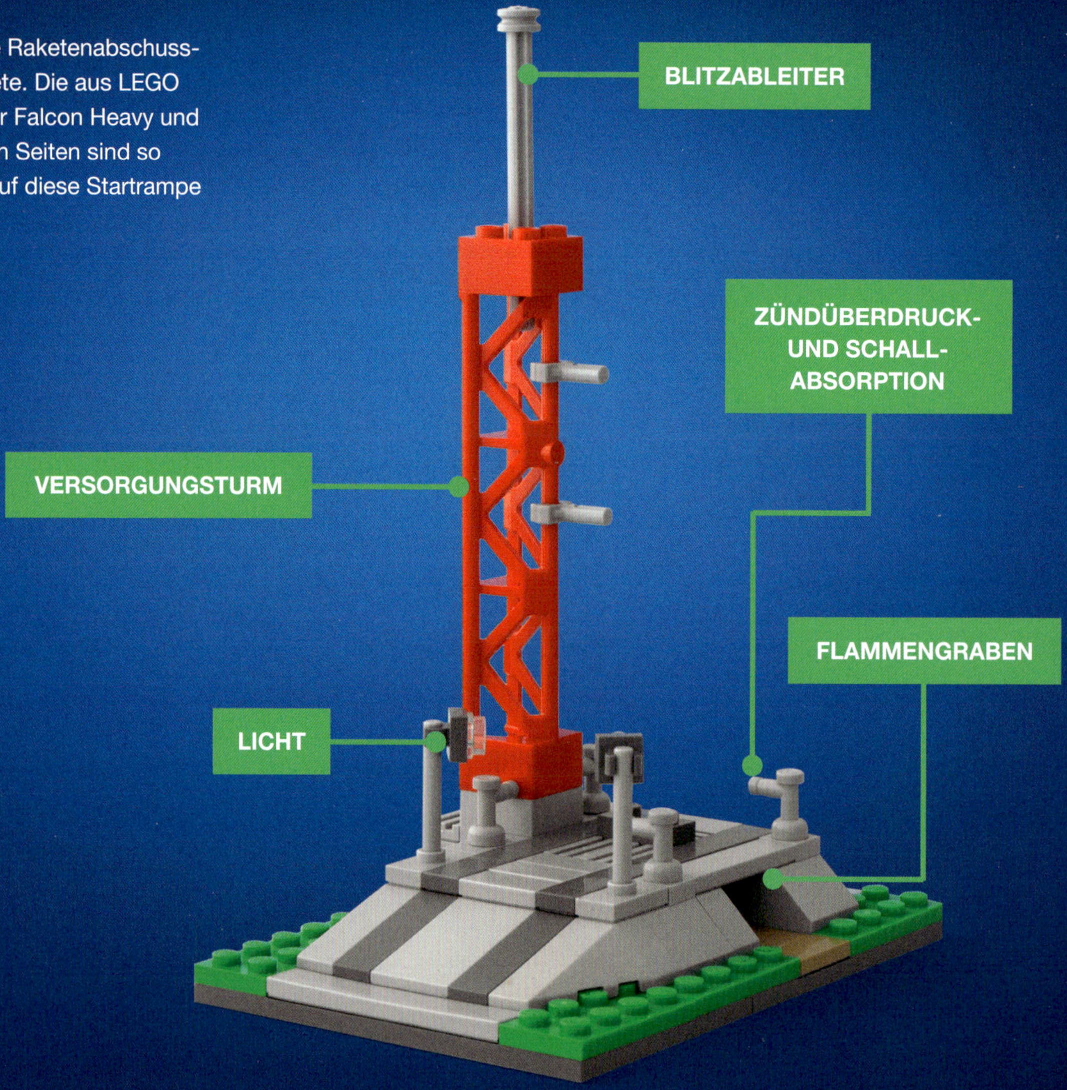

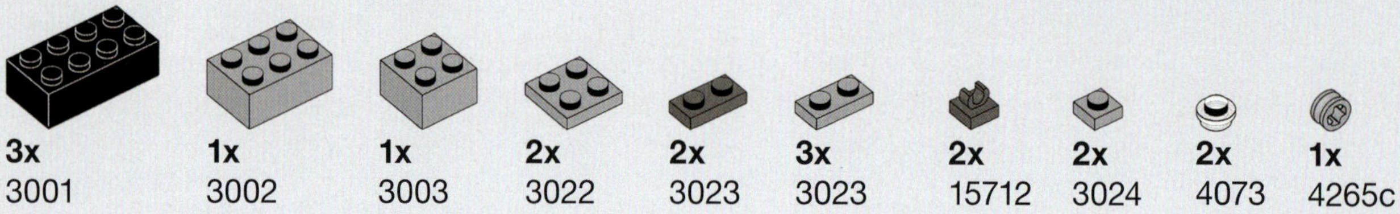

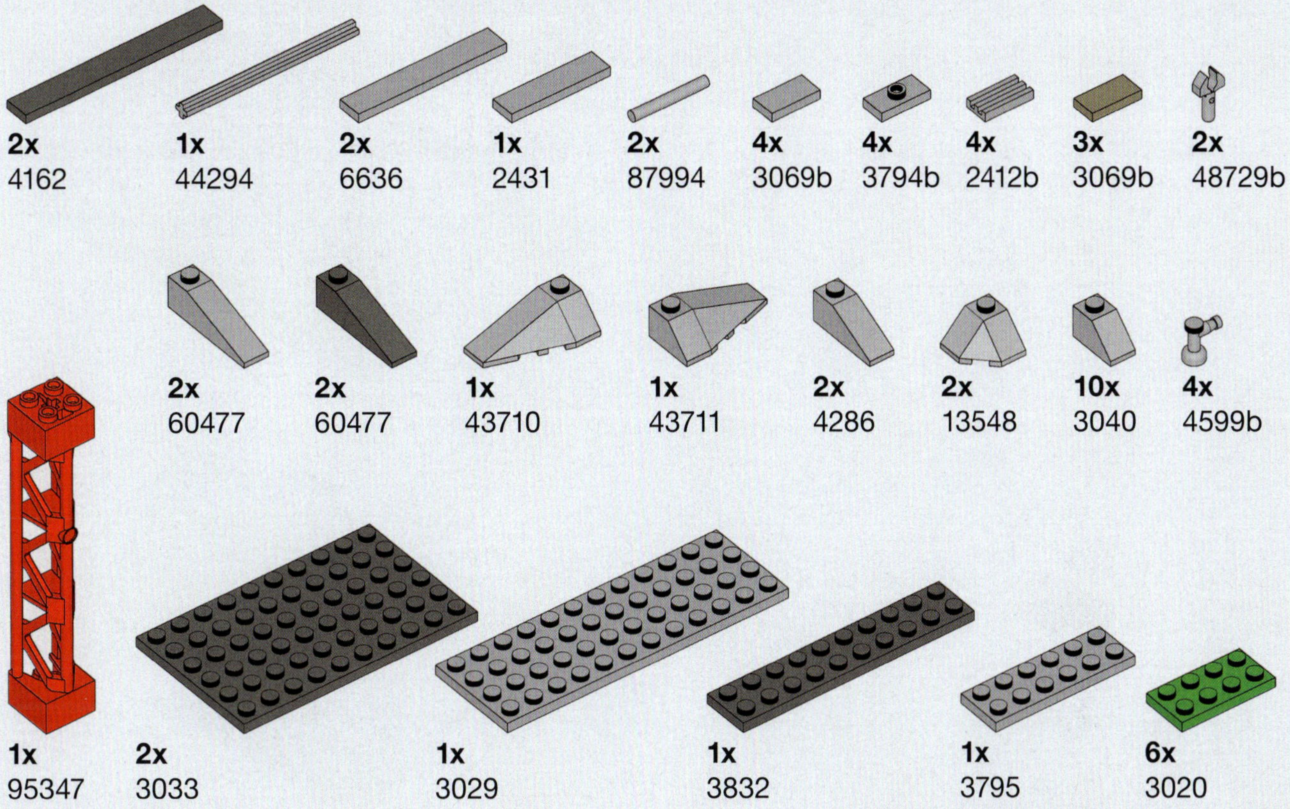
2x
4162
1x
44294
2x
6636
1x
2431
2x
87994
4x
3069b
4x
3794b
4x
2412b
3x
3069b
2x
48729b
2x
60477
2x
60477
1x
43710
1x
43711
2x
4286
2x
13548
10x
3040
4x
4599b
1x
95347
2x
3033
1x
3029
1x
3832
1x
3795
6x
3020

1

2x
1x

2

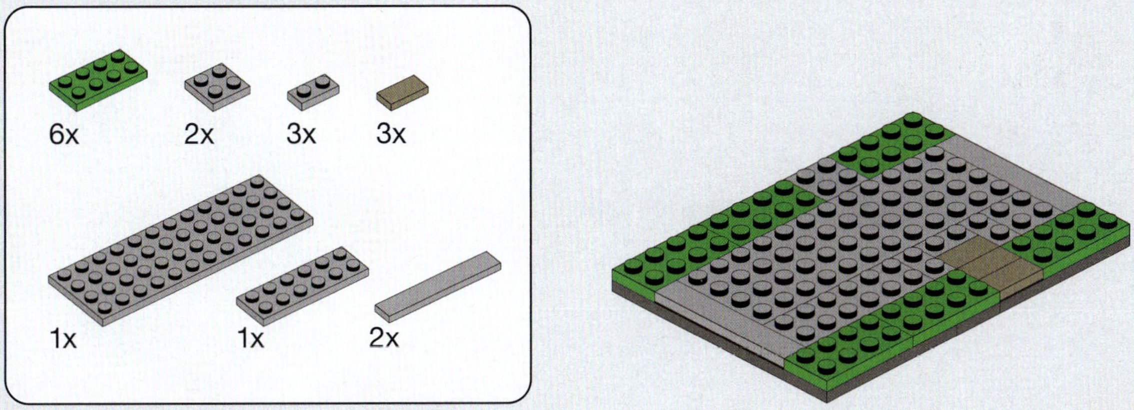
6x
2x
3x
3x
1x
1x
2x

3

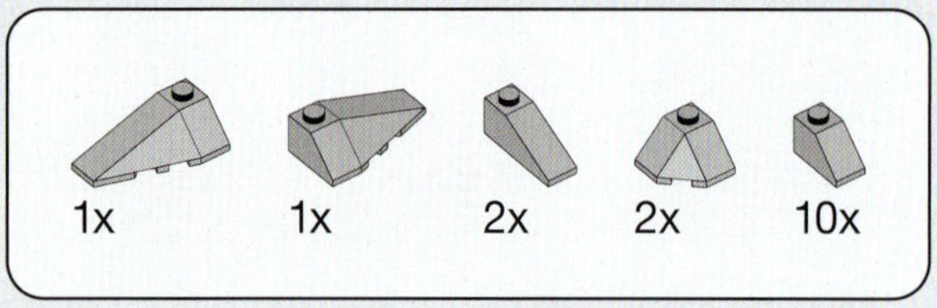

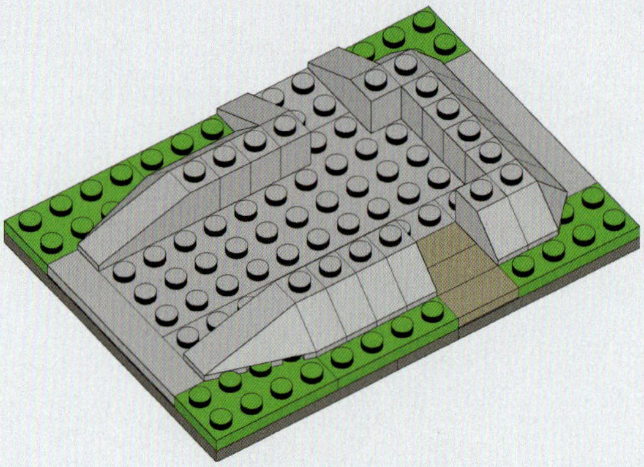

4

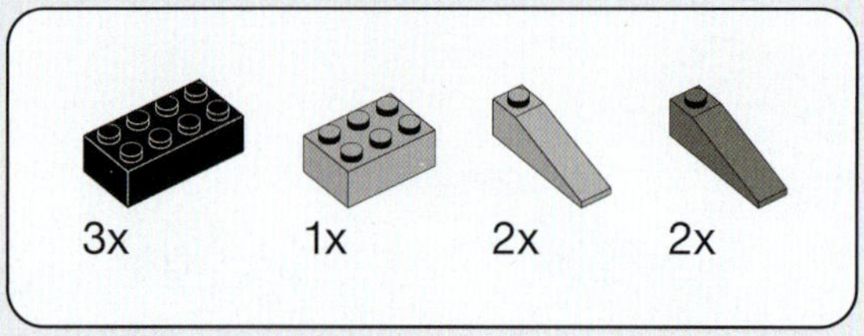

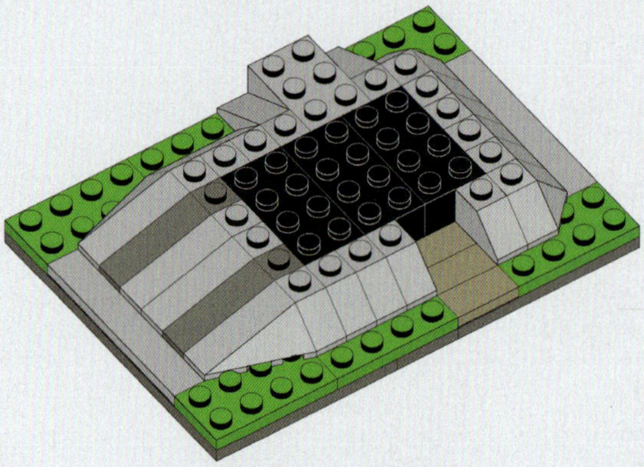

5

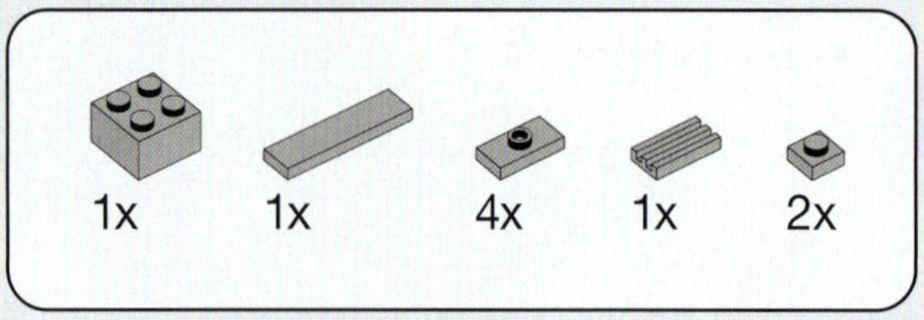

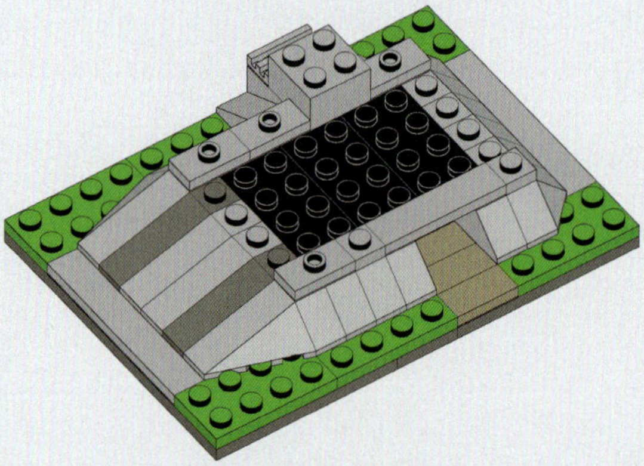

6

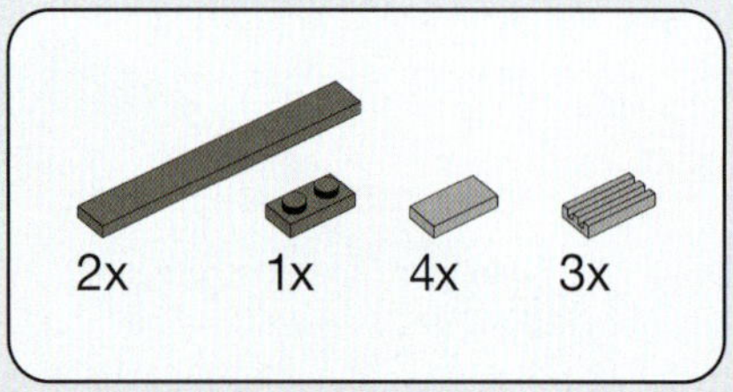

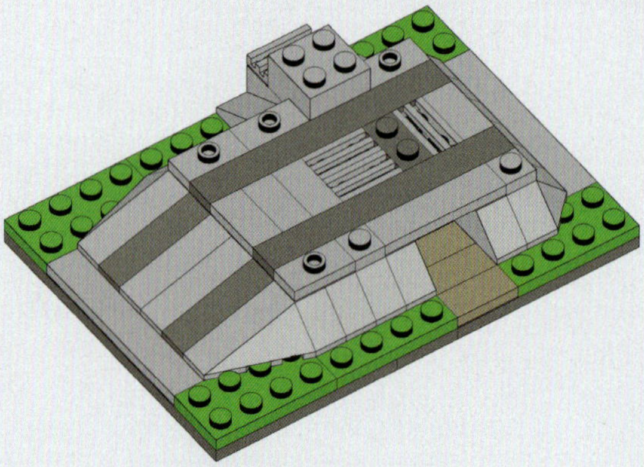

7

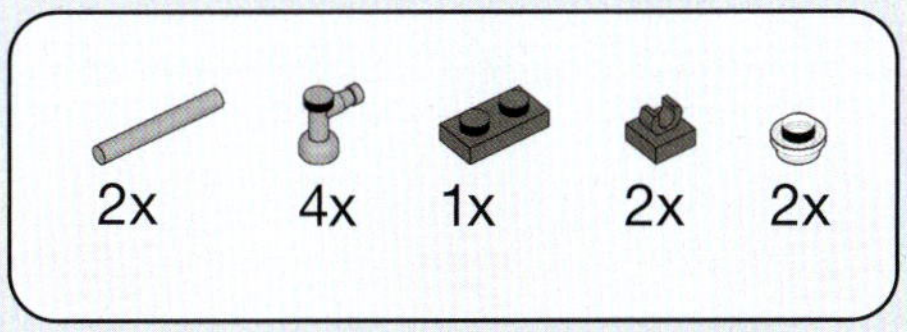

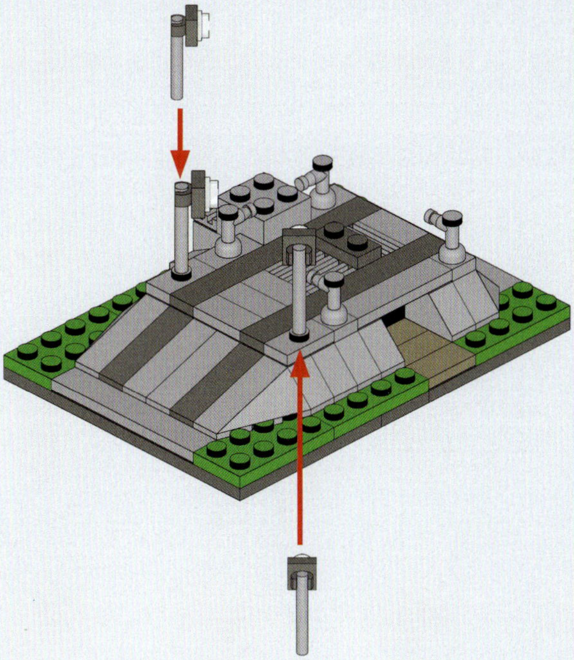

8

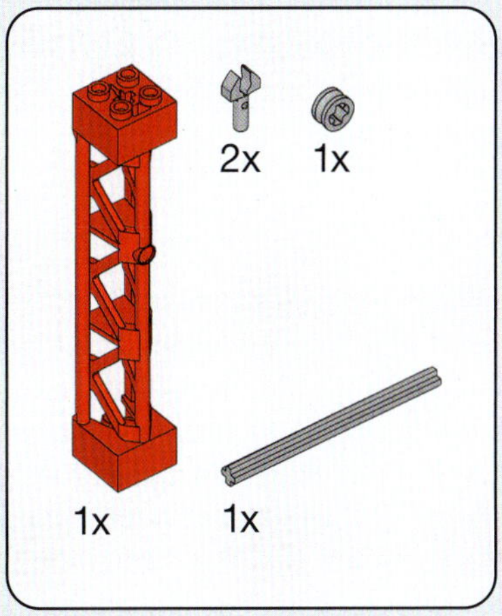

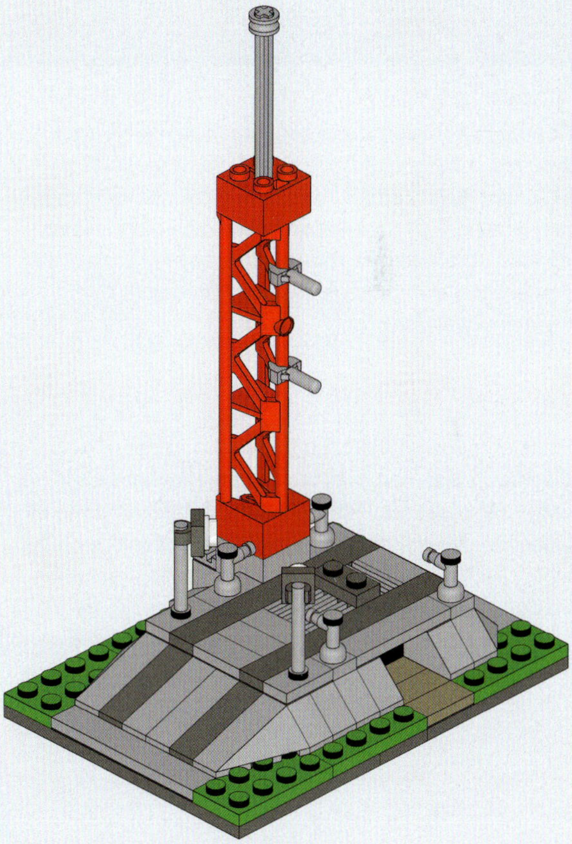

FALCON HEAVY

Die Falcon Heavy hebt mit einem Schub von 2.268 Tonnen ab.

SpaceX kombiniert drei ihrer Falcon-9-Raketen zur Falcon Heavy, die 64 Tonnen auf die Erdumlaufbahn befördern kann. Das ist das Gewicht einer voll beladenen Boeing 737. Ingenieure haben die Falcon Heavy für eine überlegene wirtschaftliche sowie Flugleistung ausgelegt: Ihre leistungsstärksten Triebwerke sind wiederverwendbar.

WIE FUNKTIONIEREN RAKETENTRIEBWERKE?

Raketentriebwerke stoßen überhitzte Abgase mit hohen Geschwindigkeiten aus. Die Rakete bewegt sich in entgegengesetzter Richtung zum Abgasstrahl, wie ein Düsenflugzeug. Raketen verbrennen festen oder flüssigen Treibstoff zum Erzeugen des Abgasstrahls. Die Falcon Heavy verwendet flüssigen Treibstoff, der ein wiederholtes Ein- und Abschalten der Triebwerke ermöglicht. Raketen mit festem Treibstoff können nach dem Zünden nicht abgeschaltet werden.

WELCHE TREIBSTOFFE WERDEN VERWENDET?

Die Falcon Heavy verbrennt eine Kombination aus Kerosin und Sauerstoff, genau wie ein Düsentriebwerk. Im Gegensatz zu einem Düsentriebwerk, das Sauerstoff aus der Umgebungsluft nutzt, befördert eine Rakete ihren eigenen Flüssigsauerstoff für den Einsatz im Vakuum des Weltraums. Der Sauerstoff wird kryogenisch gekühlt, damit er flüssig bleibt.

WAS IST MAX Q?

Um der Erdatmosphäre zu entkommen, muss eine Rakete enorme Kräfte überwinden: Die Schwerkraft versucht, die Rakete herabzuziehen, während der Luftwiderstand gegen die Nase der Rakete drückt. Der Luftwiderstand steigt mit zunehmendem Tempo der Rakete, aber die Luft wird auch dünner, je höher die Rakete aufsteigt. Der Punkt, an dem der höchste Luftwiderstand aufgrund der Geschwindigkeit der höchsten atmosphärischen Dichte begegnet, nennt sich *maximaler dynamischer Druck* oder Max Q. Hier unterliegt eine Rakete dem größten strukturellen Druck, sodass Ingenieure gewährleisten müssen, dass eine Rakete Max Q intakt überstehen kann. Die Falcon Heavy erreicht Max Q rund 66 Sekunden nach dem Abheben.

WARUM WIRFT DIE FALCON HEAVY STUFENWEISE TEILE VON SICH AB?

Masse ist beim Design einer Rakete ein wesentlicher Gesichtspunkt. Aus diesem Grund müssen Raketen stufenweise Flüge haben, was bedeutet, dass benutzte Boosterraketen stufenweise nach dem Verbrauch ihres Treibstoffs abgeworfen werden. Auf diese Weise verschwenden Raketen nie Treibstoff für das Mitschleppen überflüssigen Gewichts in den Weltraum. Die Falcon Heavy wirft zuerst ihre Seitenbooster ab, dann ihren zentralen Kern. Sobald im Weltraum angekommen, gibt es keinen Luftwiderstand mehr, sodass nur eine kleine Rakete benötigt wird, um die Nutzlast auf dem restlichen Weg in den Orbit zu transportieren.

Ein Falcon-Heavy-Booster kehrt zur Erde zurück, um bei zukünftigen Starts wiederverwendet zu werden.

WAS IST DAS BESONDERE AN DEN BOOSTERRAKETEN DER FALCON HEAVY?

Der Bau von Boosterraketen ist teuer. Für den größten Teil der Raumfahrtgeschichte fielen verbrauchte Boosterraketen ins Meer oder verbrannten in der Atmosphäre. Die Booster des Space Shuttle segelten am Fallschirm ins Meer und wurden einer umfassenden Wiederaufbereitung unterzogen. Die Booster der Falcon Heavy sind die ersten Raketen, die auf geregelte Art zur Erde zurückfliegen und aufrecht auf Gestellen oder Drohnenschiffen im Ozean landen. Die Booster können mit enormen Kosteneinsparungen wiederverwendet werden.

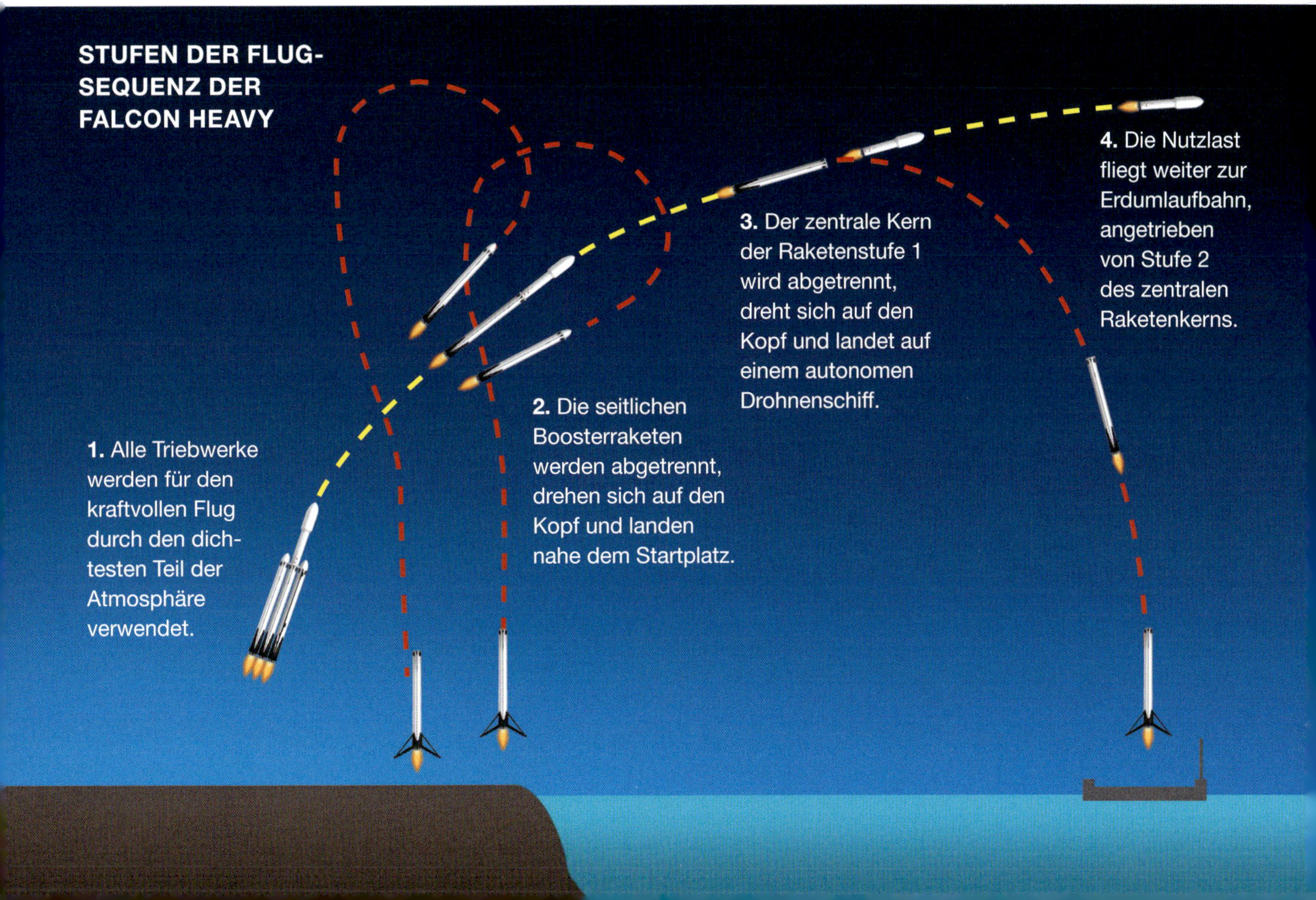

BAUE EINE LEGO-FALCON-HEAVY

NUTZLASTVERKLEIDUNG
Die Nutzlastverkleidung schützt die an Bord befindliche Fracht. Sie ist aus Kohlefaserverbundwerkstoff gefertigt.

ZENTRALER KERN DER ZWEITEN STUFE
Das kleinste Triebwerk der Falcon Heavy wird im luftleeren Weltraum verwendet.

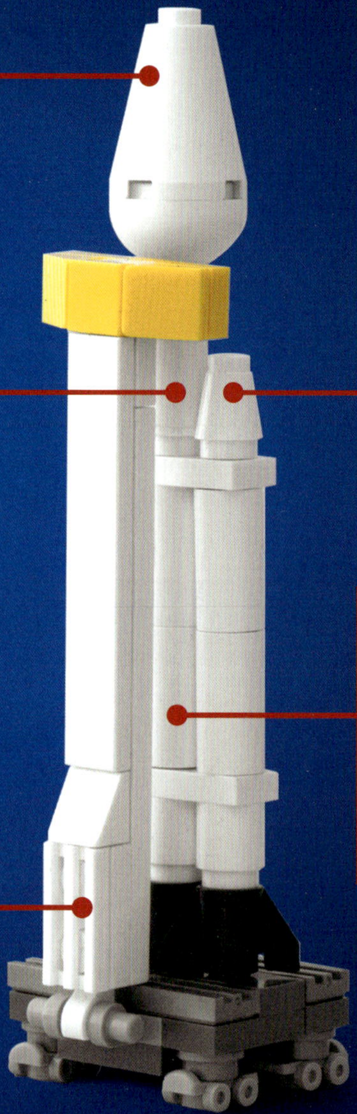

SEITENBOOSTER
Die Seitenbooster werden auf dem Weg der Falcon Heavy in den Weltraum als Erstes abgeworfen.

ZENTRALER KERN DER ERSTEN STUFE
Der zentrale Kern der ersten Stufe wird abgeworfen, sobald die Falcon Heavy die Erdatmosphäre verlässt.

MONTAGETURM
Die Falcon Heavy wird waagerecht zur Startrampe gebracht, wofür ein Montageturm auf Rädern verwendet wird. Der Turm richtet die Falcon Heavy dann in die Startposition auf.

1x	**4x**	**2x**	**2x**	**1x**	**1x**	**4x**	**4x**
2412b	2412b	3794b	54200	54200	3070b	11253	4073

1x	1x	1x	2x	7x	2x	1x	3x	2x	7x	1x
3942c	3941	24947	3623	62462	4588	3062b	3062b	4589b	4274	4073

1x	1x	1x	1x	1x	1x	1x	2x
4477	6636	3710	3021	3623	2540	63868	2420

1

2

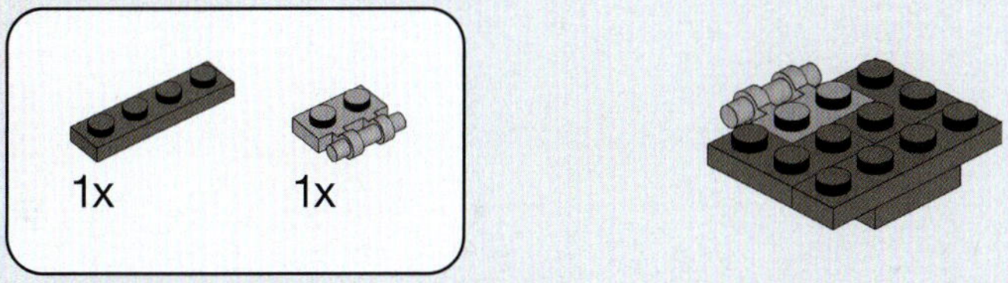

3

4

5

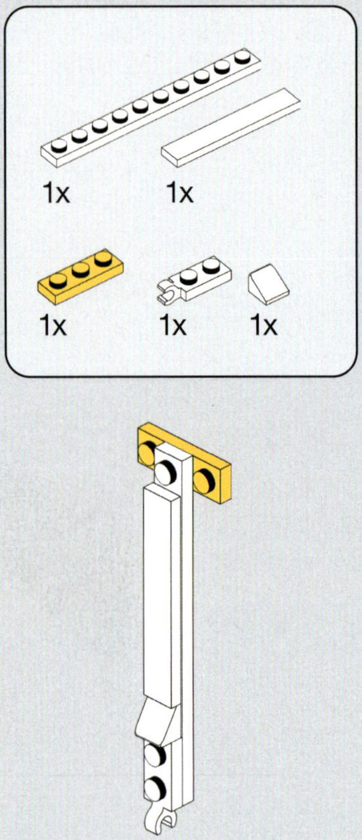

6

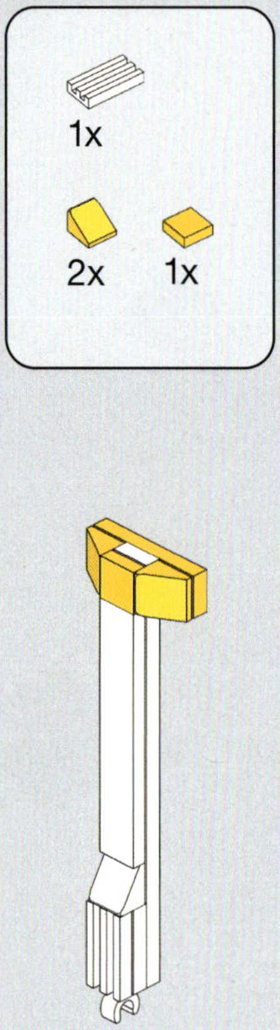

7

Montiere den Arm-Bauabschnitt aus Schritt 6 am Basis-Bauabschnitt aus Schritt 4, wie dargestellt.

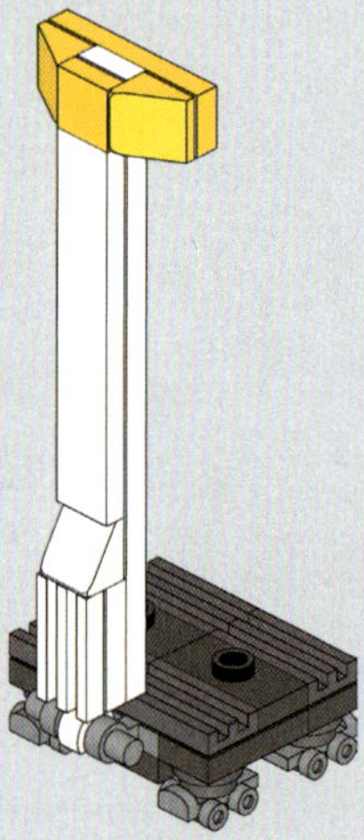

8

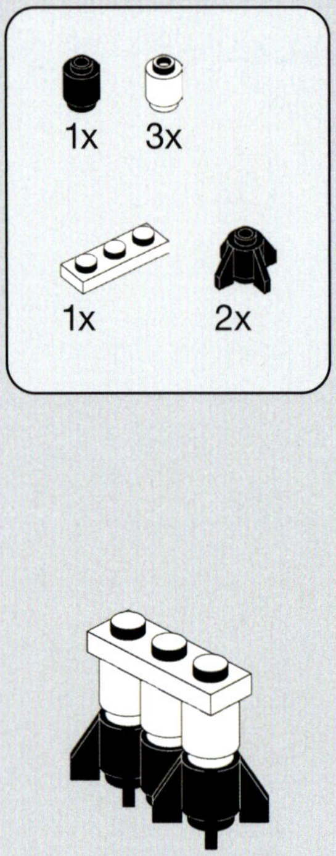

9

10

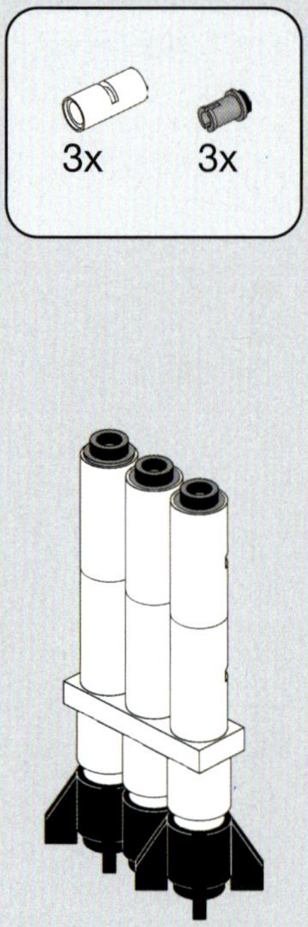

11

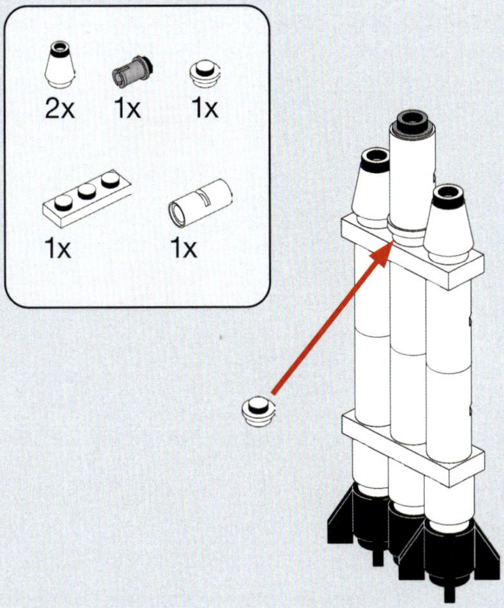

12

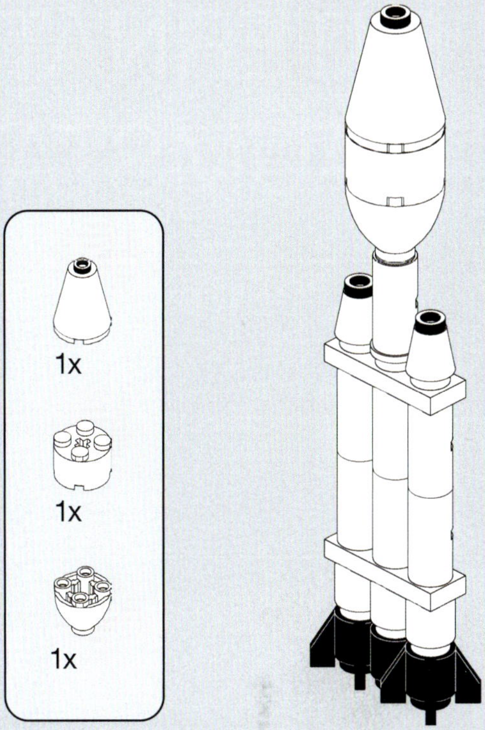

13

Stelle die Rakete aus Schritt 12 auf den Starttisch aus Schritt 7, wie dargestellt.

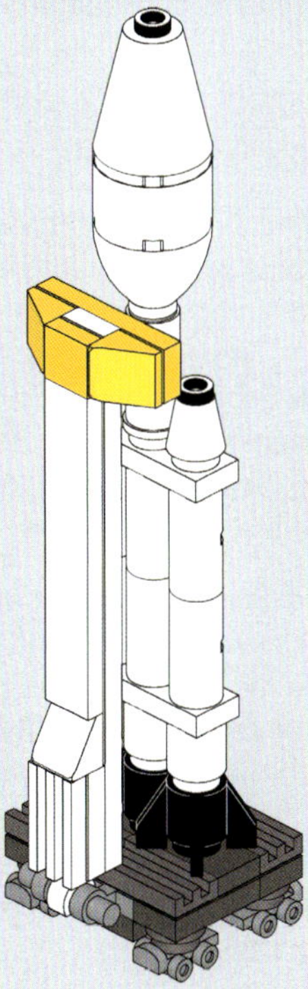

Du kannst die Falcon Heavy auf die Abschussrampe von Seite 170 stellen.

INTERNATIONALE RAUMSTATION

Illustration der Internationalen Raumstation auf ihrer Erdumlaufbahn.

Die Internationale Raumstation, oder kurz ISS, ist ähnlich wie mit LEGO-Steinen modular zusammengesetzt, der im Laufe der Zeit immer neue Teile hinzugefügt werden. Ihr fortlaufender Bau begann 1998. Internationale Raumfahrtagenturen liefern neue Komponenten für die ISS per Raumschiff an. Dazu gehören wissenschaftliche Labors, Lagerraummodule, Luftschleusen, Dockingports, Verbindungsknoten und Roboterarme.

Die ISS ist ein Vorbild für kooperatives Ingenieurwesen. Die in aller Welt gefertigten Teile passten reibungslos zusammen, und der Betrieb der ISS wurde bis 2021 ohne wesentliche Vorfälle fortgeführt.

WARUM BLEIBT DIE ISS AUF IHRER ERDUMLAUFBAHN?

Die ISS umkreist die Erde in einer Höhe von rund 400 Kilometern und bewegt sich mit einer Geschwindigkeit von etwa 27.500 Kilometern pro Stunde, um der Erdanziehungskraft zu entfliehen. Die hohe Geschwindigkeit erzeugt ausreichend Zentrifugalkraft, um die ISS mit derselben Kraft von der Erde wegzuziehen, wie sie von der Schwerkraft angezogen wird. Dieses Gleichgewicht nennt sich *stabile Erdumlaufbahn*. Geringfügige Spuren der Erdatmosphäre üben Zugkraft auf die ISS aus, sodass die Station regelmäßig geboostet werden muss, um auf ihrer Erdumlaufbahn zu bleiben.

WIE WIRD DIE ISS VOR WELTRAUMSCHROTT UND MIKRO-METEOREN GESCHÜTZT?

Ein Flug mit rund 27.500 Kilometern pro Stunde macht jede Kollision gefährlich. Die ISS kann Korrekturdüsen einsetzen, um verfolgbaren oder sichtbaren Gefahren aus dem Weg zu gehen, aber Kollisionen mit krümelgroßem Schrott oder Mikro-Meteoren sind unvermeidbar und potenziell katastrophal. Die ISS verwendet Whipple-Schilde zum Schutz ihrer anfälligen Bereiche vor diesen winzigen, aber gefährlichen Teilen.

Whipple-Schilde bestehen aus mehreren Schichten. Die erste Schicht ist eine dünne Opferschicht aus Aluminium, die Trümmer beim Aufprall zerbricht. Zerbrochene Trümmer vergrößern die Oberfläche ihres Aufpralls, verhindern eine konzentrierte Kraft an einem einzelnen Punkt. Die nächste Schicht ist Kevlar, dasselbe Material, aus dem schusssichere Westen gefertigt werden. Kevlar hält die zerbrochenen Trümmer davon ab, die innere Wand zu treffen.

BESTANDTEILE DER INTERNATIONALEN RAUMSTATION

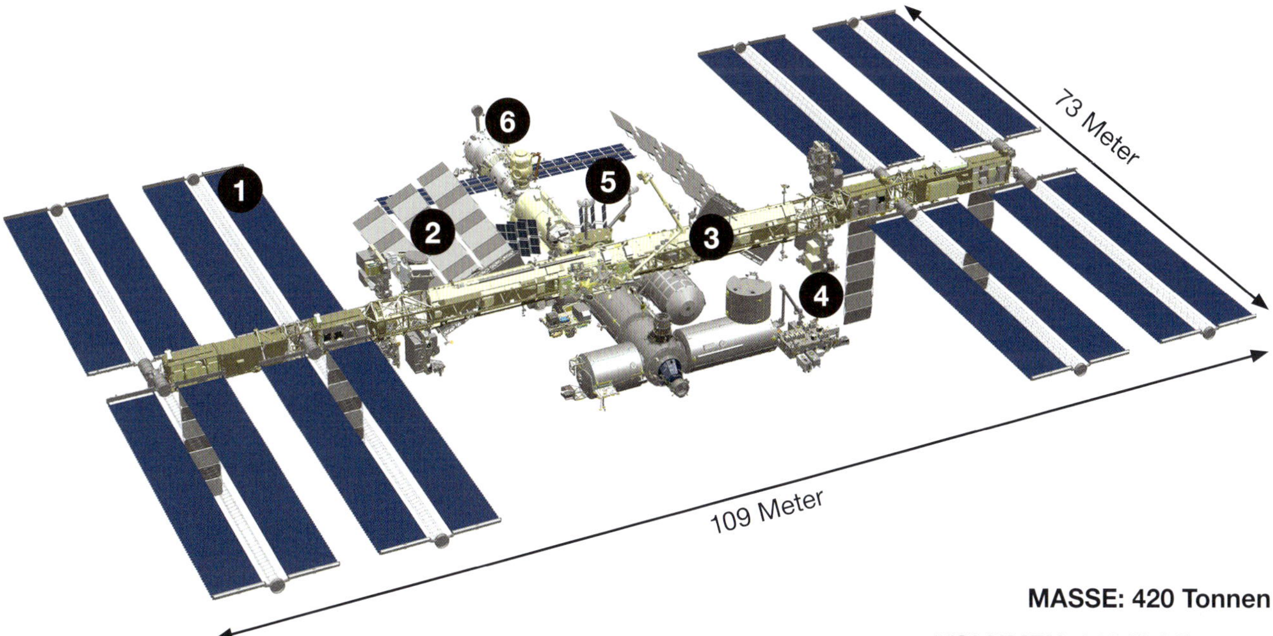

MASSE: 420 Tonnen

VOLUMEN: 916 Kubikmeter

UMLAUFGESCHWINDIGKEIT: 27.500 Kilometer pro Stunde

Die an Aluminiumdosen erinnernden Module, die man in der ganzen Raumstation antrifft, beherbergen Labore, Lagerräume und Mannschaftsquartiere. Die Module sind miteinander über Knotenpunkte verbunden. Runde Andocköffnungen sind ein gängiges Merkmal der ISS. Sie bieten Platz zum Andocken von Raumschiffen und lassen sich zum Montieren neuer Module nutzen. Mehrere Luftschleusen ermöglichen den sicheren Ein- und Ausstieg aus der ISS für Astronauten im Außenbordeinsatz (EVA).

1. SOLARPANEELE

Die 16 Solarpaneele der ISS erzeugen 200 Kilowatt Strom. Die Paneele sind doppelseitig, sodass sie auf beiden Seiten Licht aufnehmen können. Die eine Seite erfasst direktes Sonnenlicht, und die andere Seite erfasst von der Erde reflektiertes Sonnenlicht. Um das Licht optimal ausnutzen zu können, lassen sich die Solarpaneele flexibel bewegen und nach dem Licht ausrichten.

2. RADIATORPANEELE

Die Systeme und Experimente der ISS verbrauchen viel Strom, was Wärme erzeugt. Die Radiatorpaneele geben überschüssige Wärme an den Weltraum ab.

3. TRÄGERSTRUKTUR

Die Trägerstruktur, auch ITS (Integrated Truss Structure) genannt, ist das Rückgrat der Station und trägt Solarpaneele, Raum für wissenschaftliche Experimente, Roboterarme, elektrische Kabel und Systemteile. Ein Schienenwagen, der sich entlang der Trägerstruktur bewegt, kann mit einem Roboterarm versehen werden.

4. CANADARM

Diese Roboterarme helfen beim Andocken von Raumfahrzeugen und beim Manövrieren von Modulen und Komponenten in der ISS. Diese Arme können auch Ausrüstung und Astronauten bei EVAs Halt bieten.

5. HAUPTANTENNEN

Kommunikationsschüsseln bieten einen ständigen Kontakt zum Kontrollzentrum.

6. SWESDA-MODUL

Das Swesda-Modul enthält die Triebwerke, die die ISS antreiben.

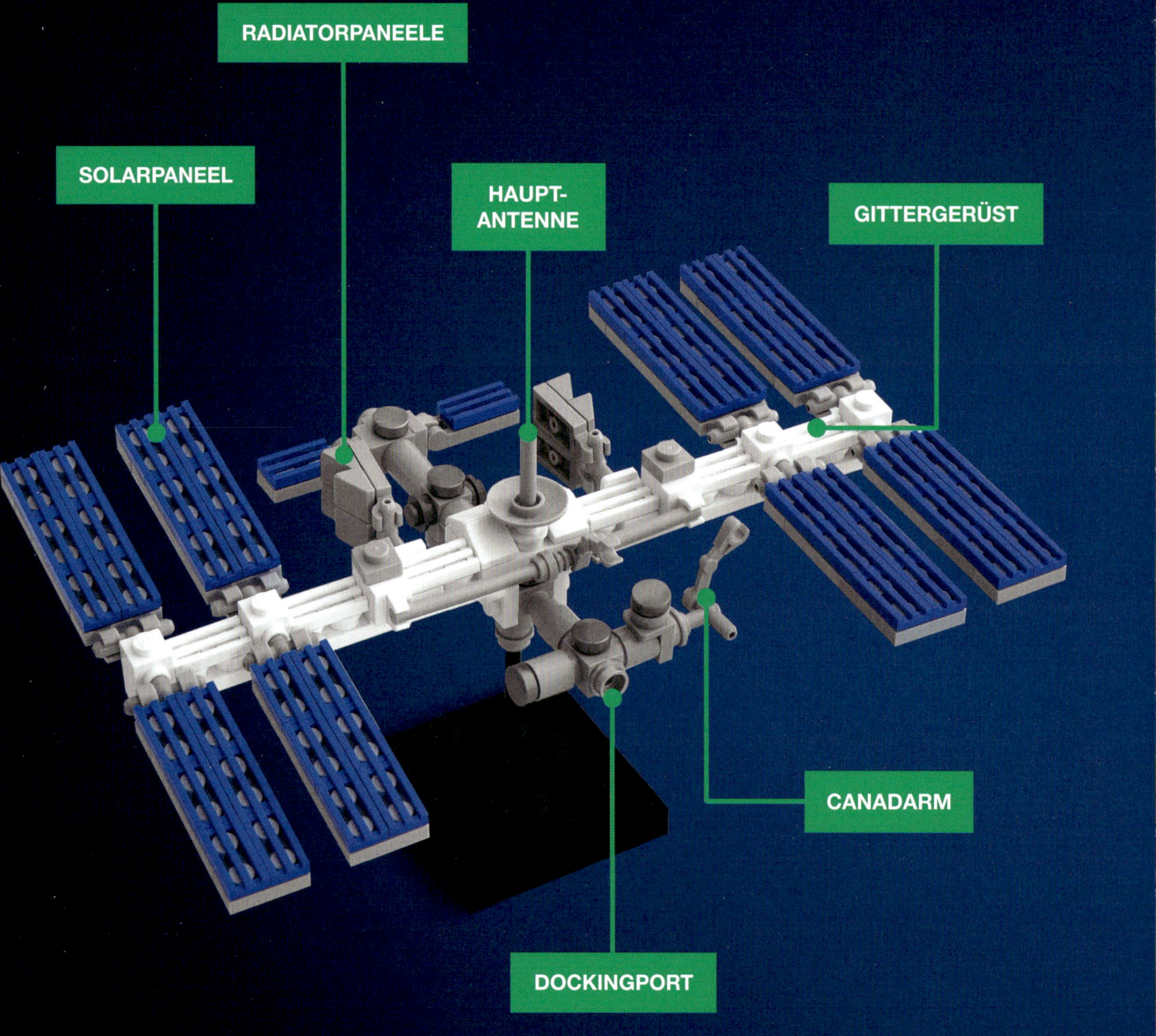

Die ISS umrundet die Erde 16 Mal am Tag. Ein Raumfahrzeug kann bereits vier Stunden nach dem Start auf der Erde bei der Raumstation ankommen.

1x	2x	8x	1x	1x	1x	2x	1x	2x
3958	4477	3020	63965	3021	3623	30377	30374	87994

8x	2x	4x	2x	1x	8x	50x	6x	2x	2x	2x
60470b	60478	63868	99780	36841	3023	2412b	2412b	36840	15712	15712

1x	8x	1x	1x	3x	4x	2x	1x	5x	2x	1x
87580	3068b	4595	64567	4733	47905	87087	3062b	3062b	62462	4740

11x	8x	5x	2x	6x	2x	1x	3x	10x	2x
4697b	54200	54200	3024	98138	85861	85861	4073	4073	4073

Hinweis:
#4073 ist in
Silbermetallic

1

2

3

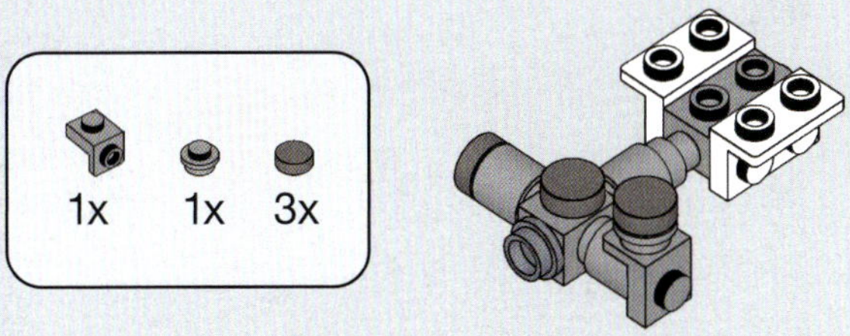

4

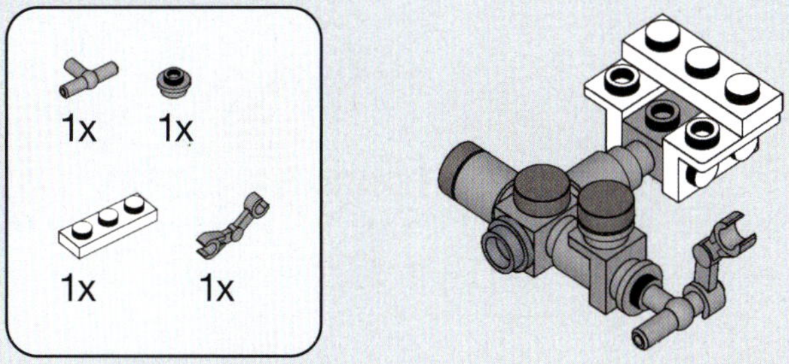

5

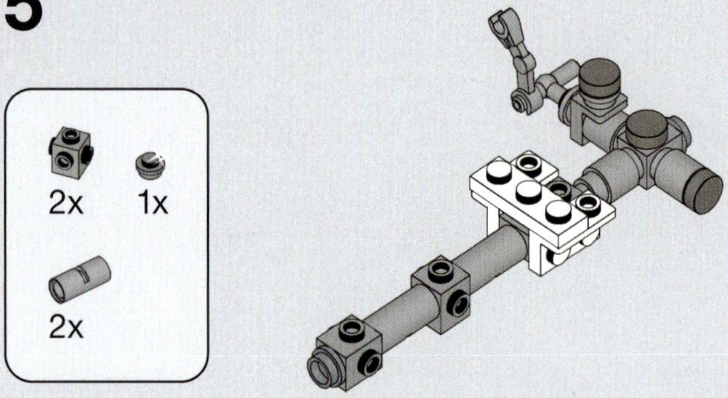

6

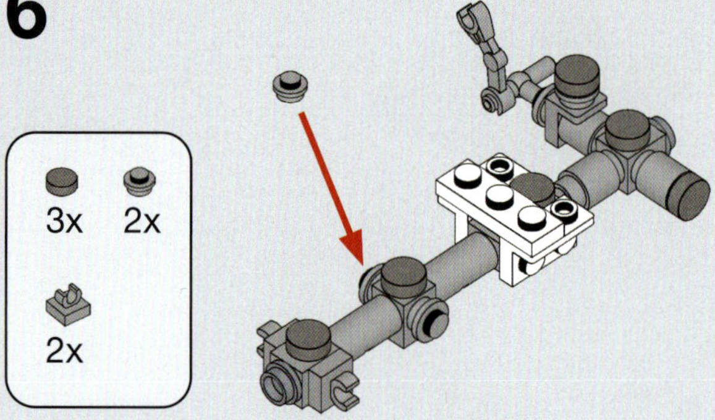

7

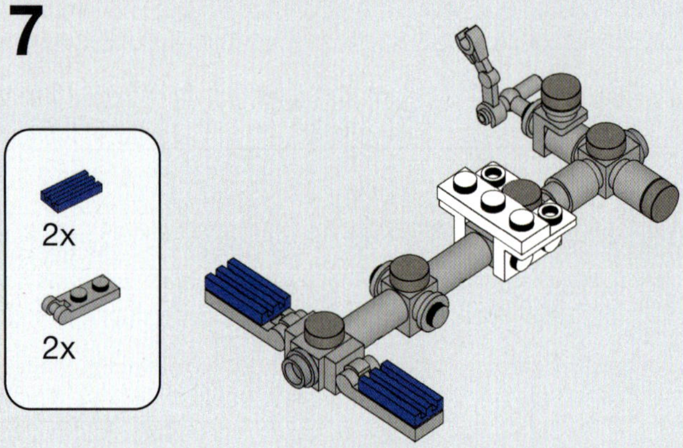

8

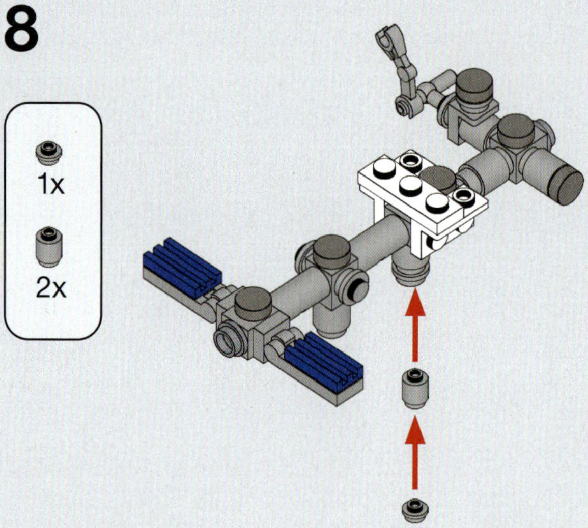

9

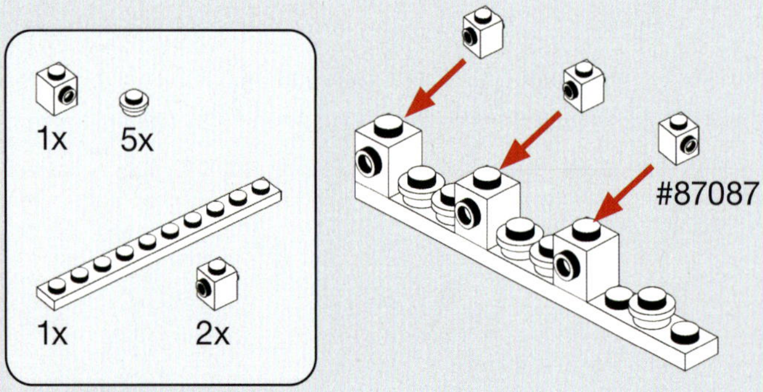

10

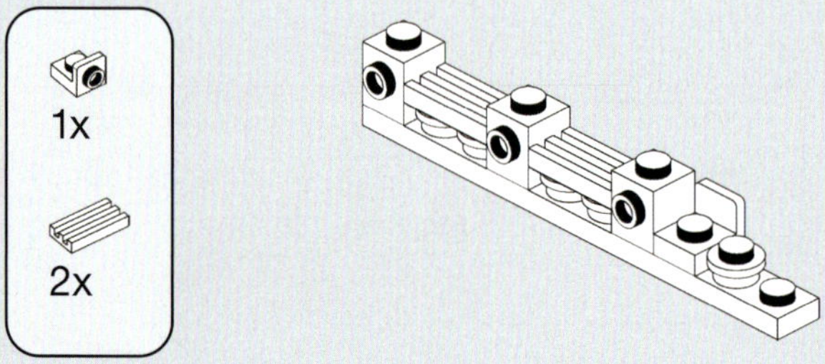

11

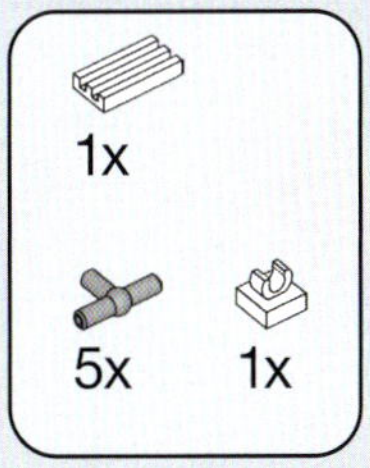

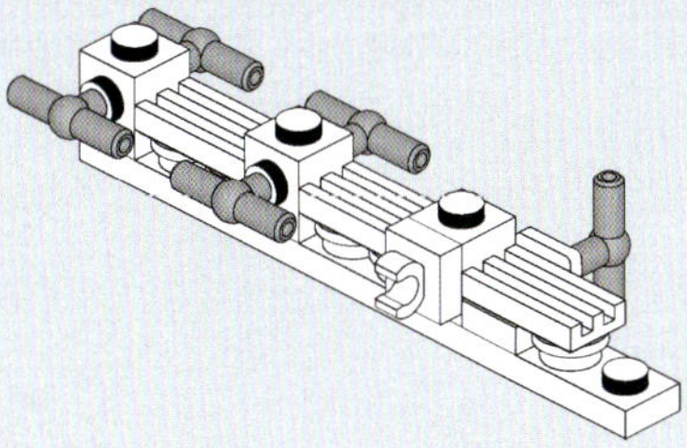

12

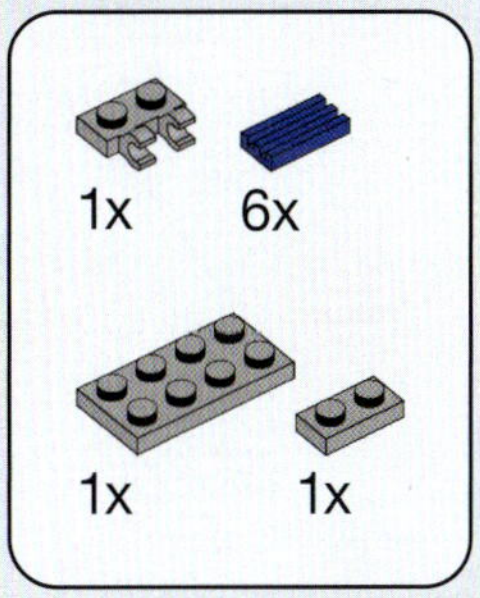

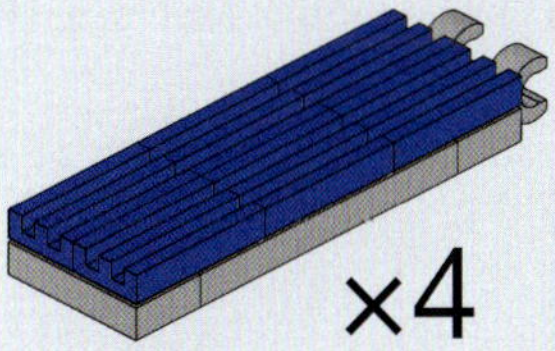

×4

13

Montiere die vier Solarpaneele aus Schritt 12 an der Trägerstruktur aus Schritt 11, wie dargestellt.

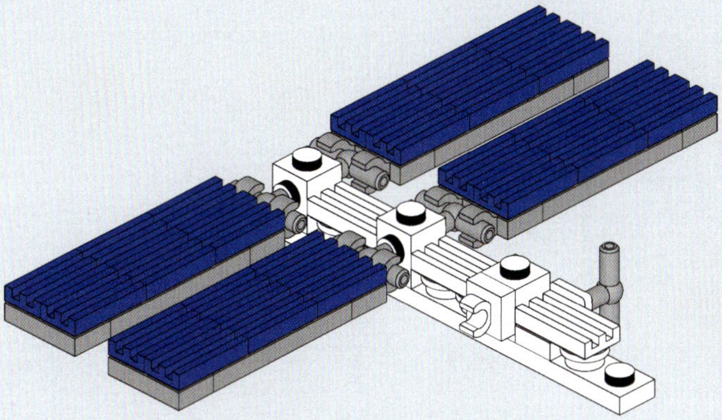

14

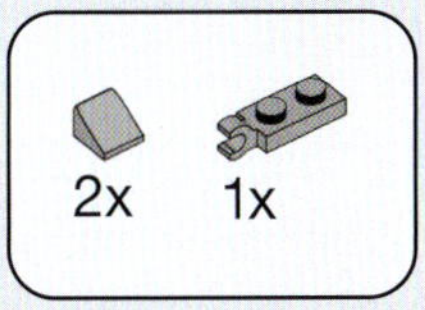

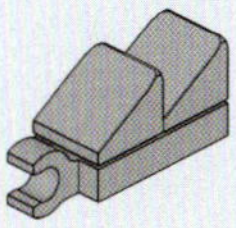

×2

Montiere die beiden Radiatorpaneele an der Trägerstruktur, wie dargestellt.

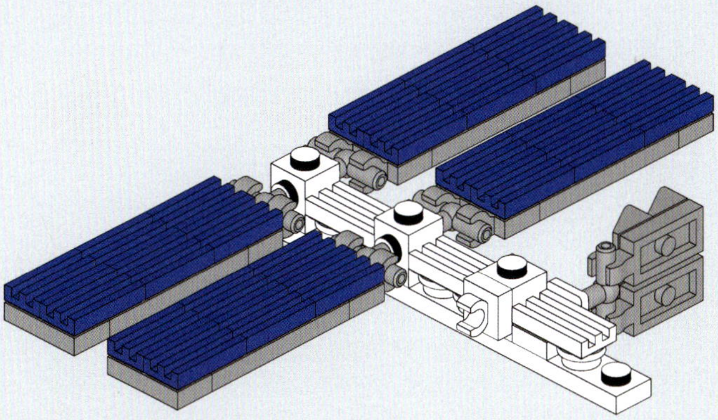

15

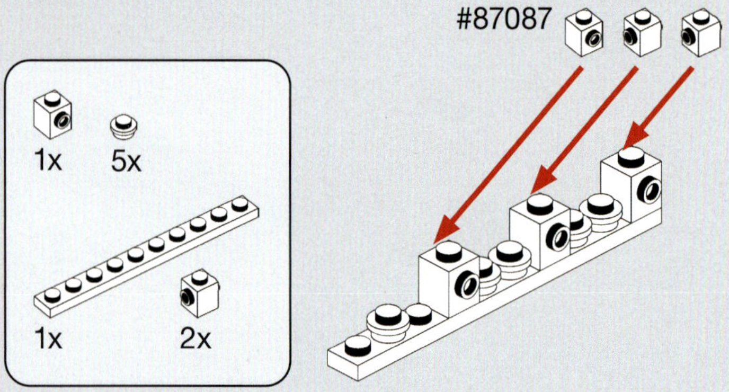

16

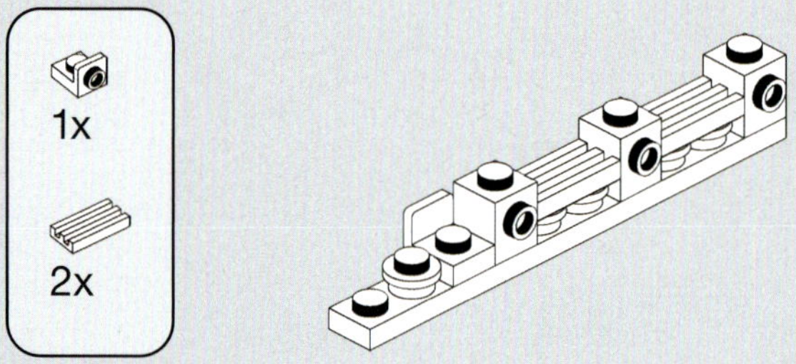

17

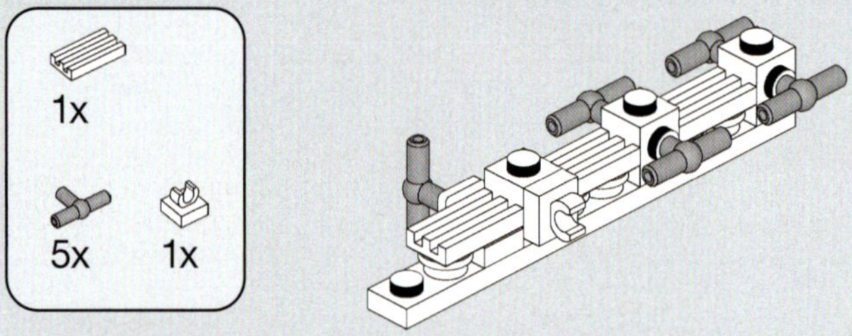

18

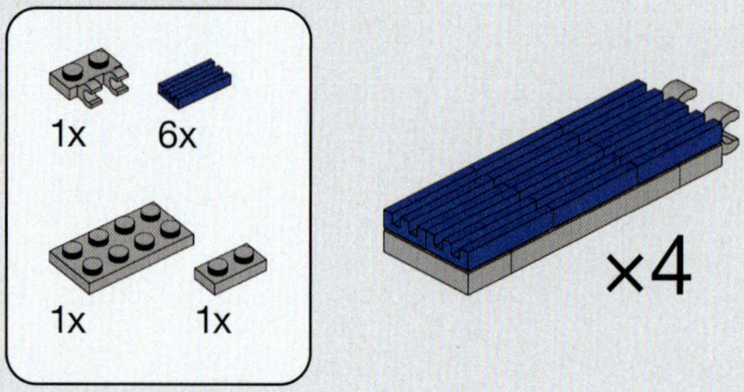

19

Montiere die vier Solarpaneele aus Schritt 18 an der Trägerstruktur aus Schritt 17, wie dargestellt.

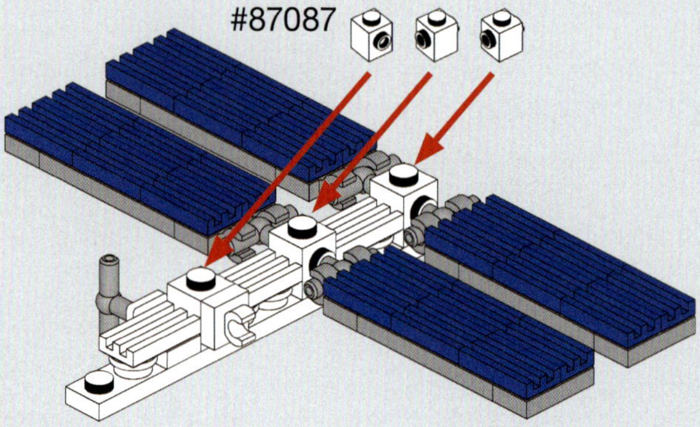

20

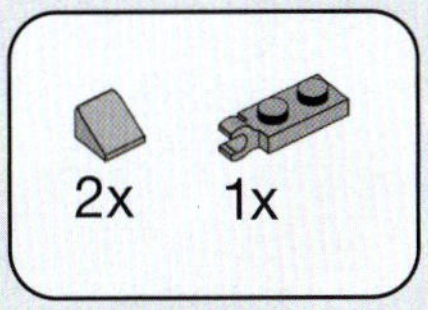

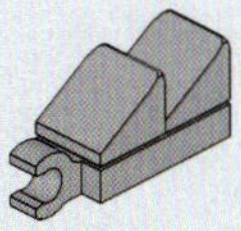

×2

Montiere die beiden Radiatorpaneele an der Trägerstruktur, wie dargestellt.

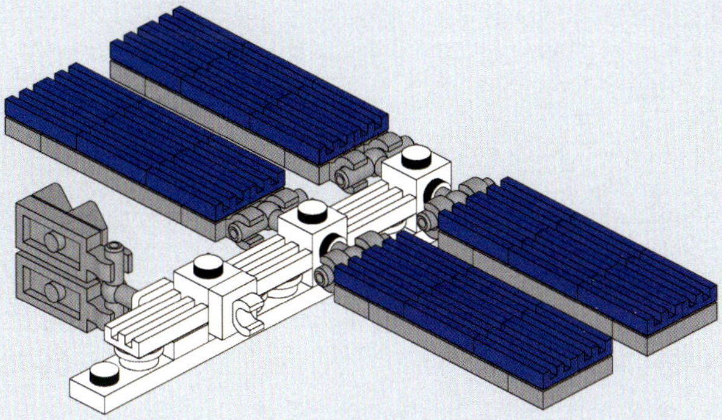

21

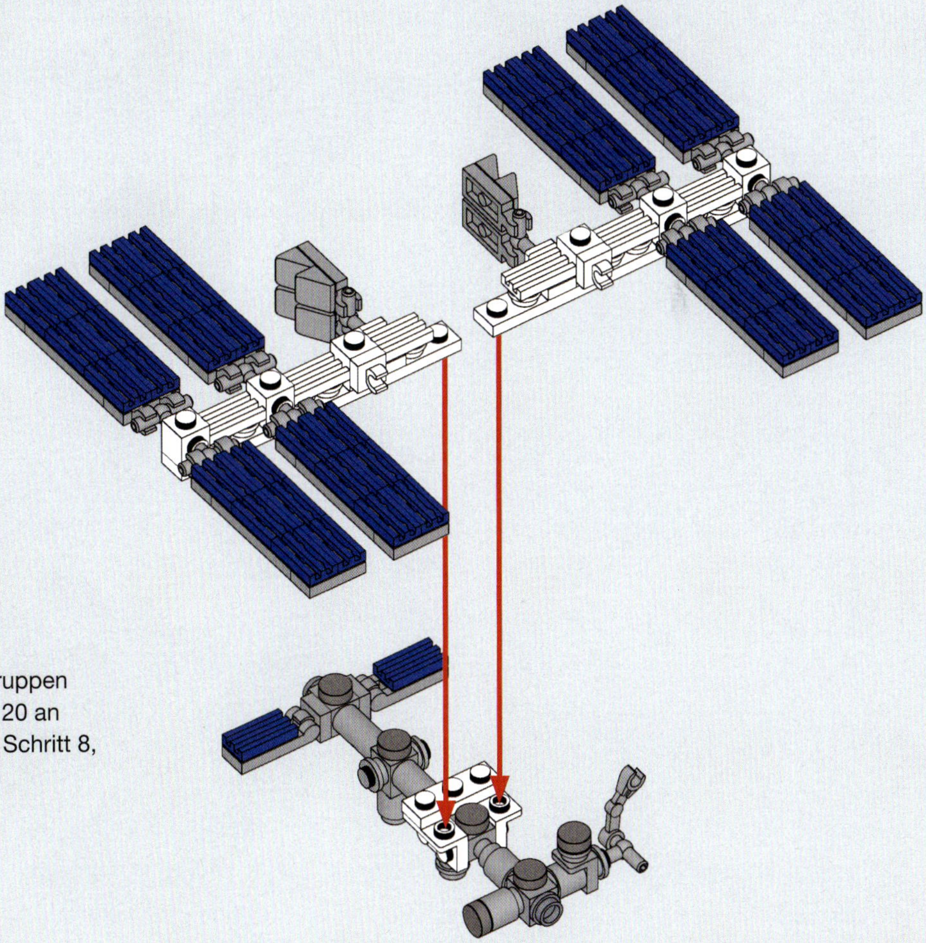

Montiere die Träger-Baugruppen aus Schritt 14 und Schritt 20 an der Basis-Baugruppe aus Schritt 8, wie dargestellt.

22

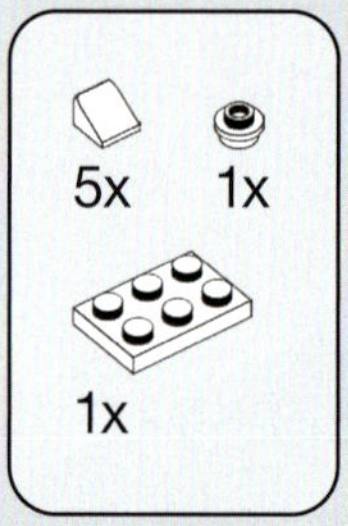

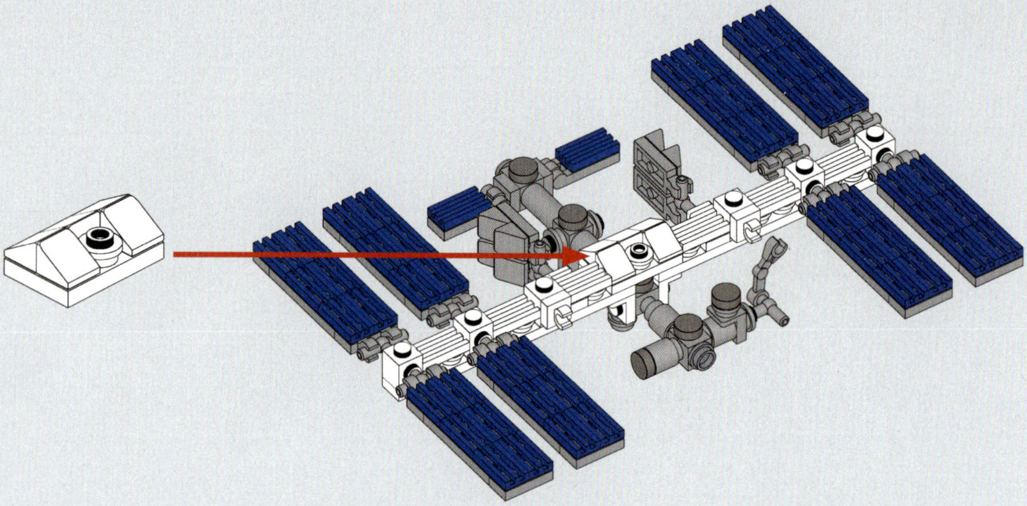

23

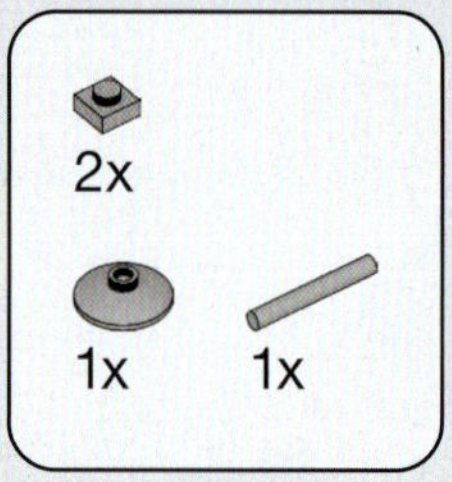

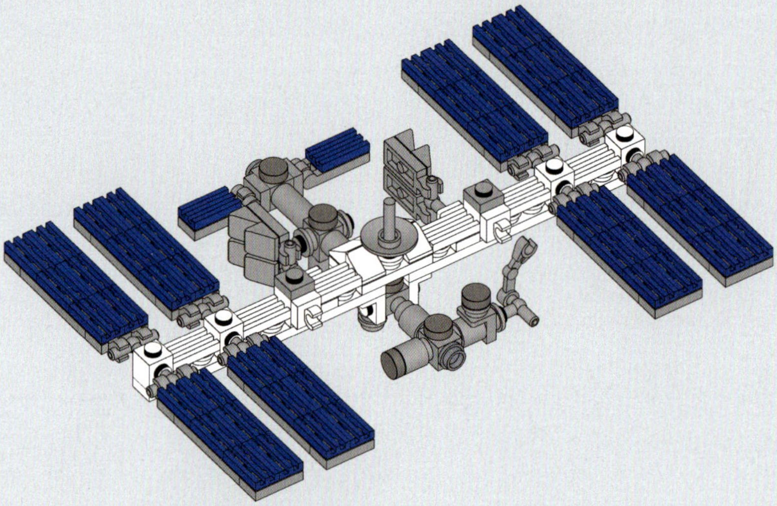

24

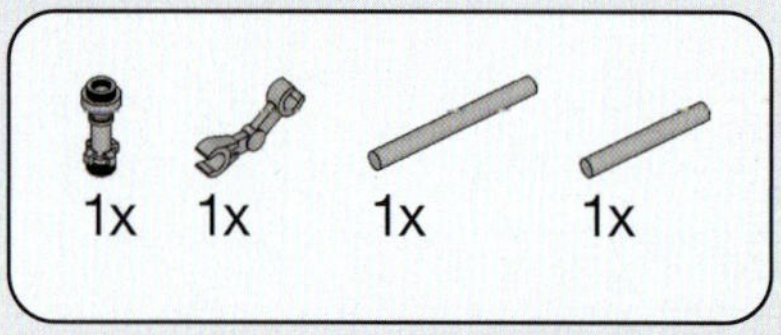

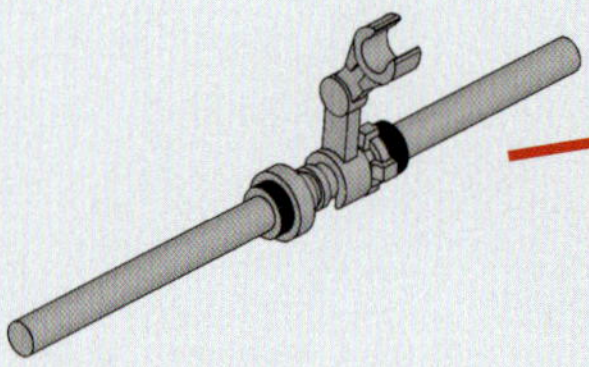

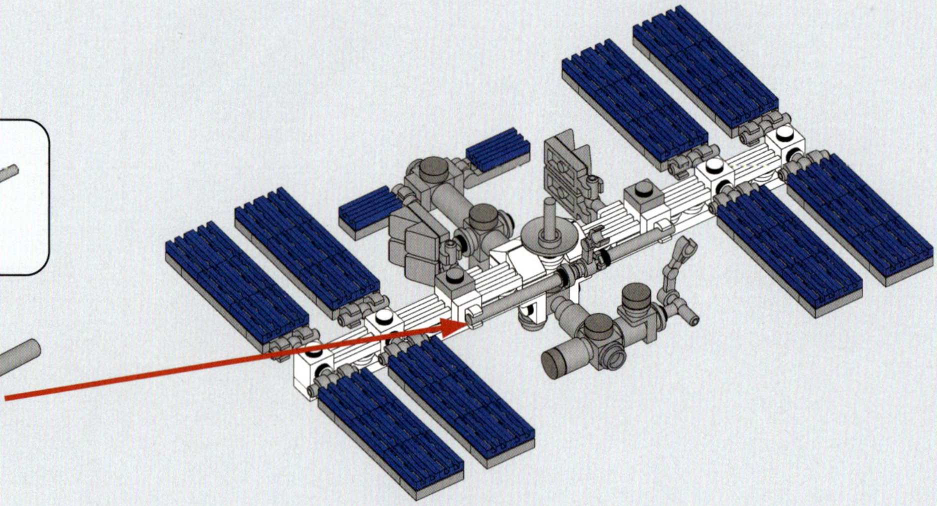

25

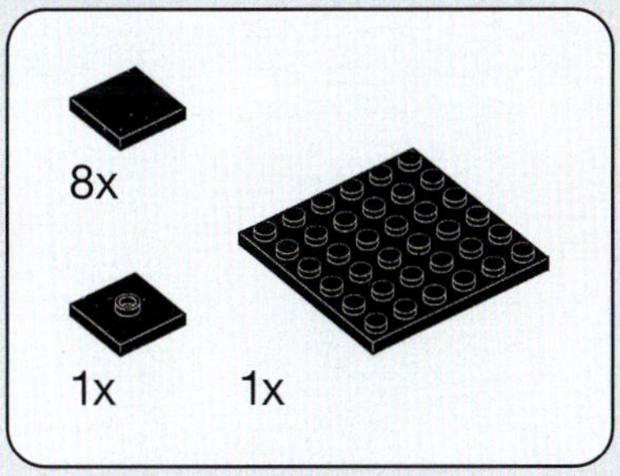

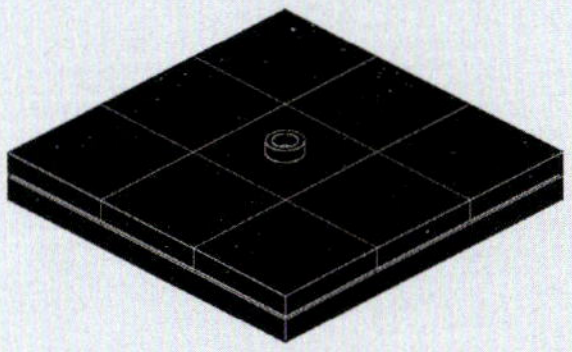

26

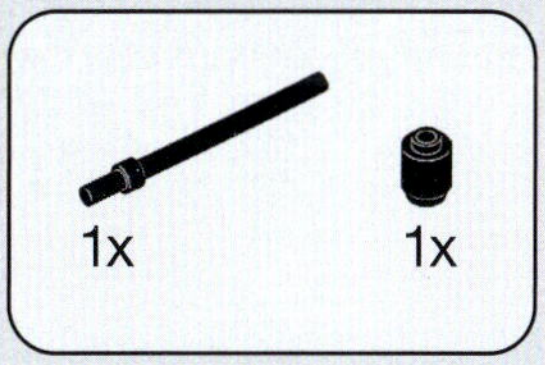

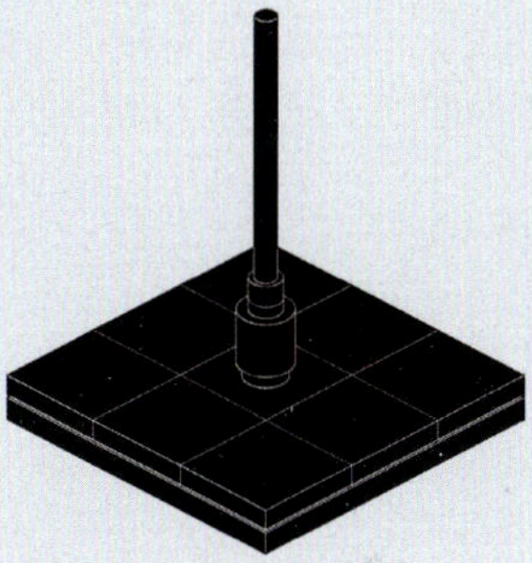

27

Stelle die ISS aus Schritt 24 auf den Ständer aus Schritt 26.

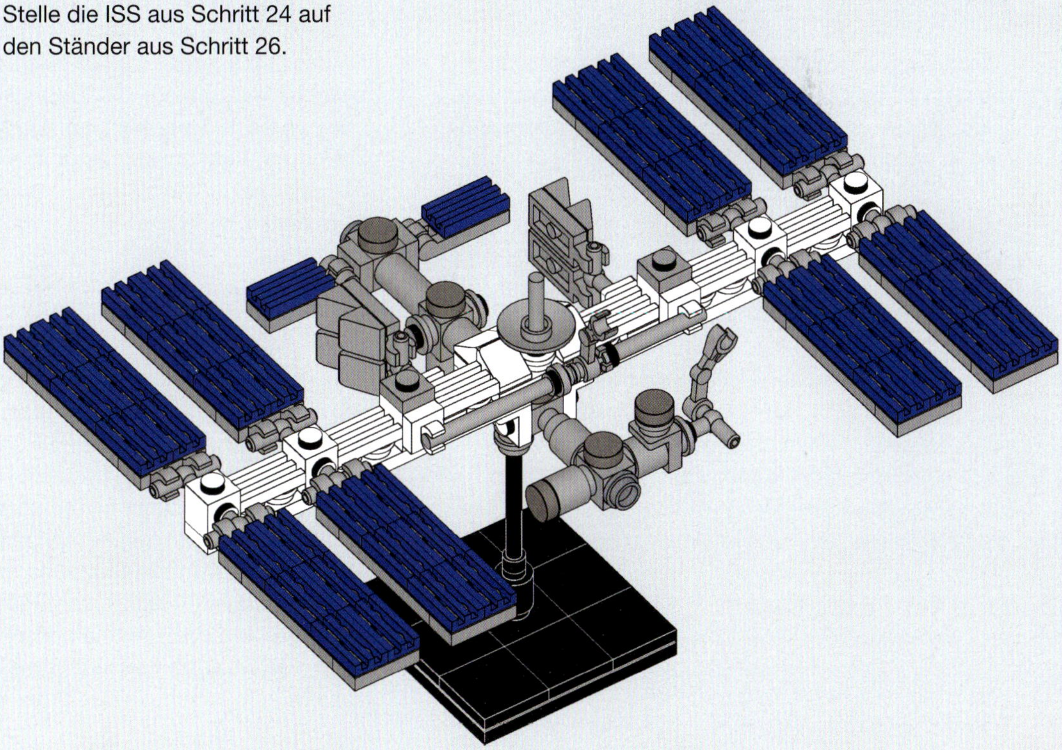

WELTRAUM-START-SYSTEM

Illustration des SLS, das für die Erkundung über den Orbit der Erde hinaus vorgesehen ist.

Die Saturn-V-Rakete, die 1969 Menschen zum Mond beförderte, wird als die krönende technische Errungenschaft des 20. Jahrhunderts angesehen. Das Weltraum-Start-System, auf Englisch Space Launch System (SLS), der NASA ist eine Rakete der nächsten Generation, die Menschen im Jahr 2025 wieder auf den Mond bringen soll.

WELCHE VORTEILE HAT DAS SLS GEGENÜBER DER SATURN-V-RAKETE?

Das SLS hat 15 Prozent mehr Schub als die Saturn V, womit es mehr Masse zum Mond befördern kann. Das wird die Missionen sicherer machen, da mehr Sicherheitseinrichtungen an Bord sein können. Das SLS hat zudem einen modularen Aufbau. Es lassen sich unterschiedliche Konfigurationen für verschiedene Missionsarten einrichten, darunter unbemannte Nutzlastlieferungen auf den Mond.

WAS IST NÖTIG, UM FÜR EINEN MONDFLUG DER ERDANZIEHUNGSKRAFT ZU ENTFLIEHEN?

Astronauten auf dem Weg zum Mond werden in der SLS-Crew-Kapsel Orion reisen, die 50 Prozent mehr Platz bietet als die Apollo-Kapsel der Saturn V. Die 384.400 Kilometer lange Reise fordert vom SLS ein Manöver namens *Trans-Lunar Injection*, oder TLI, bei dem ein Raumschiff auf rund 39.425 Kilometer pro Stunde beschleunigt, um aus der Erdumlaufbahn auszubrechen und eine Flugbahn zum Mond einzuschlagen. Für diesen Flug braucht es aber mehr als schiere Kraft. Ausgeklügelte Avionik muss das SLS auf dem richtigen Kurs halten.

WAS IST AVIONIK?

Wenn die Triebwerke die Muskeln einer Rakete sind, dann ist die Avionik ihr Hirn. Sie besteht aus der Software und den elektrischen Systemen, die das SLS auf dem Kurs von der Erde zum Mond hält – und für heimkehrende Astronauten auch wieder zurück. Verknüpfte Avionikrechner finden sich in jeder Stufe des SLS sowie in jedem einzelnen Triebwerk. Die Computer kommunizieren miteinander und mit den Steuersystemen der Orion. In der ganzen Rakete verteilte Sensoren beliefern die Computer mit Echtzeitdaten. Auf den Sensordaten basierend nimmt die Avionik-Software automatisch mithilfe schwenkbarer Triebwerke Kurskorrekturen vor.

ORION-CREW-KAPSEL

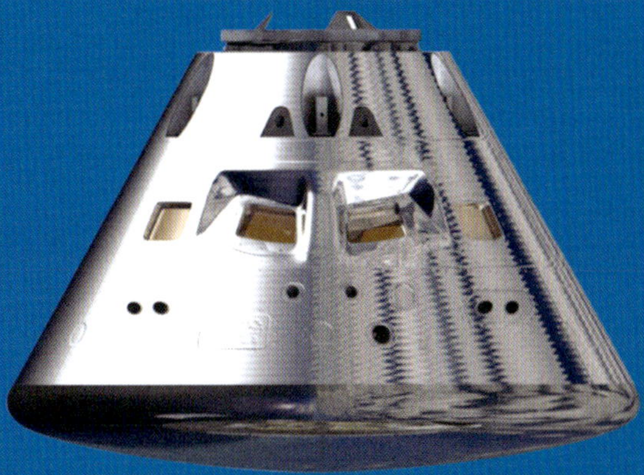

Die Orion-Crew-Kapsel ist für Missionen mit vier Astronauten bis zu einer Dauer von 21 Tagen ausgelegt.

SLS EVOLUTION

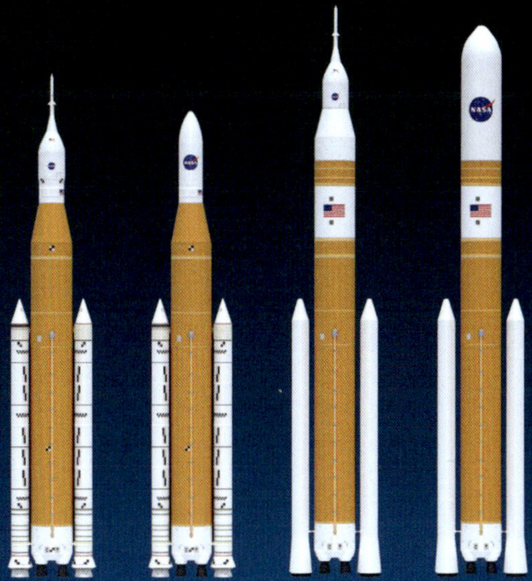

Das SLS ist für diverse Konfigurationen für unterschiedliche Mannschafts- und Nutzlasten ausgelegt. Nutzlasten könnten Module für eine dauerhafte Mondbasis einschließen.

VOLLE KRAFT VORAUS ZUM MOND

1. FESTSTOFF-BOOSTERRAKETEN

Diese Seitenbooster, die ursprünglich für das Space Shuttle entworfen wurden, verbrennen festen Treibstoff und liefern 80 Prozent des Schubs für die ersten zwei Flugminuten.

2. KERNSTUFE

Die große zentrale Rakete verbrennt ein Gemisch aus flüssigem Wasserstoff (rot) und flüssigem Sauerstoff (blau) für den Betrieb der vier R-25-Triebwerke. Die Kernstufe brennt acht Minuten lang und befördert die Oberstufe in den Weltraum.

3. OBERSTUFE

Die Oberstufe verwendet für die erste Mondmission die Interim Cryogenic Propulsion Stage. Sie nutzt ein Gemisch aus flüssigem Wasserstoff und flüssigem Sauerstoff für den Antrieb eines R-10-Triebwerks, das einen Schub von 12,25 Tonnen für den Weg zum Mond liefert.

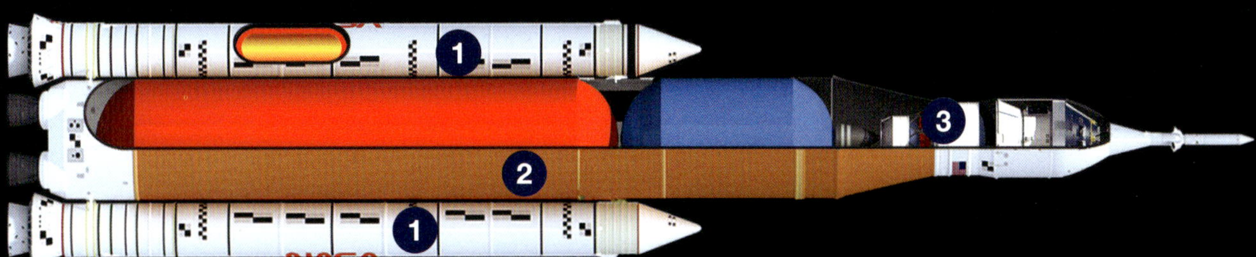

BAUE EIN LEGO-WELTRAUM-START-SYSTEM

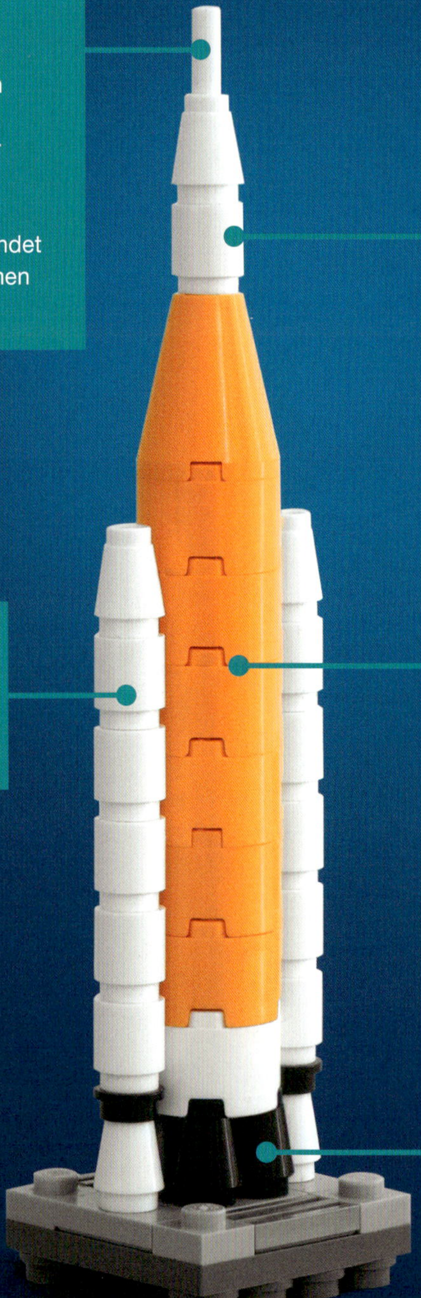

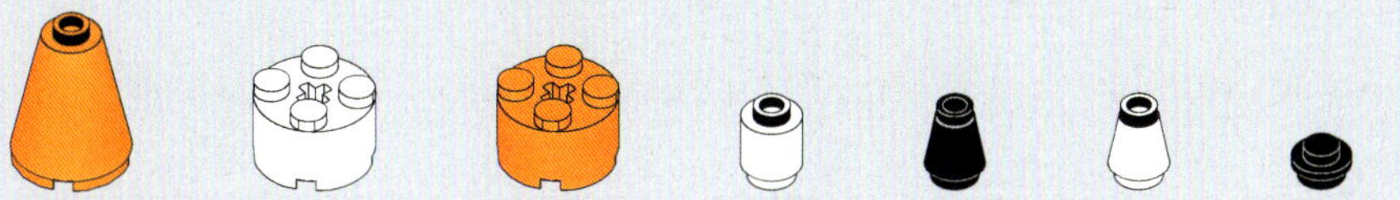

1x	1x	6x	11x	4x	5x	2x
3942c	3941	3941	3062b	4589b	4589b	4073

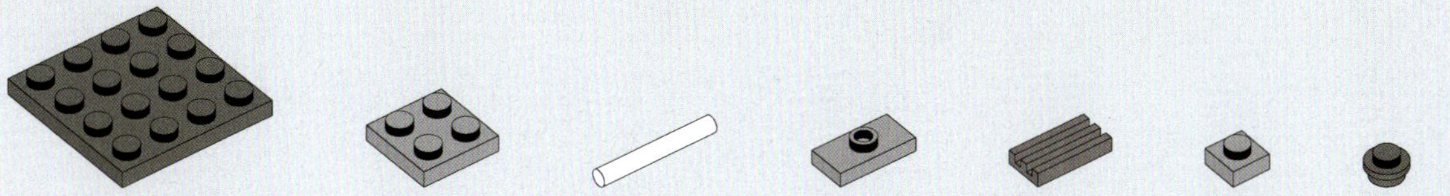

1x	1x	1x	2x	2x	4x	8x
3031	3022	87994	15573	2412b	3024	4073

1

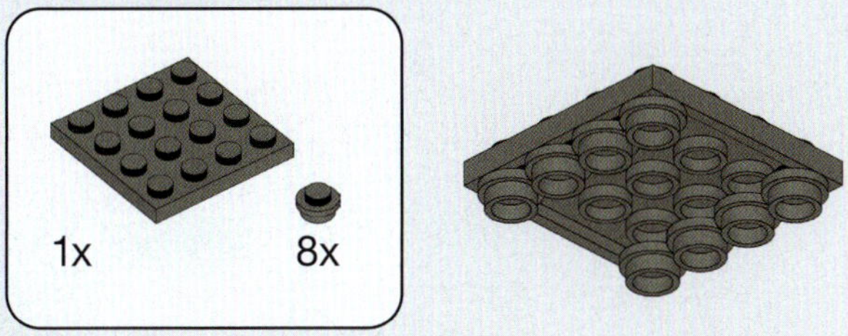

2

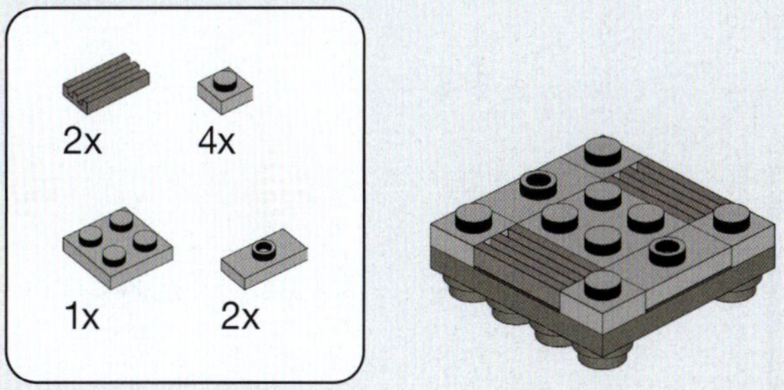

3

4

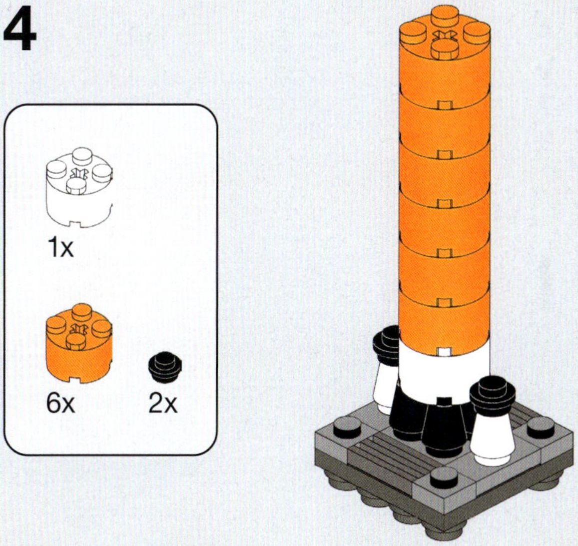

5

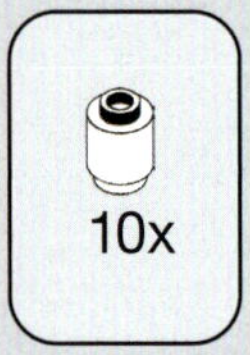

6

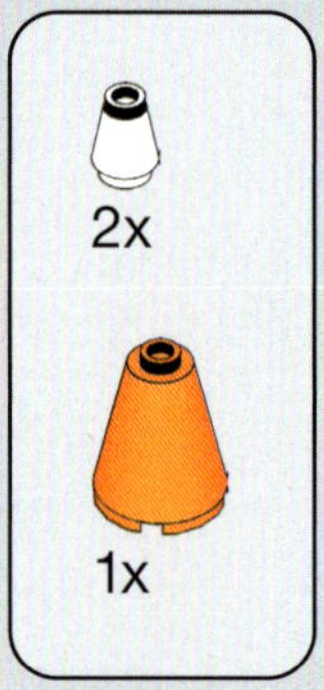

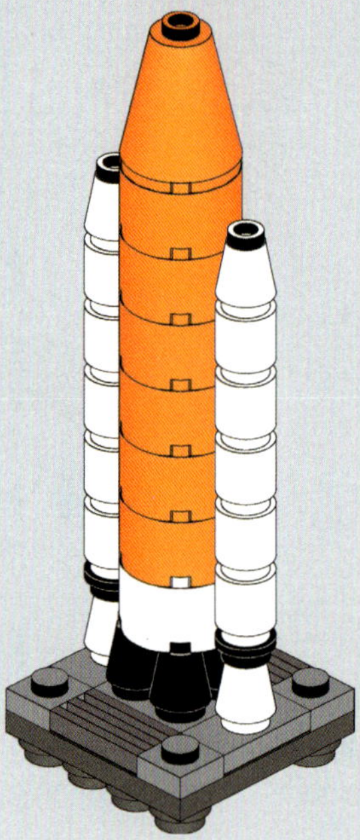

7

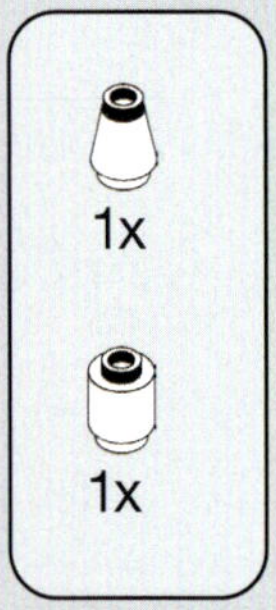

8

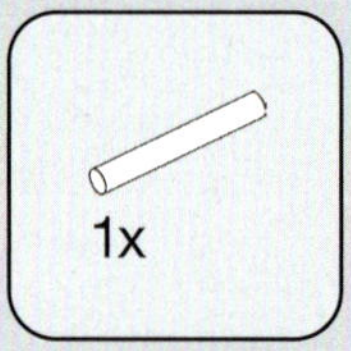

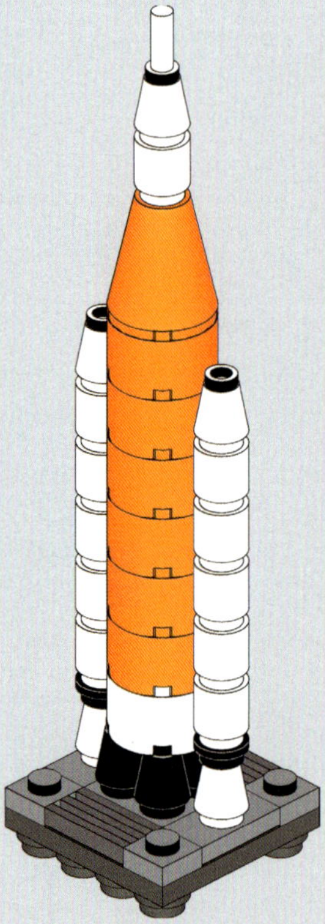

Du kannst das SLS auf der Raketenabschussrampe von Seite 170 aufstellen. Das rote Trägerelement der Abschussrampe mit der Nummer 95347 wurde gegen ein hellgraues ausgetauscht.

DANKSAGUNGEN

Wie immer existiert dieses Buch nur dank meiner Frau Tetjana und unserer Tochter June. Die Arbeit mit den engagierten Mitarbeitern bei No Starch Press sorgt fortwährend für gute Laune. Dank gilt Bill Pollock für seine Unterstützung dieses Projekts sowie für die Herausgabe der besten LEGO-Bücher überhaupt. Nathan Heidelberger ist ein furchtloser Redakteur, der keine Angst vor Semikola hat. Seine sorgfältige Arbeit an LEGO-Ingenieurskunst ist für dessen Qualität entscheidend. Dank an Lisa Devoto Farrell, Rachel Monaghan und Paula Williamson für ihre Produktionserfahrung.

Es ist eine große Ehre, den berühmten Ingenieur Grady Hillhouse das Vorwort schreiben zu lassen. Nimm dir Zeit, seinen YouTube-Kanal *https://www.youtube.com/c/PracticalEngineeringChannel* zu besuchen. Als Resultat wird sich deine Vorstellungskraft erweitern.

Abschließend ein großes Dankeschön an die weltweite LEGO-Community, die ebenso inspirierend wie freundlich ist.

BILDNACHWEIS

LEGO-BILDER

Foto der LEGO-Modelle mit freundlicher Genehmigung von Jeff Friesen.

TECHNISCHE BILDER

Alle technischen Bilder sind von Dreamstime lizenziert, mit Ausnahme jener nachfolgend aufgeführten.

Arabsat-6A Mission. Foto ©*OFFICIAL SPACEX PHOTOS*, verwendet nach CC BY-NC 2.0.

CRS-12 Mission. Foto ©*OFFICIAL SPACEX PHOTOS*, verwendet nach CC BY-NC 2.0.

Zündüberdruck- und Schallabsorptionssystem (IOP/SS). Mit freundlicher Genehmigung von NASA.

Starlink Mission. Foto ©*OFFICIAL SPACEX PHOTOS*, verwendet nach CC BY-NC 2.0.

Falcon Heavy Demo Mission. Foto ©*OFFICIAL SPACEX PHOTOS*, verwendet nach CC BY-NC 2.0.

NROL-76 Mission. Foto ©*OFFICIAL SPACEX PHOTOS*, verwendet nach CC BY-NC 2.0.

Internationale Raumstation im Orbit. Mit freundlicher Genehmigung von *NASA*.

Zeichnung der Internationalen Raumstation. Mit freundlicher Genehmigung von *NASA*.

Weltraum-Start-System. Mit freundlicher Genehmigung von *NASA*.

Orion-Crew-Kapsel. Mit freundlicher Genehmigung von *NASA*.

Weltraum-Start-System Evolution. Mit freundlicher Genehmigung von *NASA*.

Zeichnung des Weltraum-Start-Systems. Mit freundlicher Genehmigung von *NASA*.

Weitere Informationen zu Creative-Commons-Lizenzen finden sich unter: https://creativecommons.org/licenses

LITERATURVERZEICHNIS

BÜCHER

Baker, David. *International Space Station: An Insight into the History, Development, Collaboration, Production and Role of the Permanently Manned Earth-Orbiting Complex*. Sparkford, UK: Haynes Publishing, 2016.

Brewster, Hugh, and Laurie Coulter. *882 ½ Amazing Answers to Your Questions About the Titanic*. New York: Scholastic, 1999.

DK Publishing. *How Technology Works: The Facts Visually Explained*. New York: DK Publishing, 2019.

Dupré, Judith. *Bridges: A History of the World's Most Spectacular Spans*. New York: Black Dog & Leventhal, 2017.

Dupré, Judith. *Skyscrapers: A History of the World's Most Extraordinary Buildings*. New York: Black Dog & Leventhal, 2013.

Gifford, Clive. *Cars, Trains, Ships, and Planes: A Visual Encyclopedia of Every Vehicle*. New York: DK Publishing, 2015.

Hibbeler, Russell. *Engineering Mechanics: Statics & Dynamics*. New York: Pearson, 2015.

Hunt, Shannon. *Engineered!: Engineering Design at Work*. Toronto: Kids Can Press, 2017.

Jackson, Tom, ed. *Engineering: An Illustrated History from Ancient Craft to Modern Technology*. New York: Shelter Harbor Press, 2016.

Kuprenas, John und Matthew Frederick. *101 Things I Learned in Engineering School*. New York: Three Rivers Press, 2018.

Langewiesche, Wolfgang. *Stick and Rudder: An Explanation of the Art of Flying*. New York: McGraw-Hill Education,1990.

Macaulay, David. *The New Way Things Work*. Boston: Houghton Mifflin Company, 1998.

McDonnell, Greg. *Locomotives: The Modern Diesel and Electric Reference*. Erin, ON: Boston Mills Press, 2015.

Whiteman, Philip. *Aircraft: The Definitive Visual History*. New York: DK Publishing, 2013.

WEBSITES

The Boring Company. »Hyperloop«. Zugriff am 2. Februar 2022. *https://www.boringcompany.com/hyperloop*.

NASA. »International Space Station«. Aktualisiert am 29. Dezember 2021. *https://www.nasa.gov/mission_pages/station/main/index.html*.

NASA. »Space Launch System«. Aktualisiert am 2. Februar 2022. *https://www.nasa.gov/exploration/systems/sls/index.html*.

SpaceX. »Falcon Heavy«. Zugriff am 2. Februar 2022. *https://www.spacex.com/vehicles/falcon-heavy*.

Tesla. »Hyperloop Alpha«. Zugriff am 2. Februar 2022. *https://www.tesla.com/sites/default/files/blog_images/hyperloop-alpha.pdf*.

YouTube. »Practical Engineering«. Zugriff am 10. Februar 2022. *https://www.youtube.com/c/PracticalEngineeringChannel/featured*.

STICHWORTVERZEICHNIS

R

S

T

U

V

W

Z

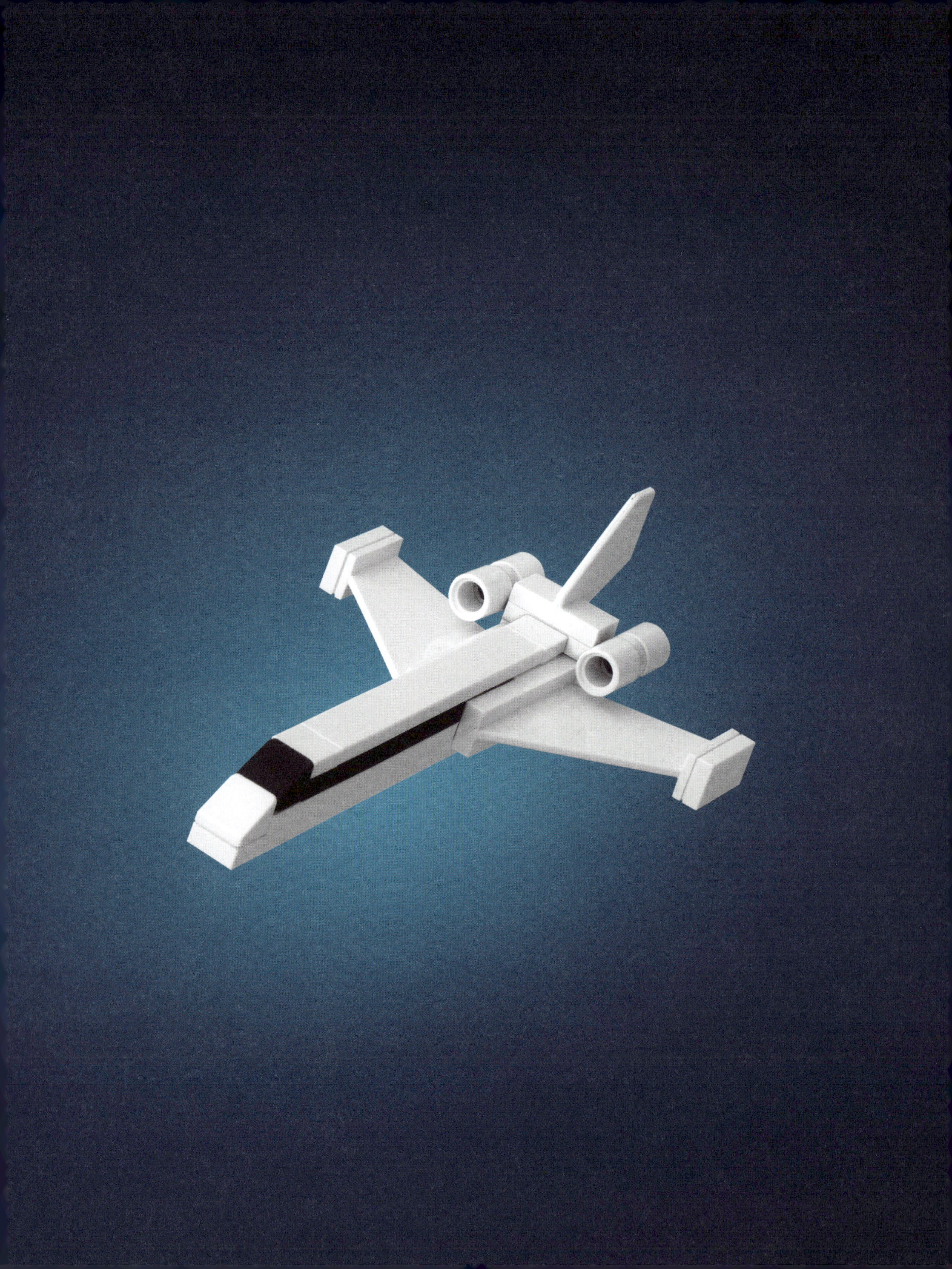